持续集成与
持续交付实战

用Jenkins、Travis CI 和 CircleCI
构建和发布大规模高质量软件

[美] 让-马塞尔·贝尔蒙特（Jean-Marcel Belmont）著
张成悟 陈佳祺 译

人民邮电出版社
北京

图书在版编目（CIP）数据

持续集成与持续交付实战：用Jenkins、Travis CI 和CircleCI构建和发布大规模高质量软件 /（美）让-马塞尔·贝尔蒙特（Jean-Marcel Belmont）著；张成悟，陈佳祺译. -- 北京：人民邮电出版社，2022.5（2023.11重印）
 ISBN 978-7-115-58472-4

Ⅰ. ①持… Ⅱ. ①让… ②张… ③陈… Ⅲ. ①软件开发 Ⅳ. ①TP311.52

中国版本图书馆CIP数据核字（2021）第280134号

版权声明

Copyright © Packt Publishing 2018. First published in the English language under the title *Hands-On Continuous Integration and Delivery: Build and release quality software at scale with Jenkins, Travis CI, and CircleCI*.
All Rights Reserved.

本书由英国Packt Publishing 公司授权人民邮电出版社出版。未经出版者书面许可，对本书的任何部分不得以任何方式或任何手段复制和传播。

版权所有，侵权必究。

◆ 著　　［美］让-马塞尔·贝尔蒙特（Jean-Marcel Belmont）
　译　　张成悟　陈佳祺
　责任编辑　刘雅思
　责任印制　王　郁　胡　南

◆ 人民邮电出版社出版发行　北京市丰台区成寿寺路11号
　邮编　100164　电子邮件　315@ptpress.com.cn
　网址　https://www.ptpress.com.cn
　涿州市殷润文化传播有限公司印刷

◆ 开本：800×1000　1/16
　印张：18.75　　　　　　　2022年5月第1版
　字数：343千字　　　　　　2023年11月河北第3次印刷

著作权合同登记号　图字：01-2019-3976 号

定价：89.90元

读者服务热线：(010)81055410　印装质量热线：(010)81055316
反盗版热线：(010)81055315
广告经营许可证：京东市监广登字 20170147 号

内容提要

本书是一本持续集成与持续交付（CI/CD）实践指南，全书共 15 章。书中首先介绍持续集成和持续交付的基础知识，并介绍 Jenkins UI 及其安装方式；接下来介绍使用 Jenkins UI 开发插件、构建 Jenkins 2.0 流水线和进行 Docker 集成的实际操作；最后介绍 Travis CI 和 CircleCI 的安装及脚本运行等，帮助读者通过 Travis CI 和 CircleCI 获得有关 CI/CD 的广泛知识。

本书适合系统管理员、DevOps 工程师以及构建和发布工程师阅读。通过阅读本书，读者能了解 CI/CD 的概念，并获得使用 CI/CD 生态系统中重要工具的实践经验。

前言

编写现代软件非常困难,因为软件交付涉及许多团队,包括开发、质量保证(quality assurance,QA)、运维、产品所有者、客户支持和销售等。在构建软件的过程中需要尽可能将软件开发自动化。持续集成(continuous integration,CI)和持续交付(continuous delivery,CD)的过程将有助于确保交付给最终客户的软件具有最高的质量,并且能通过 CI/CD 流水线(pipeline)中的一系列检查。在本书中,读者将学习如何使用 Jenkins 编写自由风格(freestyle)脚本、插件,以及如何使用新版本的 Jenkins 2.0 用户界面(user interface,UI)和流水线。读者将通过用户界面、Travis 命令行界面(command-line interface,CLI)、高级日志和调试技术来了解 Travis CI,并学习 Travis CI 的最佳实践;还将通过用户界面、Circle CLI、高级日志和调试技术来了解 CircleCI,并学习 CircleCI 的最佳实践。本书还将讨论容器、安全性和部署等概念。

本书的目标读者

本书适合系统管理员、质量保证工程师、DevOps 和站点可靠性工程师阅读。读者需要对 Unix 编程、基本编程概念和版本控制系统(如 Git)有所了解。

本书涵盖的内容

第 1 章介绍自动化的概念,并与手动流程进行对比,说明自动化的重要性。

第 2 章介绍持续集成的概念,解释什么是软件构建并介绍 CI 构建实践。

第 3 章介绍持续交付的概念,并特别说明软件交付、配置管理、部署流水线和部署脚本编写的问题。

第 4 章通过解释沟通问题来介绍 CI/CD 的业务价值(如与团队成员沟通问题的能力、团队成员之间的责任分担、了解利益相关者等),并说明 CI/CD 的重要性。

第 5 章帮助读者在 Windows、Linux 和 macOS 等操作系统上安装 Jenkins。读者还将学习如何在本地系统中运行 Jenkins 以及如何管理 Jenkins。

第 6 章介绍如何在 Jenkins 中编写、配置自由风格脚本，以及如何在自由风格脚本中添加环境变量和调试。

第 7 章介绍软件中的插件、如何使用 Java 和 Maven 创建 Jenkins 插件，并介绍 Jenkins 插件生态系统。

第 8 章详细介绍 Jenkins 2.0，提供 Jenkins 2.0（Blue Ocean）的操作说明，并介绍新的流水线语法。

第 9 章介绍 Travis CI，解释 Travis CI 与 Jenkins 的区别，介绍 Travis 生命周期和 Travis YML 语法，并说明如何入门和设置 GitHub。

第 10 章介绍安装 Travis CI CLI 的方法，详细解释 CLI 中的每条命令，介绍如何在 Travis CI 中将任务自动化，以及如何使用 Travis API。

第 11 章详细介绍 Travis Web UI，并展示 Travis CI 中日志与调试的进阶技术。

第 12 章介绍使用 GitHub 和 Bitbucket 设置 CircleCI 的方法，展示如何导航 CircleCI Web UI，介绍 CircleCI YML 语法。

第 13 章介绍安装 CircleCI CLI 的方法，解释 CLI 中的每条命令，介绍 CircleCI 的工作流以及 CircleCI API 的使用方法。

第 14 章详细介绍作业日志，展示如何在 CircleCI 中调试慢速构建，介绍 CircleCI 中的日志记录和故障排除技术。

第 15 章介绍编写冒烟测试、单元测试、集成测试、系统测试、CI/CD 中的验收测试的最佳实践，密码和机密管理的最佳实践，以及部署中的最佳实践。

充分利用本书

为了充分利用本书，读者需要熟悉 Unix 编程概念（如使用 Bash shell、环境变量和 shell 脚本）并了解 Unix 中的基本命令。读者应该熟悉版本控制的概念，知道提交的含义，并了解如何使用 Git。读者还应该了解基本的编程语言，因为本书将使用 Go、Node.js 和 Java 等语言来构建 CI / CD 流水线和示例。

本书与操作系统无关，但是需要访问 Unix 环境和命令才能运用本书中的某些概念。因此，如果使用 Windows 操作系统，安装 Git Bash 和 Ubuntu 子系统可能会有帮助。读者需要在系统中安装 Git、Docker、Node.js、Go 和 Java。文本编辑器（如 Visual Studio Code）和终端控制台应用程序也有助于学习。

作者简介

让-马塞尔·贝尔蒙特（Jean-Marcel Belmont）是一位对自动化和持续集成充满热情的软件工程师。他积极参与开源社区，经常参加各类不同主题的软件开发研讨会。他主持着多个开发小组，提倡整洁代码模式和软件匠艺。

  我要感谢我充满爱心和耐心的妻子克里斯蒂娜、我的儿子迈克尔和我的女儿加布里埃拉在本书编写过程中给予我的支持、耐心和鼓励，同时也感谢我的朋友对我的鼓励。

审稿人简介

哈伊·达姆（**Hai Dam**）在丹麦 Netcompany 公司担任 DevOps 工程师。他使用的 DevOps 工具链包括 Jenkins、CircleCI、ELK、AWS 和 Docker。

克雷格·R·韦伯斯特（**Craig R Webster**）为各种规模的客户开发过项目，包括小型创业公司（如 Orkell、Picklive 和 Tee Genius）、Notonthehighstreet、英国政府和 BBC 等。凭借逾 15 年的开发和部署 Web 应用程序、交付流水线、自动化和托管平台的经验，克雷格能够胜任很多技术类型的项目，并确保按时、按预算交付。

资源与支持

本书由异步社区出品，社区（https://www.epubit.com/）为您提供相关资源和后续服务。

提交勘误

作者和编辑尽最大努力来确保书中内容的准确性，但难免会存在疏漏。欢迎您将发现的问题反馈给我们，帮助我们提升图书的质量。

当您发现错误时，请登录异步社区，按书名搜索，进入本书页面，单击"提交勘误"，输入勘误信息，单击"提交"按钮即可。本书的作者和编辑会对您提交的勘误进行审核，确认并接受后，您将获赠异步社区的 100 积分。积分可用于在异步社区兑换优惠券、样书或奖品。

扫码关注本书

扫描下方二维码,您将会在异步社区微信服务号中看到本书信息及相关的服务提示。

与我们联系

我们的联系邮箱是 contact@epubit.com.cn。

如果您对本书有任何疑问或建议，请您发邮件给我们，并请在邮件标题中注明本书书名，以便我们更高效地做出反馈。

资源与支持

如果您有兴趣出版图书、录制教学视频，或者参与图书技术审校等工作，可以发邮件给本书的责任编辑（liuyasi@ptpress.com.cn）。

如果您来自学校、培训机构或企业，想批量购买本书或异步社区出版的其他图书，也可以发邮件给我们。

如果您在网上发现有针对异步社区出品图书的各种形式的盗版行为，包括对图书全部或部分内容的非授权传播，请您将怀疑有侵权行为的链接通过邮件发给我们。您的这一举动是对作者权益的保护，也是我们持续为您提供有价值的内容的动力之源。

关于异步社区和异步图书

"异步社区"是人民邮电出版社旗下IT专业图书社区，致力于出版精品IT图书和相关学习产品，为作译者提供优质出版服务。异步社区创办于2015年8月，提供大量精品IT图书和电子书，以及高品质技术文章和视频课程。更多详情请访问异步社区官网https://www.epubit.com。

"异步图书"是由异步社区编辑团队策划出版的精品IT专业图书的品牌，依托于人民邮电出版社的计算机图书出版积累和专业编辑团队，相关图书在封面上印有异步图书的LOGO。异步图书的出版领域包括软件开发、大数据、AI、测试、前端、网络技术等。

异步社区

微信服务号

目录

第 1 章 具有自动测试功能的 CI/CD 1
1.1 业务场景 1
1.1.1 手动流程——讨论一种假设场景 2
1.1.2 雇员的困境 4
1.1.3 引入自动化 6
1.1.4 开发人员生产力 10
1.1.5 打破沟通障碍 12
1.1.6 创造合作环境 15
1.2 小结 16
1.3 问题 16

第 2 章 持续集成基础 17
2.1 技术要求 17
2.2 什么是持续集成 18
2.2.1 什么是软件构建 18
2.2.2 持续集成流程步骤概述 18
2.2.3 持续集成的价值 18
2.2.4 利用持续集成降低风险 19
2.2.5 源码签入时的软件构建 21
2.2.6 小型构建和大型构建故障 30
2.2.7 CI 构建实践 30
2.3 小结 32
2.4 问题 32

第 3 章 持续交付基础 33
3.1 技术要求 33

目录

- 3.2 软件交付问题 33
  - 3.2.1 软件交付的含义 34
  - 3.2.2 常见的版本发布反模式 34
  - 3.2.3 如何进行软件发布 35
  - 3.2.4 软件交付自动化的好处 36
- 3.3 配置管理 36
  - 3.3.1 配置管理的含义 37
  - 3.3.2 版本控制 37
  - 3.3.3 依赖管理 38
  - 3.3.4 软件配置管理 40
  - 3.3.5 环境管理 41
- 3.4 部署流水线 43
  - 3.4.1 什么是部署流水线 43
  - 3.4.2 部署流水线实践 43
  - 3.4.3 测试门 44
  - 3.4.4 发布准备 45
- 3.5 部署脚本编写 46
  - 3.5.1 构建工具概述 46
  - 3.5.2 部署脚本编写概念 46
  - 3.5.3 部署脚本编写最佳实践 47
- 3.6 部署生态系统 48
  - 3.6.1 基础设施工具 48
  - 3.6.2 云提供商和工具 48
- 3.7 小结 49
- 3.8 问题 49

第 4 章 CI/CD 的业务价值 50

- 4.1 技术要求 50
- 4.2 沟通问题 50
  - 4.2.1 需求传达不当 51
  - 4.2.2 缺乏适当的文档 51
  - 4.2.3 时区差异 52
  - 4.2.4 缺乏信任和相互尊重 52

4.2.5　文化差异和语言障碍 52
　　　4.2.6　反馈周期长 53
4.3　与团队成员沟通痛点 53
　　　4.3.1　等待需求信息 53
　　　4.3.2　部署流水线中未记录的步骤 54
　　　4.3.3　王国钥匙的持有者过多 54
　　　4.3.4　沟通渠道过多 54
　　　4.3.5　疼痛驱动开发 55
4.4　不同团队间分担责任 55
　　　4.4.1　轮换团队成员 55
　　　4.4.2　寻求有关开发实践的反馈 56
　　　4.4.3　建立跨职能团队 57
4.5　了解利益相关者 57
　　　4.5.1　项目经理 57
　　　4.5.2　行政领导团队 58
　　　4.5.3　终端用户 58
4.6　证明 CI/CD 的重要性 59
　　　4.6.1　指标和报告 59
　　　4.6.2　帮助领导者了解自动化的重要性 59
4.7　获得利益相关者对 CI/CD 的批准 60
　　　4.7.1　开始一个臭鼬工厂项目 60
　　　4.7.2　在本地计算机上启动 CI/CD 60
　　　4.7.3　公司内部展示 60
　　　4.7.4　午餐交流会 61
4.8　小结 61
4.9　问题 61

第 5 章　Jenkins 的安装与基础　62

5.1　技术要求 62
5.2　在 Windows 上安装 62
　　　5.2.1　安装 Jenkins 的先决条件 62
　　　5.2.2　Windows 安装程序 63

	5.2.3	在 Windows 上安装 Jenkins	64
	5.2.4	在 Windows 上运行安装程序	65
	5.2.5	在 Windows 上用命令提示符启动和停止 Jenkins	66
5.3	在 Linux 上安装		67
	5.3.1	在 Ubuntu 上安装 Jenkins	67
	5.3.2	在 Ubuntu 上启动 Jenkins 服务	67
	5.3.3	打开网络流量防火墙	68
	5.3.4	首次登录时解锁 Jenkins	68
5.4	在 macOS 上安装		70
	5.4.1	下载 Jenkins 程序包	71
	5.4.2	首次登录时解锁 Jenkins	73
	5.4.3	通过 Homebrew 安装 Jenkins	75
5.5	在本地运行 Jenkins		76
	5.5.1	创建一个新项目	76
	5.5.2	控制台输出	79
5.6	管理 Jenkins		80
	5.6.1	配置环境变量及工具	82
	5.6.2	配置作业以轮询 GitHub 版本控制存储库	83
5.7	小结		85
5.8	问题		85

第 6 章 编写自由风格脚本 86

6.1	技术要求		86
6.2	创建简单的自由风格脚本		86
	6.2.1	Jenkins 仪表盘指南	86
	6.2.2	添加新的构建作业项	87
	6.2.3	构建配置选项	88
6.3	配置自由风格作业		89
	6.3.1	General 标签页	89
	6.3.2	Source Code Management 标签页	90
	6.3.3	Build Triggers 标签页	92
	6.3.4	Build Environment 标签页	93

		6.3.5	Build 标签页 93
		6.3.6	Post-build Actions 标签页 94

	6.4	添加环境变量 95
		6.4.1	全局环境变量的配置 95
		6.4.2	EnvInject 插件 97
	6.5	用自由风格作业调试问题 98
		6.5.1	历史构建总览 98
		6.5.2	用自由风格脚本调试问题 100
	6.6	小结 101
	6.7	问题 101

第 7 章 开发插件 102

7.1	技术要求 102
7.2	Jenkins 插件的说明 102
	7.2.1	插件为什么有用 102
	7.2.2	Jenkins 插件文档 103
	7.2.3	在 Jenkins 中安装插件 103
7.3	构建简单的 Jenkins 插件 103
	7.3.1	安装 Java 103
	7.3.2	Maven 安装指南 104
7.4	Jenkins 插件的开发 107
	7.4.1	Maven 设置文件 108
	7.4.2	HelloWorld Jenkins 插件 109
	7.4.3	目录结构说明 110
	7.4.4	Jenkins 插件源码说明 111
	7.4.5	构建 Jenkins 插件 113
	7.4.6	安装 Jenkins 插件 114
7.5	Jenkins 插件生态系统 115
7.6	小结 116
7.7	问题 116

第 8 章 使用 Jenkins 构建流水线 118

8.1	技术要求 118

8.2 Jenkins 2.0 ... 118
8.2.1 为什么要使用 Jenkins 2.0 ... 119
8.2.2 在现有软件上安装 Blue Ocean 插件 ... 119
8.2.3 通过 Jenkins Docker 镜像来安装 Blue Ocean 插件 ... 119
8.2.4 查看 Blue Ocean 界面 ... 122
8.3 Jenkins 流水线 ... 123
8.3.1 创建 Jenkins 流水线 ... 123
8.3.2 用流水线编辑器创建流水线 ... 127
8.4 Jenkins Blue Ocean 操作说明 ... 130
8.4.1 流水线视图 ... 130
8.4.2 流水线细节视图 ... 130
8.4.3 流水线构建视图 ... 131
8.4.4 流水线阶段视图 ... 132
8.4.5 Jenkins 流水线中的其他视图 ... 132
8.5 流水线语法 ... 133
8.5.1 流水线编辑器 ... 133
8.5.2 流水线语法文档 ... 134
8.6 小结 ... 134
8.7 问题 ... 134

第 9 章 Travis CI 的安装与基础 ... 135
9.1 技术要求 ... 135
9.2 Travis CI 的介绍 ... 135
9.3 使用 Travis CI 的先决条件 ... 136
9.3.1 创建 GitHub 账号 ... 136
9.3.2 创建 Travis CI 账号 ... 138
9.3.3 为新 GitHub 账号添加 SSH 密钥 ... 140
9.4 添加简单的 Travis YAML 配置脚本 ... 142
9.4.1 Travis YML 脚本内容 ... 142
9.4.2 为 Travis CI 账号添加 GitHub 存储库 ... 142
9.5 Travis CI 脚本各部分解析 ... 145
9.5.1 选择编程语言 ... 145

9.5.2 选择基础设施 146
9.5.3 定制构建 147
9.6 小结 152
9.7 问题 153

第 10 章 Travis CI 命令行命令及自动化 154

10.1 技术要求 154
10.2 Travis CLI 的安装 154
10.2.1 在 Windows 上安装 155
10.2.2 在 Linux 上安装 156
10.2.3 在 macOS 上安装 157
10.3 Travis CLI 命令 158
10.3.1 非 API 命令 158
10.3.2 API 命令 160
10.3.3 存储库命令 170
10.3.4 Travis Pro 和 Travis Enterprise 版本的 Travis CI 选项 179
10.4 小结 180
10.5 问题 180

第 11 章 Travis CI UI 日志记录与调试 181

11.1 技术要求 181
11.2 Travis Web 客户端概述 181
11.2.1 主控仪表盘概述 182
11.2.2 作业日志概述 183
11.3 用 Docker 在本地调试构建 185
11.4 在调试模式下运行构建 187
11.4.1 从配置页面获取 API 令牌 187
11.4.2 从构建日志获取作业 ID 188
11.4.3 从视图配置按钮的链接中获取作业 ID 188
11.4.4 通过直达/build 端点的 API 请求获取作业 ID 188
11.4.5 在调试模式下调用 API 来开始构建作业 189
11.4.6 在调试模式下启用 SSH 会话 190
11.4.7 Travis 调试模式中的便捷 Bash 函数 190

         11.4.8　tmate shell 会话操作 192
    11.5　Travis Web UI 日志 193
    11.6　Travis CI 部署概述与调试 194
         11.6.1　支持 Travis CI 的服务提供商 194
         11.6.2　在 Travis CI 中设置 Heroku 195
         11.6.3　调试 Travis YML 脚本中的错误 196
    11.7　小结 198
    11.8　问题 198

第 12 章　CircleCI 的安装与基础　199

    12.1　技术要求 199
    12.2　CircleCI 简介 200
    12.3　比较 CircleCI 和 Jenkins 200
    12.4　使用 CircleCI 的先决条件 200
         12.4.1　创建 GitHub 账号 200
         12.4.2　创建 Bitbucket 账号 200
         12.4.3　创建 CircleCI 账号 203
    12.5　在 GitHub 中设置 CircleCI 206
    12.6　在 Bitbucket 中设置 CircleCI 212
    12.7　CircleCI 配置概述 218
         12.7.1　CircleCI 配置概念概述 218
         12.7.2　向新存储库中添加源文件 219
         12.7.3　新存储库的 CircleCI 构建作业 220
    12.8　小结 221
    12.9　问题 221

第 13 章　CircleCI 命令行命令与自动化　222

    13.1　技术要求 222
    13.2　CircleCI CLI 的安装 222
         13.2.1　在 macOS / Linux 上安装 CircleCI CLI 223
         13.2.2　通过 GitHub 安装 CircleCI CLI 的每夜构建版本 223
    13.3　CircleCI CLI 命令 224
         13.3.1　version 命令 225

| | 13.3.2 | help 命令 | 226 |

- 13.3.2 help 命令 ·············· 226
- 13.3.3 config 命令 ············ 226
- 13.3.4 build 命令 ············· 228
- 13.3.5 step 命令 ·············· 230
- 13.3.6 configure 命令 ········· 230
- 13.3.7 tests 命令 ············· 232
- 13.4 在 CircleCI 中使用工作流 ········ 232
  - 13.4.1 CircleCI Web UI 中的实际工作流 ······ 233
  - 13.4.2 顺序工作流示例 ········ 234
- 13.5 使用 CircleCI API ············ 236
  - 13.5.1 测试 CircleCI API 连接 ···· 236
  - 13.5.2 用 CircleCI API 获取单个 Git 存储库的构建摘要 ······ 237
  - 13.5.3 用 jq 实用程序计算 CircleCI 构建的某些指标 ·········· 237
- 13.6 小结 ······················· 238
- 13.7 问题 ······················· 238

第 14 章 CircleCI UI 日志记录与调试 239

- 14.1 技术要求 ···················· 239
- 14.2 作业日志概述 ················ 239
  - 14.2.1 用默认构建作业运行作业中的步骤 ···· 239
  - 14.2.2 用工作流运行作业中的步骤 ········· 246
  - 14.2.3 用 CircleCI API 查找最新的构建 URL ·· 249
- 14.3 在 CircleCI 中调试慢速构建 ····· 252
- 14.4 日志记录和故障排除技术 ········ 256
- 14.5 小结 ······················· 260
- 14.6 问题 ······················· 261

第 15 章 最佳实践 262

- 15.1 技术要求 ···················· 262
- 15.2 CI/CD 中不同类型测试的最佳实践 ·· 262
  - 15.2.1 冒烟测试 ·············· 263
  - 15.2.2 单元测试 ·············· 264
  - 15.2.3 集成测试 ·············· 266

	15.2.4	系统测试	269
	15.2.5	验收测试	269
	15.2.6	在 CI/CD 流水线中运行不同类型测试的最佳实践	271

15.3 密码和机密存储中的最佳实践 271
    15.3.1 Vault 的安装 272
    15.3.2 机密管理的最佳实践概述 275

15.4 部署中的最佳实践 275
    15.4.1 创建部署检查清单 276
    15.4.2 自动化发布 276
    15.4.3 部署脚本示例 276
    15.4.4 部署脚本的最佳实践 279

15.5 小结 280

15.6 问题 280

第 1 章
具有自动测试功能的 CI/CD

在本书中，我们将研究**持续集成**（continuous integration，CI）和**持续交付**（continuous delivery，CD）的概念，并使用 Jenkins、Travis CI 和 CircleCI 等工具来实现它们。读者将动手编写许多脚本，并探索实际的 CI/CD 自动化脚本和方案。本章会虚构一个名为 Billy Bob's Machine Parts 的公司，通过它来辅助阐释自动化的概念。Billy Bob's Machine Parts 公司有很多手动流程，且**质量保证**（quality assurance，QA）团队和开发团队之间的关系有些紧张，因为软件版本发布（release）仅由开发团队核心成员完成，并且所有 QA 测试都是手动完成的。

本章涵盖以下内容：
- 手动流程——讨论一种假设场景；
- 雇员的困境；
- 介绍自动化；
- 开发人员生产力；
- 打破沟通障碍；
- 创造合作环境。

1.1 业务场景

本章将描述一个模拟的手动流程以及手动测试与手动流程中的固有缺陷，并说明使用 CI/CD 是如何极大地提高开发人员的生产效率的。在这个场景中，每个成员都设置了一组手动流程，而这些过程非常耗时。另外，如果软件的最新版本中的质量测试遇到问题，就必须重复运行这些步骤。

我们将研究该虚拟公司中多个团队的不同情况。

在某些情况下，开发团队、QA 团队、客户成功团队和销售团队会遇到痛点。这里首先建立可能在这些团队中产生的业务场景，确定适合自动化的范围，并通过团队之间的交流来暴露出可以通过自动化大大提高效率的领域。

图 1-1 展示了一些业务场景。

图 1-1

1.1.1 手动流程——讨论一种假设场景

贝蒂·苏是 Billy Bob's Machine Parts 公司 QA 团队的成员，这个公司有一个中等规模的开发团队。开发主管埃里克在季度末的周四上午开始手动进行版本发布，这需要花费他两天时间来完成，因为他是开发团队里唯一能够进行这项工作的人。埃里克在他的本地工作站上运行所有的测试，并在必要时集成紧急补丁。当埃里克完成后，他会把 ZIP 文件发送给 QA 团队的贝蒂。

贝蒂·苏所在的团队有两三位 QA 工程师，他们在周一上午开始最新版本的手动测试流程。贝蒂通知埃里克她在最新版本中发现了一些问题，并准备了一个 Excel 表格，记录最新版本引入的问题。在这周结束时，贝蒂将最新版本的问题分成了紧急、高、中、低优先级的程序错误（bug）。

 软件错误（software bug）是指软件产品中产生了一个运行情况与预期不符的缺陷。

在一个版本的发布流程中，埃里克和贝蒂在处理问题时重复进行上述每一个步骤。埃里克需要重新打包所有的软件组件并在本地工作站上重新运行所有测试。贝蒂需要重新进行测试流程，进行软件回归测试（regression test）[①]，并确保最新的修复不会破坏软

---

① regression，意为回归、退化，指软件模块由功能正常的状态退化到不正常的状态。——译者注

件所有组件中已有的功能。

团队中的初级开发人员迈克尔也在进行手动流程。他从埃里克那里拿到问题清单，然后从列表中较高优先级的程序错误开始修复。迈克尔试图处理并修复每一个错误，但他未编写任何回归测试来确保新版本的代码没有破坏现有功能。当迈克尔完成工作后，他告诉埃里克他负责的部分情况良好，但是埃里克在自己的本地工作站运行测试时看到了测试错误。埃里克告知迈克尔，他在修复清单上的程序错误时应该更谨慎一些。

QA 团队的成员迪利恩开始测试新发行版本的各个部分，并告诉贝蒂这个版本有些问题。他创建了一个问题检查清单发送给贝蒂。然而，由于迪利恩与贝蒂在两份不同的检查清单里强调了相似的问题，他完成的一些工作与贝蒂的重复了。贝蒂告知迪利恩，QA 人员需要确保没有重复的工作，于是迪利恩重新对他要测试的发行版本的各部分进行了强调。

珍妮弗是**客户成功团队**（customer success team）的主管，当新的发行版本准备好向客户发行时，她会收到 QA 团队的通知。然后珍妮弗开始准备关于最新版本功能的视频并询问 QA 团队关于新版本改动的问题。

鲍比是客户成功团队中一位经验丰富的成员，他开始针对最新功能制作视频。当发行版本的视频上传至公司博客后，QA 团队发现一些视频错误地陈述了仍处于 Beta 版阶段的功能。珍妮弗迅速为客户成功团队澄清，并要求 QA 团队在将某些特点发送给客户成功团队之前将其明确标记为 Beta 版。

销售团队一直在通过电子邮件发送销售工程师与潜在客户会面时做的笔记。桑迪手动输入了关于每个潜在客户的详细记录，并使用 Excel 表格来分类重要销售信息。然而，销售团队将 Excel 表格的新变动通过电子邮件发送至本团队，如果一位销售工程师打开旧版本的 Excel 表格并错误地向其他销售工程师提供过时的信息，就会引发许多混乱。

用户界面与用户体验（User Interface/User eXperience，UI/UX）团队往往习惯使用大量的视觉稿（mockup）和线框图（wireframe）。在原型设计阶段，UI/UX 团队经常在视觉稿中插入注释，并附有详细说明校验状态和页面交互的过渡注释。维克托询问 UI/UX 团队这些注释是否能与开发团队共享。UI/UX 团队还使用画板工作，并为每个功能创建了 ZIP 文件。例如，桑迪被安排做关于功能 X 的工作，她对新页面的 UI 交互做了详细记录。UI/UX 团队的许多工作是高度视觉化的，不同的颜色表示截然不同的内容，工作的视觉特征往往指 UI 流程阶段应该发生的动作。然而，开发人员倾向于处理更加具体的项目，对他们而言，什么自然流程应该发生并不总是显而易见的。例如，如果你要删除一个项目,你是打开一个模态窗口(询问是否确认删除的小窗口),还是立刻删除一个项目?在提交表格时,UI 会以特定颜色展示错误提示并以另一个颜色展示警告吗?验证应该放在什么位置?有时 UI 交互流程没有详细描述这些情况,开发人员必须与 UI/UX 团队来回沟通。在决策文件中记录决策的原因会变得非常重要。

1.1.2 雇员的困境

贝蒂·苏通过电子邮件给维克托发送了按优先级分类的问题列表。较高优先级的问题必须先处理,而较低优先级的问题靠后处理。维克托收到最新版本的问题列表后,通知开发团队必须立刻停止正在进行的新功能开发工作,并开始修复最新版本的问题。团队中的高级开发人员大卫十分泄气,因为他正处在良好的工作节奏中,现在却被打断,不得不转向他一个月前做的工作。

迈克尔是团队中的初级开发人员,对代码库还不熟悉。他正在担心列表上的一个较高优先级的问题。他匆忙地解决较高优先级的问题,但是没想到编写任何回归测试用例,只是迅速编写该问题的补丁然后发送给维克托。维克托迅速找到了迈克尔补丁中不完整的回归测试用例。迈克尔之前并不知道应该编写回归测试用例以确保软件功能不出现退化。

发布新补丁的过程未被正确记录,而像迈克尔这样的新开发人员又频繁地创造破坏现有工作的回归。维克托向迈克尔讲解回归测试的概念后,迈克尔很快编写了一个带有回归测试用例的软件补丁。

维克托准备好所有的软件补丁后,从热修复(hotfix)版本开始,在本地计算机上重新运行所有测试。贝蒂收到一个包含最新版本的新 ZIP 文件,再次开始手动测试流程。QA 团队手动测试产品的各个部分,而测试产品的所有部分是一项非常耗时的工作。贝蒂找到了最新版本的一些问题并给维克托发送了一份较小的问题列表,以便维克托在本周稍晚的时候开始工作。

大卫被维克托突然打断并被告知放弃他的新功能开发工作,因为最新的改动存在缺陷。大卫花了 2 小时努力让自己转向最新版本的问题。当他确定已追踪到问题后,他花了整个下午的时间来进行修复。大卫向维克托报告最新的改动已准备好测试。维克托开始在自己的本地工作站上运行测试,立刻看到一些集成测试由于最新的改动而失败,他通知大卫这些问题必须解决。大卫现在很沮丧,一直工作到深夜进行再次修复。第二天早上,维克托运行了所有测试并全部通过,于是他向贝蒂发送了最新的热修复版本的 ZIP 文件。贝蒂在第二天开始手动测试流程,遗憾的是,她再次发现了两三个小问题,并让维克托在下午知道了最新版本中仍然存在一些问题。

此时已经非常沮丧的维克托将所有的开发人员聚集在一起，并说在所有的问题都被解决之前谁都不许离开。在办公室待了一个漫长的夜晚后，所有的问题都得到了解决，于是维克托让所有人都回家。第二天早上，维克托将最新版本打包并将新的 ZIP 文件发送给贝蒂。贝蒂在上次的测试后有些担心，但她十分高兴所有的错误都已被解决，她发了 QA 批准印章，并告知维克托最新发行版本已经准备就绪。开发团队和 QA 团队用公司提供的午餐庆祝一周的工作结束，并回家度过周末。

在 QA 团队测试热修复版本时，一些 QA 团队成员的工作重复了。迪利恩因为自己的一些工作与贝蒂做过的重复而感到很沮丧。QA 团队没有自动化，因此无论是补丁还是常规发行版本，每个版本的所有工作都是手动完成的，并且 QA 团队必须重新测试 UI 的所有部分。QA 团队的新成员内特询问迪利恩是否有比手动测试更好的工作方式，却被告知这样的方式在 QA 团队中已经是惯例了。

托尼是客户成功团队的一名成员，他花费了大量时间为客户 X 制作新视频，但随即收到通知，他的一些视频不允许被发布，且只能入库，所以他对新的发行版本感到很沮丧。QA 团队在最后一刻决定终止功能 Y，但没有与其他团队沟通这一信息。

首席销售工程师之一艾森特正在进行演示，并向一位潜在客户展示了导出 PDF 功能。在演示过程中，维克托单击了导出 PDF 功能的按钮，却弹出了明显的错误消息。维克托迅速转而演示产品的另一个功能，并表示这是暂时的故障，他会在之后的另一演示中对此进行展示。维克托发现某位开发人员对后端服务之一进行了简单的更改，并在生产环境中破坏了导出 PDF 功能。然后维克托发现潜在客户打算采用另一款软件产品了，显然他现在非常烦恼，他的年终奖就指望这位新客户了。

UI/UX 团队的成员萨曼莎收到通知，她的一份视觉稿缺少校验流程。然后萨曼莎在功能 Z 的原型设计阶段留存的资料上确认了，该页面不需要任何校验流程，但大卫认为需要校验流程。萨曼莎被搞得心烦意乱，她决定休假，现在大卫关于功能 Z 的工作已经落后于原定计划。

图 1-2 展示了沟通关系。

QA 团队的贝蒂和开发团队的维克托之间存在双向沟通。在寻找能够自动化的工作领域时，沟通至关重要。随着各方之间交互次数的增加，参与的各方对手动流程的了解也随之增加：当市场营销、销售、客户成功以及开发等团队多方开始更频繁协作时，很多隐藏的手动流程就会暴露出来。找寻手动流程的工作更适合让开发人员去做，因为对于非开发人员来说，一个流程是不是手动的，并且可以自动化，并不那么容易分清楚。

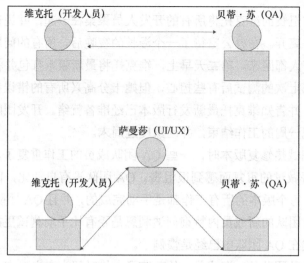

图 1-2

1.1.3　引入自动化

图 1-3 是一个叫**乔尼**的**自动化机器人**（automation bot），用于描述公司中的不同团队。乔尼的各部分肢体代表公司中的各个团队。

自动化机器人乔尼说明了能够从自动化过程中获益的领域。我们可以将自动化看作通过机器完成人类日常工作的程序或系统。要做到自动化，需要了解正在使用哪些手动程序，与其他团队沟通，并查找哪些流程是手动运行的。本书后文将提到的 CI 和 CD，能够大幅提升公司生产力和优化生产流程，因为这种方法不再依赖开发人员的常用条件和特定的环境配置。

图 1-3

自动化机器人乔尼的每个部分都有一个领域适合自动化。销售团队目前通过电子邮件给本团队发送 Excel 表格，但难以将销售信息与其他销售工程师做出的更改保持同步。自动化机器人乔尼建议销售工程师将销售信息上传至公司内部网（intranet），以便更好地保持销售信息的流通。乔尼建议开发团队编写一个 Excel 整合表，这样销售工程师便可轻松地将新的销售数据上传至公司内部网。例如，可以添加一个与公司 API 端点（endpoint）"挂钩"的菜单选项，该选项能自动将新的 Excel 更改上传至含有最新销售信息的公司内部网页面。

QA团队手动测试产品，这是一项非常耗时且易出错的工作。乔尼建议QA团队使用 **Selenium WebDriver** 编写验收测试。Selenium是一个浏览器自动化工具，QA团队可以使用Python之类的语言编写验收测试。乔尼认为使用Selenium编写自动测试的优点是可以一次编写反复使用。这么做的附带好处是这些测试可以与CI/CD流水线挂钩，这一点在本书后文将会提及。

QA团队的贝蒂发现客户成功团队正在制作一系列视频，这些视频教客户如何在新构建中使用新功能。客户成功团队通过FTP上传视频，这种上传方式耗费了团队大量时间。自动化机器人乔尼建议这个过程通过脚本实现自动化。脚本需要足够直观以便团队中的所有成员都能运行，而且脚本应该完成上传工作并在出现网络延迟时重试上传。贝蒂分享了一个QA团队写好的脚本，其运行时会作为后台进程自动运行上传过程。

客户成功团队的托尼现在结束了工作日连续数小时的工作，可以专注于岗位上其他更重要的部分，比如制作精彩的视频来获得客户。托尼和QA团队开始工作，打算发布视频并在部分产品上进行用户验收测试。由于手动测试已经被交给客户成功团队，QA团队现在可以更好地测试功能。团队现在专注于使用自动化、端对端的测试套件，这个套件带有能帮助他们更快编写测试的库，还能反过来通知开发人员已损坏的功能。

市场营销团队一直在PowerPoint演示文稿中嵌入笔记，有时，这些笔记会在演示过程中丢失或被覆盖。乔尼建议开发团队编写脚本把PowerPoint演示文稿转成Markdown格式，因为Markdown文件是纯文本文件，能够进行版本控制。这样做还有额外的好处：市场营销团队可以与销售团队共享信息以创建更具说服力的图表。

维克托意识到手动流程正在破坏公司的生产力，而且有明显缺点，他打算在版本发布流程中引进一套自动化系统，团队中的开发人员只需单击部署按钮便可运行系统。不同于维克托在本地工作站上运行所有测试的工作模式，每个软件版本都能被推送（push）到一套版本控制系统（如GitHub），而且所有的测试都能在CI环境（如Jenkins）中运行，开发人员会收到测试通过或失败的自动通知。以团队新进入的开发人员布鲁斯为例，他可以迅速阅读开发文档然后开始做下一个版本，几乎不需要另外的指导。自动化机器人乔尼表扬了这次实践。

贝蒂也有将手动测试流程自动化的机会。通过使用 **BrowserStack** 之类的工具，贝蒂可以编写一系列测试脚本来测试产品的各个部分。在一小时内，贝蒂能够在测试环境里运行一组验收测试并让维克托了解到这个版本中的最新问题。维克托随即将问题分配给开发团队并让其开始编写回归测试用例，以确保当前版本没有出现回归。维克托确信最新的更改会按设想运行，他给了贝蒂一个新的统一资源定位符（uniform resource locator，URL），以便她从中下载最新版本的软件。自动化机器人乔尼指出之前创建ZIP文件并以电子邮件发送的做法不是一个好习惯，因为每次都需要额外的步骤，而且如果发送了错误的 ZIP 文件则容易出错。乔尼建议 QA 团队使用专用 URL，将所有的最新发行版本存入其中，对每个版本实行版本控制并声明特定信息（如热修复）。例如，最新的热修复程序的版本标签可以是 v5.1.0-hotfix1，对于每个修补程序，QA 团队都要使用具有最新版本和说明符（如 hotfix）的压缩文件。如果此构建是常规构建，则可将其命名为 v5.1.0。

维克托发现 QA 团队有一个 BrowserStack 账号。BrowserStack 提供对整套浏览器和移动客户端的访问接口，有助于将 UI 的负载测试自动化。开发团队使用自定义服务器来完成负载测试之类的特殊场景的工作。自动化机器人乔尼建议使用 BrowserStack 之类的服务或者提供必要资源进行负载测试的自定义服务。

维克托发现 QA 团队在测试开发团队编写的电子邮件服务时遇到了问题。自动化机器人乔尼建议开发团队确认 QA 团队手上所有能够让电子邮件服务配合工作的脚本。维克托告诉贝蒂新的电子邮件服务使用了 **SendGrid** 代理服务，而且开发团队已经编写了一系列可供 QA 团队使用的脚本。这些脚本有助于编写测试，并可以帮助 QA 团队测试故障时的具体情况。

UI/UX 团队正在将视觉稿上传到 Sketch——一种原型设计工具，并将可能用到的与验证状态和流程相关的注释插入页面中。这些注释非常详细，对处于公司短期冲刺（sprint）中、正在进行功能开发的开发团队十分有帮助。自动化机器人乔尼建议开发团队编写一个插件，帮助 UI/UX 团队轻松地共享这些信息。维克托决定创建一个 Sketch 插件，该插件能创建包含内嵌注释的 PDF 文件，UI/UX 团队可以在原型设计完成后通过电子邮件将其发送给开发团队。对于 UI/UX 团队而言，此插件易于安装，他们只需双击文件便可自动安装插件。访问 PDF 文件和嵌入的注释将帮助开发人员了解新功能的用例和 UI 流程。

首席销售工程师文森特已与开发团队沟通，他需要知道产品中的流程更改，尤其是在与潜在客户讨论公司路线图上的新功能时。自动化机器人乔尼建议开发团队使用 Git 提交日志，日志应包含关于最新功能更改的详细信息。维克托编写了一个脚本来抓取 Git 提交日志，并编写了一个包含所有最新功能的 Markdown 文件。客户成功团队还能与开发团队合作，使用 Markdown 文件在公司博客上创建精美的博客条目，详细介绍所有的最新功能。

这里有一个共同的主题：团队之间的沟通是找到手动流程和建立有助于自动化流程的伙伴关系的关键。只有了解手动流程，自动化才能实现，而且有时实现自动化的唯一方法是由其他团队传达特定的痛点。

让我们重申一些通过开放式协作实现自动化的流程。维克托通过提供开发团队创建的脚本，帮助 QA 团队将电子邮件服务测试的问题自动化。QA 团队通过共享上传视频并具有重试逻辑的脚本，帮助客户成功团队实现视频上传任务的自动化。销售团队表达了对产品新功能更高可见度的需求，于是开发团队编写了一个脚本，从 Git 提交日志中获取信息以生成 Markdown 文件，客户成功团队使用该脚本在公司博客中编写精美的博客条目。现在，UI/UX 团队已经将一个插件集成到他们的 Sketch 应用程序中，只需单击一个按钮即可生成含有原型阶段注释的 PDF 文件，从而帮助开发团队开发新功能。开发团队发现 QA 团队正在使用一个名为 BrowserStack 的工具，并开始使用它对产品进行负载测试。市场营销团队现在拥有营销演示文稿的副本，并且正在与销售团队共享此信息，以创建用于公司演示的新图表。

UI/UX 团队已决定创建样式指南，开发人员可以在其中找到软件产品的常见 UI 样式。UI/UX 团队发现不同的页面中使用了许多不同的样式，这会使许多客户感到困惑。例如，零件供应页面上有一个大的蓝色的保存按钮和一个红色的取消按钮，但是在供应商详情页面上是一个大的红色的保存按钮和一个蓝色的取消按钮。客户会因为 UI 没有使用统一配色而单击错误的按钮。有时，页面使用确认模式来添加和删除项目，但其他时候又没有使用确认模式。UI/UX 团队已开始研究样式指南，并在将要存放实时样式指南的公司内部网中创建一个特殊的 URL，用来为页面显式创建和列出所有可用的十六进制颜色、设计产品中所有的按钮，以及确定表单在页面上的外观和行为。

此外，将有一个特殊的窗口部件（widget），为产品中所有的专用部件嵌入 HTML 标记和样式，样式指南示例如图 1-4 所示。

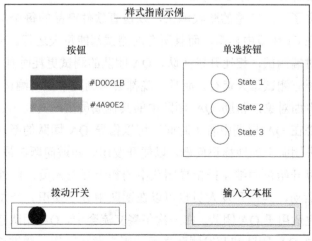

图 1-4

图 1-4 展示的样式指南示例具有十六进制颜色值,并嵌入了一些 HTML 元素和一个拨动开关(一个只有关闭状态和打开状态的专用部件)。样式指南的目的是使开发人员简单地单击鼠标右键便可复制 HTML 标记和 CSS 样式,并建立统一的 UI 展现形式。这是一种自动化形式,因为开发人员可以简单地重用现有标记和样式,而不必手动创建最应该统一的 HTML 和自定义样式。任何让产品客户不得不猜测该怎么做的情况,都会导致灾难。

1.1.4 开发人员生产力

由于维克托在构建中实现了 CI/CD 流水线,许多耗时的活动现在都转移到了自动化流水线中。每当软件被推送到 Git 之类的**版本控制系统**(version control system,VCS)的 upstream 时,就会在 Jenkins 中触发自动构建,然后该构建会运行所有的单元测试和集成测试。开发人员可以迅速得知他们编写的代码是否引入了缺陷。请记住,维克托必须合并所有软件补丁并在他的本地工作站上手动运行所有测试。这是冗长、耗时且不必要的。

当所有的软件被推送到 upsteam 后,维克托为版本分支设置了代码截止日期,并开始对软件发行版本的二进制文件进行版本控制,以便 QA 团队更清楚地描述每个构建。维克托可以开始将发行周期委派给团队中的其他开发人员,因此更加高效。所有开发人员都可以在版本中记录发行周期中遇到的任何问题。维克托现在有更多时间开始计划下一个软件周期,以及指导团队中的初级开发人员。大卫现在很高兴,因为他可以将他的最新更改推送到源码控制(source control),并使所有测试都在 CI 环境中运行,他对自己的更改能够按预期工作更有信心了。

贝蒂已经建立了一组完整的验收测试,以检查软件产品的每个部分。产品中的任何回归都会立即在 CI 环境中显露,而且所有的测试都能每天运行。由于 QA 团队正在运行的测试是端对端测试,相比开发团队,QA 团队的测试更耗时且占用资源,但 QA 团队的优势在于所有测试每天运行,而且每晚都会拿到关于任何测试失败的详细报告。贝蒂编写了一组页面对象,帮助 QA 团队中的其他成员重用其他测试脚本并缩短测试周期。现在,贝蒂在 QA 周期中有了时间,可以指导 QA 团队的新成员进行测试实践并学习如何为开发团队正确地标记问题,以便开发团队知道问题在最新版本中的位置。

大卫现在可以开始帮助维克托指导团队中的初级开发人员,此外,开发团队开始进行午餐交流会活动,其他开发人员也可以在团队中分享知识。开发团队很快意识到这种午餐交流会也适用于 QA 团队。在一次午餐交流会中,QA 团队建议开发团队进行一次更改,以协调 QA 团队和开发团队之间的版本发布工作。通过这种合作关系,版本发布周期从一个星期的时间缩短为 3 小时。开发团队轮流进行版本发布工作，以便团队中的每个开发人员都能学习如何进行版本发布（如图 1-5 所示）。轮值负责的开发人员确保 QA 团队拥有可用于测试的版本，且该版本可使用持续集成系统（如 Jenkins、Travis 或 CircleCI）自动触发。在这些 CI 环境中，可以设置在指定日期和时间运行的版本触发器。QA 团队会将版本中的任何回归情况报告给开发团队，并且每当开发团队准备推出一个热修复程序时，就使用 vMAJOR.MINOR.PATH-[hotfix]-[0-9]*模式清晰地描述版本。为了清楚见，以下是一个示例：v6.0.0-hotfix-1，表示主要版本为 6、次要版本为 0、补丁版本为 0、热修复编号为 1。这种命名方案有助于 QA 团队区分常规版本和热修复版本。

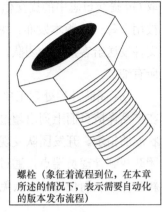

螺栓（象征着流程到位，在本章所述的情况下，表示需要自动化的版本发布流程）

图 1-5

客户成功团队已与开发团队交流了客户使用情况，一些客户在使用 Billy Bob's Machine Parts 公司的**应用编程接口**（application programming interface，API）服务时遇到了问题。客户成功团队询问开发团队，是否有方法可以帮助新的第三方 API 使用者（consumer）入门。需要说明的是，API 使用者是消费/使用现有 API 的人，而 API 提供者是维护实际 API 服务的人。因此，从这方面来说，Billy Bob's Machine Parts 公司是 API 提供者，为第三方开发者提供了一个运行中的 API。开发团队告诉客户成功团队，他们想创建一个开发者门户（developer portal），帮助 API 使用者轻松使用 API。然而开发团队很难说服高层管理者认可开发者门户的价值，因为没有人要求提供这个功能。客户成功团队迅速说服高层管理者，对于 Billy Bob's Machine Parts 公司的 API 使用者来说，开发者门户将是一笔巨大的财富，而且 API 使用者可以开始使用 API 服务中的数据来构建美观的仪表盘。

在一次开发人员会议中，大家发现市场营销团队正在使用 Google Docs 共享文档，但由于必须准确查询信息，使用者很难找到上传的内容。维克托意识到开发团队可以建立公司内部网，帮助销售团队和市场营销团队以更一致的方式共享数据。几个月后，公司内部网投入使用，销售团队和市场营销团队激动地提及公司内部网已帮助他们实现了文档共享流程的自动化。过去，召开销售团队和市场营销团队间的许多会议都需要浪费大量时间来查找所需文档，而公司内部网采用了一种过滤机制，可以通过标签系统快速找到文档。此外，公司内部网还启用了一个新功能，使销售团队和市场营销团队能够编辑共享文档。

销售团队现在有强大的工具来建设公司博客、展示新的产品功能。维克托可以查看公司博客，以查找产品中的最新功能。这一切都归功于维克托编写的脚本。该脚本能获取 Git 提交日志中的提交信息（commit message），并将其发布为 Markdown 文件。脚本被用于每一次版本发布，生成所有已处理项目的清单，开发团队将新生成的 Markdown 文件发送给客户成功团队，以便他们基于此文件编写精美的博客条目，介绍最新版本的所有细节。

QA 团队开始处理工单（ticket），其中的零件限制导致了特定的 UI 错误。如果客户在产品详情页面上列出超过 10 000 个零件，产品详情页面将崩溃，且不会提供关于当前状况的指示。开发团队发现 QA 团队正在新产品页面中手动创建新产品，他们帮助 QA 团队找到管理员端点，通过程序创建语音邮件。开发团队编写了一个脚本，用程序生成新零件，从而使 QA 团队免于执行耗时的手动创建零件的任务。

1.1.5 打破沟通障碍

实现自动化，必须打破团队间的沟通障碍。有时，不同的团队认为他们考虑的是同一件事情，但实际上他们在谈论不同的事情。

为了消除误解，开放沟通渠道非常重要，如图 1-6 所示。

有趣的是，在发布周期内还有更多空间可以实现自动化。维克托向贝蒂询问源码控制中一些验收测试的情况，他意识到他可以将验收测试集成到 CI 环境中，并创建一个二级构建（secondary build），供所有验收测

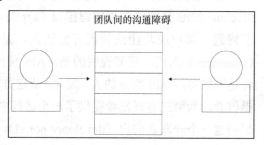

图 1-6

试每天晚上运行，则 QA 团队将在每天早上获得关于最新测试失败的详细报告。然后，QA 人员可以在每天上午重新检查失败的验收测试，并通知开发团队是功能 X 损坏（如零件供应页面），而负责这个功能的开发人员则需要重新核对新的业务逻辑。

大卫开始与 UI/UX 团队交谈，并发现新公开的 API 端点与新页面的构造之间存在瓶颈。前端开发人员正在模拟这些页面中的数据，并不断因意外的 JSON 净荷（payload）而感到惊讶。前端开发人员有时会等待数周才能发布 API 端点，但他们并不会徒然等待，而是开始模拟数据。这产生了意想不到的结果：他们开始假定数据模型是什么样的，从而使更改页面变得更加困难。大卫告诉维克托有一些工具可以为 API 端点迅速搭建数据模型，并为前端开发人员提供 API 端点当前的数据模型。大卫开始使用 Swagger（一种 API 设计框架）作为在 API 服务中构建新 API 的工具。Swagger 有助于减少开发团队和 UI/UX 团队之间不必要的"摩擦"，这些摩擦通常是因为 UI/UX 团队需要等待数据模型而产生的。高级 UI/UX 开发人员贾森现在可以快速开始构建新页面，因为他明确知道新

的 API 端点应该出现哪种类型的有效负载。

　　QA 团队成员阿曼达已经开始与客户成功团队合作进行负载测试和用户验收测试。他们在用户验收测试周期中添加了验收测试，以揭示核心产品中 UI/UX 团队可以改进的区域。客户成功团队现在承担了测试新页面和发现潜在 UI 问题的额外责任。验收测试非常适用于测试令人满意的路径方案，因为一切都按预期完成时，用户验收测试仍可以揭示 UI 中不直观的工作流程。例如，拉里在零件供应页面中测试新的过滤功能时，发现要使过滤器开始工作，需要单击一个复选框。拉里询问 QA 人员，为什么默认情况下无法进行过滤，以及为什么需要一个复选框。开发人员随即开始添加默认过滤，零件供应页面如图 1-7 所示。

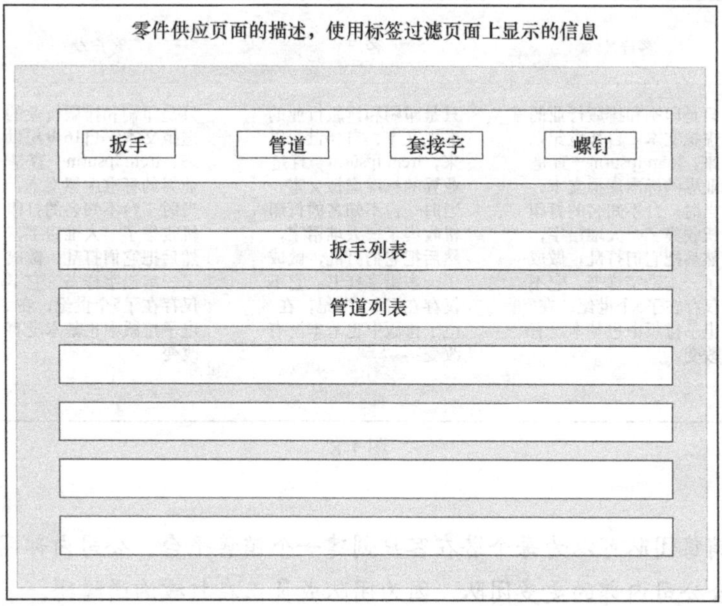

图 1-7

　　图 1-7 中不显示复选框，仅显示使用了输入文本框的页面，且每当客户按回车键、逗号或制表符时，都会应用新的过滤器，页面会被自动过滤。如果没有要显示的结果，页面将显示文本"**未找到结果**"。

　　客户成功团队的成员贾斯汀询问 QA 团队的弗朗西斯，他是否可以借用 QA 团队测试过的新功能的视频。贾斯汀发现 QA 团队拥有一组非常有价值的视频，客户成功团队可以利用这些视频来教客户使用最新功能。当 QA 团队发布新视频时，弗朗西斯创建了一个内部门户网站供客户成功团队使用。客户成功团队一直在为新客户创作入门视频，并设计了一个知识门户网站，说明如何进行设置，例如设置新的零件供应页面等。

销售团队一直将与客户和潜在客户进行讨论的记录发送到个人的电子邮件账号。文森特发现销售经理哈利最近丢失了一些有价值的记录，因为他不小心删除了与潜在客户共进午餐时所记的笔记。维克托告诉哈利，有一个新的公司内部网，其中的一个项目页面含有哈利可以创建的卡片，因此销售团队可以为每个潜在客户创建一个销售平台。哈利为一位潜在客户创建了新的销售平台，并与首席销售执行官吉姆分享。吉姆非常激动，因为他意识到公司内部网还可以用于创建图表。吉姆使用图 1-8 向首席销售执行官展示最新的销售客户。

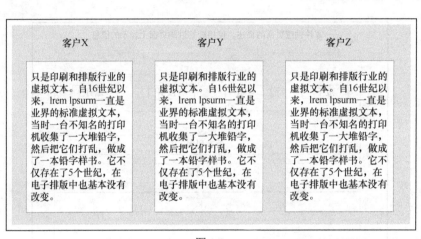

图 1-8

> 销售团队可以为每个潜在客户创建一个销售平台。公司内部网正在帮助整合公司内部的更多团队，因为团队成员正在打破沟通障碍。

开发团队发现，客户成功团队一直在将 UI 用于耗时且容易出错的流程。开发主管埃里克提出了一个方案：创建一个**命令行界面**（command line interface，CLI）供客户成功团队使用，以自动化当前工作流程中含有手动流程的许多部分。开发人员解释了 CLI 如何为客户成功团队节省时间，还能帮助 API 使用者更好地使用 API 服务。CLI 可用于为 UI 快速提供重要的页面数据。由于每个新版本都可能提供新的 API 端点，因此开发团队创建了一个方案，以便向 CLI 中添加用于新的 API 端点的附加命令。

CLI 应用将与开发者门户的提案同时工作，并促进 API 使用者采用。与此同时，开发团队决定启动一项**软件开发套件**（software development kit，SDK）计划，API 使用者可以将其与 API 一起使用。SDK 可以极大地改善和增加第三方 API 提供者的采用，从而可以提高 API 的采用率。SDK 十分有用，因为开发人员和 QA 人员使用不同的编程语言。机械零件 API 的开发人员使用 Go 语言工作，而 QA 人员在大多数工作中使用 Python。SDK 将支持多种编程语言，并帮助 API 使用者快速启动并运行 API，因为他们可以选择自己喜欢的语言来使用 API 服务。

为了使手动流程自动化，公司内不同的团队之间必须进行沟通。在一个公司的所有团队中，必然会存在手动流程。开发团队、QA 团队、客户成功团队和 UI/UX 团队的领导开始每个月开一次会，以讨论更新的实践，并开始在公司中寻找需要自动化的其他手动流程。

手动流程并不是天生就是糟糕的，**用户验收测试**（user acceptance testing，UAT）在公司中仍可以有效完成，并能暴露出自动测试无法发现的问题。UAT 对测试出自动测试有时无法发现的极端问题十分有用，如之前的示例展示的那样，客户成功团队测试了一个新功能，发现零件供应页面仅在选中复选框的情况下才启用过滤。

市场营销、销售和客户成功团队通常使用电子表格应用程序（如 Excel）来计算数字，并使用演示文稿应用程序（如 PowerPoint）来创建图表。通常，在 Excel 表格中计算出的数字会保存在修订版中，但团队成员必须通过电子邮件将副本发送给其他团队成员。开发人员可以要求市场营销、销售和客户成功团队以**逗号分隔值**（comma-separated value，CSV）格式导出 Excel 表格中的值，该格式是文本文件，更易于使用。这种做法具有附加价值，比如公司内部网可以使用数据可视化工具来创建精美的 HTML 图表和演示文稿，D3 之类的库可用于创建许多功能强大的可视化类型。

1.1.6　创造合作环境

为了使团队开始合作并公开讨论问题，团队中必须存在一种开放的精神。团队孤立起来非常容易，但这意味着他们与其他团队正在做的事情脱节。开发团队可以直接选择与 QA 团队保持联系。沟通是暴露团队之间手动流程的关键，如果没有沟通，团队将独立处理他们自认为重要的项目。

不同团队共同参与一些社交活动有助于打破障碍并建立友好的环境。通常，开发人员参加会议只是为了与其他开发人员进行互动，而且常常会有一条走廊，开发人员站在会场外面的这条走廊里，仅与其他开发人员交谈，而不参加会议中活跃的分会场。

公司可以赞助社交活动并协助任命不同团队的代表，以帮助团队"破冰"。例如，在公司打保龄球的活动中，人们可能被故意分入不同的团队。一支小型保龄球团队可以由开发团队成员、客户成功团队成员、QA 团队成员、市场营销团队成员和销售团队成员组成。这可以激发合作关系，使团队成员彼此了解并公开交流他们在公司活动之外遇到的问题。

Billy Bob's Machine Parts 公司安排了一场棒球比赛，开发主管埃里克、QA 负责人贝蒂与几个市场营销团队、销售团队以及客户成功团队的成员一起负责。他们为棒球比赛组建了两支球队，并在赛后安排了公司烧烤，以便大家可以一起吃饭和交谈。

另一种鼓励积极合作的方法是更改公司的楼层设计，使其更加开放。许多软件公司之所以采用开放式的楼层设计，是因为这样消除了小隔间在人与人间造成的自然隔阂。如果有一个开放式的空间，员工就更有可能与不同的团队接触，因为这样可以轻松地走向不同的人，而不会觉得自己正在"入侵"他人的空间。

1.2 小结

沟通是找到手动流程的关键，而且找到手动流程并将其自动化非常重要。正如本章的各种业务场景中所说明的那样，手动流程往往容易出错且非常耗时，这些流程可以通过实现 CI 构建和编写使手动流程自动化的脚本等方法来自动化。开发人员和 QA 人员可以开发自动化脚本，使销售、市场营销和客户成功等许多团队从中受益。在本章中，我们已经了解到自动化相比手动流程的优势，以及开放式通信的价值。

在第 2 章中，我们将学习 CI 的基础知识。

1.3 问题

1. 什么是手动流程？
2. 什么是自动化？
3. 为什么团队之间的开放沟通很重要？
4. CI/CD 表示什么？
5. 为什么自动化脚本是有用的？
6. 公司内部网的价值是什么？
7. 为什么团队之间应该共享数据？

第 2 章 持续集成基础

本章将介绍**持续集成**（continuous integration，CI）的概念，并帮助读者建立基础的 CI/CD 概念，以便在后面的章节中进行深入探讨。了解 CI 构建的用途非常重要，因为这些概念超越了任何给定的 CI/CD 工具。持续集成很重要，因为它有助于保持代码库的良好状况，并帮助开发人员使软件系统独立于任何特定的开发人员的计算机而运行。CI 构建增强了软件组件和本地环境配置的独立性，它应该与开发人员的任何一种配置分离，应该能够重复且在状态上是孤立的。每个 CI 构建的运行在本质上都应该是独立的，因为这确保了软件系统的正常运作。

本章涵盖以下内容：
- 什么是持续集成；
- 持续集成的价值；
- 利用持续集成降低风险；
- 源码签入时的软件构建；
- 小型构建和大型构建故障；
- CI 构建实践。

2.1 技术要求

本章仅假定读者对版本控制系统有粗略的了解，但读者至少应该了解什么是配置文件，并对编程有基本的了解。本章将简要介绍一个 makefile 示例，并提供一些代码段。

我们将在本章中学习一些代码示例，包括一个 API 工作坊（作者将在其中解释一个 makefile 和一个使用了 React/Node.js/Express.js/RethinkDB 的示范程序），本章还将展示一个 gulp.js 脚本文件。

2.2 什么是持续集成

持续集成本质上是一项软件工程任务，源码在主线上被合并和测试。一项持续集成任务可以执行包括测试软件组件和部署软件组件在内的许多任务。持续集成的行动在本质上是规定性的，可以由任何开发人员、系统管理员或操作人员执行。持续集成之所以持续，是因为开发人员可以在开发软件时不断集成软件组件。

2.2.1 什么是软件构建

软件构建不只是编译步骤，它可以由编译步骤、测试阶段、代码检查阶段和部署阶段组成。可以将软件构建当作一种验证步骤，以检查软件是否作为内聚单元工作。静态编译的语言（例如 Go 语言和 C++语言）通常具有生成二进制文件的构建工具。以 Go 语言为例，使用构建命令 go build 会生成静态编译的二进制文件并在代码库上运行语法检查（linting）。其他语言（例如 JavaScript）可以使用 gulp.js/grunt.js 之类的工具来运行构建步骤，例如**缩减**（minification，即将多个 JavaScript 源文件转换成一个文件）和**丑化**（uglification，即移除源文件中的注释和空白字符、做语法检查并运行测试运行程序）。

2.2.2 持续集成流程步骤概述

开发人员可以将代码提交到**版本控制项目**（version control project，VCP）系统，例如 GitHub 和 GitLab。CI 服务器可以轮询（poll）存储库以查找更改，也可以将 CI 服务器配置为通过 Webhook 触发软件构建，后续我们会将其与 Jenkins、Travis CI 和 CircleCI 一起探讨。然后，CI 服务器会从 VCP 系统中获取最新的软件版本，随即运行集成该软件系统的构建脚本。CI 服务器应生成反馈，在生成失败时通过电子邮件将构建结果发送给指定的项目成员。CI 服务器将持续轮询更改或来自所配置的 Webhook 响应。

2.2.3 持续集成的价值

持续集成的价值体现在很多方面。最重要的是，CI 构建可以降低风险，而且可使软件的状况变得可以衡量。此外，持续集成有助于减少开发人员的主观假设。持续集成环境不应依赖于环境变量，也不应依赖于任何个人计算机上设置的某些配置文件。

CI 构建应干净整洁且独立于每个开发人员的本地计算机，并且应与所有本地环境分离。如果开发人员说某个构建可以在他/她的计算机上运行，但是其他开发人员无法运行同样的代码,那么该构建可能无法正常运行。CI 构建有助于解决此类问题,因为 CI 构建与任何给定的开发人员的设置和环境变量都是分离的,并且独立于它们运行。

CI 构建应减少重复的手动流程,而且 CI 构建过程应在每个构建上以相同的方式运行。CI 构建过程可能包括编译步骤、测试阶段和报告生成阶段。CI 构建过程应在开发人员每次将提交推送到版本控制系统(如 Git、Subversion 和 Mercurial)时运行。CI 构建应能使开发人员腾出更多精力从事更高价值的工作,并能减少重复的手动流程造成的错误。

良好的 CI 构建应有助于随时随地生成可部署的软件。CI 构建应实现项目可见性,并使开发团队建立对软件的信心。开发人员可以相信,与在本地运行构建相比,CI 构建将更能捕获代码更改问题。

2.2.4 利用持续集成降低风险

持续集成可以帮助降低软件构建中普遍存在的风险,比如"但它在我的计算机上就能运行"的风险。持续集成还可以帮助统一发生故障的集成点,例如数据库逻辑以及许多其他类型的问题。

1. "但它在我的计算机上能运行"

开发人员之间的共同点是,软件构建可以在一个开发人员的计算机上运行,而不能在另一个开发人员的计算机上运行。每个开发人员的计算机都应尽可能紧密地镜像软件集成。进行软件构建所需的一切都必须提交至版本控制系统。开发人员不应该有仅存储于本地计算机上的自定义构建脚本。

2. 数据库同步

完成软件构建所需的任何数据库工件(artifact)都应存储在版本控制系统中。如果有相关的数据库,则任何数据库创建脚本、数据处理脚本、SQL 存储程序和数据库触发器都应存储在版本控制系统中。

例如,如果开发人员拥有 NoSQL 数据库系统(如 MongoDB),并且正在使用 RESTful API,那么需要确保在文档中记录 API 端点。请记住,开发人员可能需要特定于数据库的代码才能实际运行软件构建。

3. 缺少部署自动化阶段

软件部署应通过部署工具实现自动化。根据不同的软件体系结构,开发人员使用的部署工具可能会有所不同。

下面是一些部署工具：
- Octopus Deploy；
- AWS Elastic Beanstalk；
- Heroku；
- Google App Engine；
- Dokku。

部署工具很有价值，因为它们往往跨平台，并且能在许多不同的软件体系结构中使用。例如，如果开发人员编写了一个 Bash 脚本，则存在一个基本假设，即其他开发人员正在使用类 Unix 的操作系统，而且在 Windows 环境中工作的开发人员可能无法运行脚本，这具体取决于他们正在使用的 Windows 版本。Windows 10 现在提供了一个 Bash 子系统，Windows 开发人员可以在运行 Windows 的同时在这个子系统中执行 Unix 命令和运行 Unix 脚本。

4．软件缺陷发现太晚

CI 构建可以帮助我们防止软件缺陷发现太晚。CI 构建应具有足够好的测试套件，以覆盖大部分代码库。衡量代码库状况的一种可能的指标是在代码库中达到 70%或更高的代码覆盖率。后面将讨论代码覆盖率，但是任何软件测试都应进入源码进行检查，且测试应在 CI 构建上运行。所有软件测试都应在持续集成系统上持续运行。

5．测试覆盖率未知

通常，较高的代码覆盖率表示代码库已经过充分测试，但不一定保证代码库没有软件错误——只是测试套件始终具有良好的测试覆盖率。可尝试使用代码覆盖率工具来查看实际有多少测试覆盖了源码。

以下是一些流行的代码覆盖率工具。
- **Istanbul**：一个 JavaScript 代码覆盖率工具，使用模块加载器挂钩计算语句、行、函数和分支覆盖率，以在运行测试时透明地增加覆盖率。其支持所有 JavaScript 覆盖的用例，包括单元测试、服务器端功能测试和浏览器测试。专为大规模测试打造。
- **Goveralls**：代码覆盖率持续跟踪系统 Coveralls 的 Go 语言集成。
- **dotCover**：JetBrains dotCover 是与 Visual Studio 集成的.NET 单元测试运行程序和代码覆盖率工具。

开发人员需要确保自己了解单元测试覆盖代码的程度。dotCover 能在针对.NET

Framework、Silverlight 和 .NET Core 的应用程序中计算并报告语句级别的代码覆盖率。

6. 缺乏项目可见性

持续集成系统应配置为以多种方式发送警报：
- 电子邮件；
- 短信；
- 通过智能手机推送通知警报。

一些软件开发办公室还会使用其他有创造性的方式来发送关于软件构建的问题通知，例如以某种环境光的变化，甚至是对讲系统。关键在于要让开发人员得知 CI 构建已损坏，这样他们就可以快速修复构建。 CI 构建不应该一直中断，因为这会影响其他开发人员的工作。

2.2.5 源码签入时的软件构建

在版本控制系统中，每个源码的签入都应触发软件构建。下面介绍部署流程中的一个重要步骤，后面将会进一步说明。

1. 软件构建

一个软件构建可以仅由编译软件组件构成。构建可以包括编译和运行自动化测试，但通常添加到构建中的进程越多，反馈循环在构建中的速度就越慢。

2. 脚本工具

建议使用专门用于在个人脚本上构建软件的脚本工具。自定义的 shell 脚本或批处理脚本往往不是跨平台的，而且可能隐藏了环境配置。对于开发一致、可重复的构建方案，使用脚本工具是非常有效的方法。

下面是一些脚本工具：
- Make；
- Maven；
- Leiningen；
- Stack。

3. 进行单命令构建

力求进行单命令构建以简化构建软件的过程，因为让运行构建过程越容易，就越会加快采用速度并促进开发人员参与。如果进行软件构建是一个复杂的过程,那么最终将只有很少的开发人员实际参与构建,这不是理想的情况。

4. 简述构建软件

- 使用脚本工具,如 Ant、Make、Maven 或 Rake。
- 从 CI 构建的简单流程开始。
- 添加每个流程以将软件集成到构建脚本中。
- 从命令行或 IDE 运行脚本。

下面是一个运行 Go 语言 API 服务的 makefile 示例,该示例来自作者的开源代码库:

```makefile
BIN_DIR := "bin/apid"
APID_MAIN := "cmd/apid/main.go"
all: ensure lint test-cover
ensure:
 go get -u github.com/mattn/goveralls
 go get -u github.com/philwinder/gocoverage
 go get -u github.com/alecthomas/gometalinter
 go get -u github.com/golang/dep/cmd/dep
 go get -u golang.org/x/tools/cmd/cover
 dep ensure
lint:
 gometalinter --install
 gometalinter ./cmd/... ./internal/...
compile: cmd/apid/main.go
 CGO_ENABLED=0 go build -i -o ${BIN_DIR} ${APID_MAIN}
test:
 go test ./... -v
test-cover:
 go test ./... -cover
## Travis automation scripts
travis-install:
 go get -u github.com/mattn/goveralls
 go get -u github.com/philwinder/gocoverage
 go get -u github.com/alecthomas/gometalinter
 go get -u github.com/golang/dep/cmd/dep
 go get -u golang.org/x/tools/cmd/cover
 dep ensure
travis-script:
 set -e
 CGO_ENABLED=0 go build -i -o ${BIN_DIR} ${APID_MAIN}
 gometalinter --install
 gometalinter ./cmd/... ./internal/...
```

```
go test ./... -cover
gocoverage
goveralls -coverprofile=profile.cov -repotoken=${COVERALLS_TOKEN}
```

下面是一个使用 gulp.js 的构建脚本示例，该脚本从 Sass 源文件生成 CSS 构建并运行语法检查器（linter）。第一个代码块用于初始化变量和准备使用配置对象：

```
'use strict';

const gulp = require('gulp');
const webpack = require('webpack');
const sourcemaps = require('gulp-sourcemaps');
const sass = require('gulp-sass');
const autoprefixer = require('gulp-autoprefixer');
const uglify = require('gulp-uglify');
const concat = require('gulp-concat');
const runSequence = require('run-sequence');
const gutil = require('gulp-util');
const merge = require('merge-stream');
const nodemon = require('gulp-nodemon');
const livereload = require('gulp-livereload');
const eslint = require('gulp-eslint');

//加载环境常变量
require('dotenv').config();
const webpackConfig = process.env.NODE_ENV === 'development'
  ? require('./webpack.config.js')
  : require('./webpack.config.prod.js');

const jsPaths = [
  'src/js/components/*.js'
];
const sassPaths = [
  'static/scss/*.scss',
  './node_modules/bootstrap/dist/css/bootstrap.min.css'
];

const filesToCopy = [
  {
    src: './node_modules/react/dist/react.min.js',
    dest: './static/build'
  },
  {
    src: './node_modules/react-dom/dist/react-dom.min.js',
```

```
    dest: './static/build'
  },
  {
    src: './node_modules/react-bootstrap/dist/react-bootstrap.min.js',
    dest: './static/build'
  },
  {
    src: './images/favicon.ico',
    dest: './static/build'
  },
  {
    src: './icomoon/symbol-defs.svg',
    dest: './static/build'
  }
];
```

下面的第二个代码块是我们设置以下 gulp 任务的地方:复制 React.js 文件,对 JavaScript 文件进行丑化,创建构建 JavaScript 文件,以及从 Sass 文件中创建 CSS 文件。

```
gulp.task('copy:react:files', () => {
  const streams = [];
  filesToCopy.forEach((file) => {
    streams.push(gulp.src(file.src).pipe(gulp.dest(file.dest)));
  });
  return merge.apply(this, streams);
});

gulp.task('uglify:js', () => gulp.src(jsPaths)
    .pipe(uglify())
    .pipe(gulp.dest('static/build')));

gulp.task('build:js', (callback) => {
  webpack(Object.create(webpackConfig), (err, stats) => {
    if (err) {
      throw new gutil.PluginError('build:js', err);
    }
    gutil.log('[build:js]', stats.toString({ colors: true, chunks: false
})));
    callback();
  });
});

gulp.task('build:sass', () => gulp.src(sassPaths[0])
    .pipe(sourcemaps.init())
```

```
    .pipe(sass({
      outputStyle: 'compressed',
      includePaths: ['node_modules']
    }))
    .pipe(autoprefixer({ cascade: false }))
    .pipe(concat('advanced-tech.css'))
    .pipe(sourcemaps.write('.'))
    .pipe(gulp.dest('./static/build'))
    .pipe(livereload());

gulp.task('build:vendor:sass', () => gulp.src([...sassPaths.slice(1)])
    .pipe(sourcemaps.init())
    .pipe(sass({
      outputStyle: 'compressed',
      includePaths: ['node_modules']
    }))
    .pipe(autoprefixer({ cascade: false }))
    .pipe(concat('vendor.css'))
    .pipe(sourcemaps.write('.'))
    .pipe(gulp.dest('./static/build')));
```

下面的最后一个代码块执行了一些监视器任务,这些任务将监视 JavaScript 文件和 Sass 文件中的所有更改,进行语法检查,并创建一个 nodemon 进程,该进程用于在任何文件有更改时重新启动 Node 服务器:

```
gulp.task('watch:js', () => {
  const config = Object.create(webpackConfig);
  config.watch = true;
  webpack(config, (err, stats) => {
    if (err) {
      throw new gutil.PluginError('watch:js', err);
    }
    gutil.log('[watch:js]', stats.toString({ colors: true, chunks: false
}));
  });
  gulp.watch('static/js/components/*.js', ['uglify:js', 'build:js']);
});

gulp.task('watch:sass', () => {
  gulp.watch('static/scss/*.scss', ['build:sass']);
});

gulp.task('watch-lint', () => {
  //仅检测在此表启动后更改的文件
```

```
  const lintAndPrint = eslint();
  // 格式化每个文件的结果，因为数据流不会结束
  lintAndPrint.pipe(eslint.formatEach());

  return gulp.watch(['*.js', 'routes/*.js', 'models/*.js', 'db/*.js',
  'config/*.js', 'bin/www', 'static/js/components/*.jsx',
  'static/js/actions/index.js', 'static/js/constants/constants.js',
  'static/js/data/data.js', 'static/js/reducers/*.js',
  'static/js/store/*.js', 'static/js/utils/ajax.js', '__tests__/*.js'], event
  => {
    if (event.type !== 'deleted') {
      gulp.src(event.path).pipe(lintAndPrint, {end: false});
    }
  });
});

gulp.task('start', () => {
  nodemon({
    script: './bin/www',
    exec: 'node --harmony',
    ignore: ['static/*'],
    env: {
      PORT: '3000'
    }
  });
});

gulp.task('dev:debug', () => {
  nodemon({
    script: './bin/www',
    exec: 'node --inspect --harmony',
    ignore: ['static/*'],
    env: {
      PORT: '3000'
    }
  });
});

gulp.task('build', (cb) => {
  runSequence('copy:react:files', 'uglify:js', 'build:js', 'build:sass',
  'build:vendor:sass', cb);
});

gulp.task('dev', (cb) => {
  livereload.listen();
```

```
runSequence('copy:react:files', 'uglify:js', 'build:sass',
'build:vendor:sass', ['watch:js', 'watch:sass', 'watch-lint'], 'start',
cb);
});

gulp.task('debug', (cb) => {
  livereload.listen();
  runSequence('copy:react:files', 'uglify:js', 'build:sass',
'build:vendor:sass', ['watch:js', 'watch:sass', 'watch-lint'], 'dev:debug',
cb);
});
```

5. 将构建脚本与 IDE 分开

尽量避免将构建脚本耦合到任何特定的**集成开发环境**（integrated development environment，IDE）。构建脚本不应该依赖任何 IDE。

这非常重要，有以下两个原因：
- 每个开发人员可能使用不同的 IDE/编辑器，而且可能有不同的配置；
- CI 服务器必须运行自动构建，无须任何人工干预。

6. 软件资产应集中化

以下软件资产应在集中的版本控制存储库上可用：
- 组件，例如源文件或库文件；
- 第三方组件，如 DLL 文件和 JAR 文件；
- 配置文件；
- 初始化应用程序所需的数据文件；
- 构建脚本和构建环境设置；
- 某些组件所需的安装脚本。

 开发人员必须决定应将哪些内容纳入版本控制。

7. 创建一致的目录结构

软件资产必须使用一致的目录结构，这有助于从 CI 服务器运行脚本检索。
下面是为 React/Redux 框架应用设置的目录结构示例。
- ca（证书授权）。

- config（配置文件）。
- db（与数据库有关的东西）。
- docs（文档）。
- images（镜像）。
- models（数据文件）。
- test（所有的测试文件）。
  - unit。
  - integration。
  - e2e。
  - helpers。
- static。
  - build。
  - js。
    - actions。
    - components。
    - constants。
    - data。
    - reducers。
    - store。
    - utils。
  - scss。
- utils（实用程序文件）。

另一个目录结构是面向包的，由 Go 语言社区的**比尔·肯尼迪**（Bill Kennedy）推荐，示例如下。

- kit。
  - 为现有的不同应用程序项目提供基础支持的软件包。
  - 日志、配置或 Web 功能。
- cmd/。
  - 为启动、关闭和配置而构建的特定程序提供支持的软件包。
- internal/。
  - 为项目拥有的不同程序提供支持的软件包。
  - CRUD、服务或业务逻辑。

- internal/platform/。
  - 为项目提供内部基础支持的软件包。
  - 数据库、身份认证（authentication）或数据封送处理（marshaling）。

关键在于，应该为代码库制订一套所有开发人员都遵循的标准命名约定。这有助于开发团队工作，因为他们将熟悉代码中列出的特定内容。并非所有人都会同意特定的目录结构，但是拥有标准是最重要的部分。例如，开发新服务的任何人都应该能够基于文件夹、源文件所在位置以及测试文件所在位置的命名约定来建立目录结构。

图 2-1 是作者在 GitHub 中创建的 API Workshop 所使用的目录结构。

图 2-1

8．软件构建应快速失败

这可以通过执行以下操作来实现。

（1）集成软件组件。

（2）运行真实的单元测试——不依赖数据库而是运行独立的单元测试。

（3）确保单元测试能够快速运行。如果单元测试需要几分钟的时间，则可能表明存在问题。

（4）运行其他自动化流程（如重建数据库、检查和部署）。

 可能有其他的必要步骤，这取决于每个公司的构建需要。

9．适用于任何环境的构建

应该为不同的环境设置配置文件和环境变量，例如 dev/prod/test。日志记录的详细程度应该能够根据环境进行设置。开发人员可能需要增加日志记录以进行调试。应用程序服务器配置信息、数据库连接信息和架构配置可以在构建文件中设置。

下面是一段可以使用的示例文本文件。注意，此类文件可能包含客户端机密和 API 机密，因此不应该提交给源码控制。

```
API_URL=http://localhost:8080
PORT=8080
AUTH_ZERO_CLIENT_ID=fakeClientId
AUTH_ZERO_JWT_TOKEN=someFaketToken.FakedToken.Faked
```

```
AUTH_ZERO_URL=https://fake-api.com
REDIS_PORT=redis:6379
SEND_EMAILS=true
SMTP_SERVER=fakeamazoninstance.us-east-1.amazonaws.com
SMTP_USERNAME=fakeUsername
SMTP_PASSWORD=FakePassword
SMTP_PORT=587
TOKEN_SECRET="A fake Token Secret"
```

诸如此类的配置文本文件可以帮助其他开发人员连接到第三方服务，并有助于组织存储客户端机密信息的位置。

2.2.6 小型构建和大型构建故障

小型构建通常是可以由 CI 服务器快速运行的构建，通常包括编译步骤以及所有单元测试的运行。小型构建可以通过运行阶段构建来优化，这个内容将在 2.2.7 节进行讨论。

大型构建实质上是在一个大的构建中运行所有构建任务的构建。进行大型构建的缺点是，开发人员在运行构建的过程中常常受阻。如果软件构建需要很长时间来运行，那么许多开发人员将完全避免运行该构建。快速运行的较小版本构建鼓励开发人员在版本控制系统上不断签入他们的更改，有助于保持代码库的良好状态。

2.2.7 CI 构建实践

CI 构建实践就像上台阶，每个环节都建立在先前的环节之上。正如第 3 章将要讨论的那样，CI 构建过程中的每个步骤都很重要，它们可以确保代码库处于良好状态。

1. 私有构建

开发人员在提交代码至存储库之前应当运行私有构建。

使用 Git 的开发者会话示例如下。

- 检查将从存储库更改的代码：
  - 进入受版本控制的文件夹；
  - git checkout -b new_branch。
- 更改代码：
  - 编辑 myFile.go。
- 从存储库中获取最新的系统更改：

- git pull。
- 运行一个在本地计算机上运行所有单元测试以及可能的集成测试的构建。
- 将代码更改提交到存储库。
- CI 构建应自动触发构建并运行存储库中的任何测试。
- CI 构建还应该执行其他任务，例如在需要时报告和调用其他服务。

2. CI 服务器的使用

CI 服务器应按指定的时间间隔轮询版本控制存储库系统（如 GitHub）中的更改，或通过 Webhook 进行配置以触发软件构建。CI 构建应按预先约定的原则执行某些操作——如果需要，可每小时或每天执行一次。开发人员应该确定一个静止期（quiet period），在此期间不对项目运行任何的集成构建。CI 服务器应支持不同的构建脚本工具，如 Rake、Make、NPM 或 Ant。CI 服务器应将电子邮件发送给有关各方，并展示构建历史。

CI 服务器应显示可通过 Web 访问的仪表盘（dashboard），以便所有相关方可以在必要时查看集成构建信息。Jenkins、Travis CI 和 CircleCI 都具有可通过 Web 访问的仪表盘。CI 服务器应为不同项目支持多个版本控制系统，例如 SVN、Git 和 Mercurial。

3. 手动集成构建

如果存在长期运行的功能（很难在 CI 服务器上运行），则手动运行集成构建是一种减少集成构建错误的方法，但是请谨慎使用这种方法。例如，可以指定一台不用于执行手动集成任务的机器；尽管有了云，但现在比以往任何时候都更容易按需启动服务器实例。

4. 运行快速构建

通过增加计算资源来尽快运行软件构建。将运行较慢的测试（如系统级测试）转移到二级构建或每夜构建中。将代码检查工作转移到第三方服务。以代码覆盖率分析为例，可以使用以下第三方服务：

- Codecov；
- Coveralls；
- Code Climate；
- Codacy。

运行分阶段构建（staged build）也可以促进快速构建。第一次构建可以编译并运行所有单元测试。第二次构建可以运行所有集成测试和系统级测试。可根据需要分为任意数量的阶段以进行快速构建。可以认为第一次构建应该是最快的，因为这是开发人员将代码签入代码库时使用的主要构建。

2.3 小结

本章介绍了持续集成的基础概念，并介绍了开发团队成功部署 CI 服务器的技术。本章研究了脚本工具和构建工具，讨论了什么是软件构建、创建构建脚本时应遵循的最佳实践，以及一些测试概念（如代码覆盖率）。第 3 章是对 CI 的自然扩展，将详细介绍部署流水线、配置管理、部署脚本编写和部署生态系统。

2.4 问题

1. 什么是软件构建？
2. 分阶段构建的含义是什么？
3. 说出一些脚本工具的名称。
4. 为什么要遵循命名约定和目录结构？
5. CI 的价值是什么？

第 3 章
持续交付基础

可以认为，软件最重要的部分实际上是完成交付并准备好供终端用户使用。**持续交付**（continuous delivery，CD）是向终端用户交付软件产品的起点，也是本章的基础。只有在目标用户可以实际使用一个软件产品时，该软件产品才是有用的。本章将讨论部署流程，并将自动化和持续交付的概念结合起来。

本章涵盖以下内容：
- 软件交付问题；
- 配置管理；
- 部署流水线；
- 部署脚本编写；
- 部署生态系统。

3.1 技术要求

本章假定读者了解自动化和持续集成的概念。如果读者对这两个主题中的任何一个感到陌生，请在阅读本章之前，先阅读第 1 章和第 2 章。

3.2 软件交付问题

尝试将软件产品交付给终端用户时，可能会发生很多错误，此处提供了一些可能影响软件交付的情况。一种可能的情况是，开发人员正在开发一项新功能，但是该功能可能并未实际通过 CI 构建阶段，或者可能无法按照产品负责人（product owner）最初的预期方式运行。另一种可能的情况是，目标受众没有被正确理解，影响了用户对终端产品的使用。还有一种可能的情况是，软件产品未正确解耦，太过杂乱，使该软件随着新的功能需求发展发生了许多退化。

3.2.1 软件交付的含义

关于软件交付的实际含义可能存在很多争论。在本章中，它意味着实际的软件产品已交付给目标用户，而不仅仅是获得 QA 团队的运行认可。

3.2.2 常见的版本发布反模式

有一些常见的版本发布反模式（anti-pattern）应该避免，如手动部署软件、手动配置管理，以及为每个环境进行不同的环境配置。

1. 手动部署软件

这种类型的反模式很常见，它可能导致软件交付过程中出现瓶颈。软件交付期是充满压力且容易出错的。运营团队的汤姆开始自己的工作，将软件工件从版本控制系统复制到生产环境中。汤姆通过**文件传送协议**（file transfer protocol，FTP）复制文件，但忘了添加新的配置文件，于是登录页面无法正常运行。汤姆需要联系开发团队，询问是否有新的配置文件添加，然后等待几小时来得到回应。

汤姆获得新的配置文件后，便将其上传到生产环境。现在可以使用登录页面，但是某些页面加载时出现了奇怪的图像位置和不符规则的地方。汤姆对 UI/UX 团队执行 ping 操作，发现生产环境中缺少一份 CSS 文件，他上传了 CSS 文件，页面正确地加载出来。汤姆询问客户成功团队能否进一步测试生产环境中的新变化，他最终在晚上 7 点结束工作。

如果有详细说明软件产品交付的冗长文档，这可能表示存在手动流程。这使产品交付变得更加复杂，因为过程中任意一处错误都可能导致更多问题。如果交付趋于不可预测，也可能指向此反模式。

部署自动化进行挽救

正如第 1 章中所讨论的那样，自动化是一种以可重复且自动的方式完成动作的过程，而软件交付实现自动化有助于确保交付中一致的实践和行为。本章稍后将提到一些工具，它们可帮助读者实现软件交付过程的自动化。

2. 手动配置管理

这种反模式可能会使运营人员感到失望，因为他们将是最后了解产品新行为的人。如果软件交付当天是运营团队第一次看到新特性，他们可能会对软件行为感到惊讶。运营团队的成员辛迪负责软件交付的任务，她注意到安装脚本已完全损坏，无法与**识别**

（identification，ID）服务器通信。辛迪向开发团队发送日志消息，才发现 ID 服务器的某个客户端机密（client secret）已经更改，而安装脚本需要使用新值才能正确连接。

如果辛迪早一些意识到 ID 服务器中的新变动，这种类型的问题就可以减少。但是开发人员正在另一种环境下工作，QA 团队也获知了此信息以便测试新功能，然而在交付当天遇到问题之前，没有人想到要将这些信息传达给运营团队。

配置管理自动化

本章将讨论一些有助于解决配置管理问题的工具，部分工具在前文已经提及。使用适当的工具，运营/DevOps 人员可以针对含生产环境在内的每个环境快速获取正确的环境配置。

3. 生产环境与其他环境的区别

由于开发过程中测试过的所有更改，以及在生产中可能会出现不稳定行为的模拟（staging）环境，因此这种类型的反模式可能特别具有挑战性。例如，特拉维斯在 QA 团队担任测试人员，从新特性提出以来就一直在测试模拟环境。由于模拟环境与生产环境完全不同，因此运营人员比利无法看到新特性，他还注意到生产环境的数据缺少模拟环境中显示的关键信息。比利与开发团队联系，发现必须运行数据库迁移脚本才能使新特性在生产环境中运行。

生产环境应与模拟环境一致

为了防止生产中断，所有环境（包括测试环境、模拟环境和生产环境）都应具有必要的迁移脚本和其他软件资产，且开发团队应向运营人员指出脚本文件中的所有更改，或在共享文档中明确标记此类更改。

3.2.3 如何进行软件发布

在进行软件发布时有一些需要考虑的重要步骤，例如进行频繁发布以避免一次引入太多更改，以及确保发布的自动化。

1. 频繁发布

软件发布必须经常进行。由于大型软件的发行版往往充满问题，发行版本之间最好保持较小的差异（更改）。通过增加软件发布的频率，还可以获得更快的反馈。大型的软件发布往往需要更长的时间，而关键的反馈可能无法快速传达。

2. 自动发布

手动发布容易产生问题，因为它们不可重复。由于配置更改、软件更改和环境更改，每一次手动发布完成时都会有所不同。因为每个步骤都是手动操作，可能导致串联的错误，所以手动发布的步骤中常常出错。关于手动操作的危害，有一个很好的例子：流行的云提供商 AWS（Amazon Web Services）曾在美国东部地区发生大规模服务中断，原因是运营人员在手动流程的一系列步骤中输入了错误的命令。自动化是软件发布的关键，因为这能确保可重复性并控制软件交付的过程。本章将进一步介绍部署脚本工具，以帮助实现软件交付的自动化。

3.2.4　软件交付自动化的好处

如前所述，自动化在软件交付中非常重要，因为它可以确保软件版本的可重复性、可靠性和可预测性。通过采用自动化的软件交付流程而不是漫长的手动流程，可以避免或减少灾难性事件发生。

1．团队授权

如果自动化已经到位，QA 团队可以安全地选择较早的软件版本来做回归测试。运营人员可以运行模拟过程中使用的脚本，并且不会因环境级别的差异而遇到问题。通过自动化的软件过程，运营人员可以安全地回滚发布版本，以防在交付过程中发生灾难。此外，正如我们在第 2 章中讨论的那样，自动化可以帮助带来按钮式的版本发布。

2．减少错误

自动化可以帮助减少手动流程可能造成的错误。如前所述，配置管理问题可能导致低质量的软件交付。手动的软件发布不能有效地确保可重复性，因此容易出错。

3．减轻压力

自动化的另一个好处是在软件交付期间，所有人员的压力均可得到减轻。手动流程往往会对人员产生过大的压力，因为无论谁在运行手动流程，都必须勤奋工作，并且在交付过程中不能犯任何错误。自动化的交付过程非常出色，因为它可以确保每次运行都以相同的方式执行。一个在手动流程中犯的错误在修复时可能需要高级人才的支持。

3.3　配置管理

包含客户端机密和密码等重要信息的配置文件必须正确管理，且必须在其他环境中保持同步。每个环境可能拥有不同的环境变量,这些环境变量必须被使用并传递到应用程序中。

3.3.1 配置管理的含义

配置管理可以简要描述为一个过程,通过该过程可以检索、存储、识别和修改与每个特定项目相关的所有软件工件,以及软件工件之间的任何关系。

3.3.2 版本控制

版本控制是在所有软件工件之间保持修正的方法。对于配置管理来说,版本控制非常重要,因为对包含环境文件的计算机文件所做的任何更改都应受到版本控制。

开发团队的托尼一直在使用属性(property)文件,这份文件尚未受到源码控制,并且一直在产品中对**单点登录**(single sign-on,SSO)流程进行更改。托尼意外删除了该文件,丢失了 SSO 流程中所有必需的客户端 ID 和客户端机密。由于某些属性的客户端密钥仅在创建过程中显示一次,托尼现在必须去不同的 API 门户网站为这些属性重新生成客户端机密,然后,他需要通知团队的其他成员更新他们的属性文件。

1. 属性文件示例

这里添加了一个属性文件示例,其中包含客户端机密信息和身份验证机密信息。对于给定的环境来说,这是正常运行所必需的,但不应将其签入源码控制中,此处仅用于演示:

```
API_URL=http://localhost:8080
PORT=8080
AUTH_ZERO_CLIENT_ID=fakeClientId
AUTH_ZERO_JWT_TOKEN=someFakeToken.FakedToken.Faked
AUTH_ZERO_URL=https://fake-api.com
REDIS_PORT=redis:6379
SEND_EMAILS=true
SMTP_SERVER=fakeamazoninstance.us-east-1.amazonaws.com
SMTP_USERNAME=fakeUsername
SMTP_PASSWORD=fakePassword
SMTP_PORT=587
TOKEN_SECRET="A fake token secret"
```

 环境变量 TOKEN_SECRET 仅显示一次,因此,如果丢失,则必须在 API 门户中重新生成它。

2. 版本控制管理工具

下面是一些版本控制管理工具。
- **Git**：Git 是一个分布式版本控制系统。
- **Mercurial**：Mercurial 也是分布式版本控制系统。
- **Subversion**：Subversion 被认为是集中式版本控制系统。
- **Fossil**：Fossil 是像 Git 一样的分布式版本控制系统，但是不如 Git 知名。

3. 版本控制实践

将所有可能的内容都进行版本控制是非常重要的做法，这样能够避免丢失软件产品中的重要工作。网络文件、配置文件、部署脚本、数据库脚本、构建脚本以及任何对应用程序正常运行很重要的其他工件都应受到版本控制，否则会有丢失关键数据的风险。

4. 经常进行软件签入

经常签入主分支很重要，否则可能会在代码库中引入重大更改，而这是有风险的。此外，频繁签入可以帮助开发人员注意在任何给定时间点进行的小改动。由于测试难度较大并且可能导致退化，应当避免对代码库进行大幅度的更改。频繁签入还可以使重大更改更快被注意到。

5. 编写描述性且有意义的提交信息

使用包含问题跟踪信息（issue tracking information）的描述性提交信息，如 Jira 问题，清楚地描述提交的意图。避免编写模糊的提交信息，如"修复 bug"或"完成工作"，这些提交信息没有用，对以后的开发人员也毫无帮助。

这里提供一个描述性提交信息的示例：[DEV-1003]在"零件供应"列表中添加了新的导航链接，为新导航添加了一个测试用例。这显然更具描述性。此外，在 Jira 中，当提供诸如 DEV-1003 之类的问题时，它将在 Jira 问题中创建一个链接，引用有关此问题的工作。另外，如果创建一个拉取请求（pull request）并将 git commit 与 Jira 问题一起使用，它将把拉取请求与问题链接起来。

3.3.3 依赖管理

应用程序通常会有对软件产品至关重要的第三方依赖。依赖管理是应用程序的重要组成部分，而不同的编程语言对依赖管理的处理方式也不同。

1. Gopkg.toml 依赖文件示例

以下是一个 Gopkg.toml 文件，包含存储库中每个依赖项的版本和软件包信息。

```
# Gopkg.toml example
#
# Refer to https://github.com/golang/dep/blob/master/docs/Gopkg.toml.md
# for detailed Gopkg.toml documentation.
#
# required = ["github.com/user/thing/cmd/thing"]
# ignored = ["github.com/user/project/pkgX",
"bitbucket.org/user/project/pkgA/pkgY"]
#
# [[constraint]]
#   name = "github.com/user/project"
#   version = "1.0.0"
#
# [[constraint]]
#   name = "github.com/user/project2"
#   branch = "dev"
#   source = "github.com/myfork/project2"
#
# [[override]]
#   name = "github.com/x/y"
#   version = "2.4.0"
#
# [prune]
#   non-go = false
#   go-tests = true
#   unused-packages = true


[prune]
  go-tests = true
  unused-packages = true

[[constraint]]
  branch = "v2"
  name = "gopkg.in/mgo.v2"

[[constraint]]
  name = "github.com/dgrijalva/jwt-go"
```

```
  version = "3.1.0"

[[constraint]]
  name = "github.com/go-playground/locales"
  version = "0.11.2"

[[constraint]]
  name = "github.com/pkg/errors"
  version = "0.8.0"

[[constraint]]
  name = "github.com/pborman/uuid"
  version = "1.1.0"

[[constraint]]
  name = "gopkg.in/go-playground/validator.v9"
  version = "9.9.3"
```

这样的依赖管理非常重要，因为第三方依赖很可能给应用程序带来重大变化，而且对任何正在运行的应用程序来说，第三方依赖中的 API 更改有可能破坏程序中的关键行为。

2. 管理软件组件

通常，软件项目会从整体构建开始，将所有工作组件都放在同一层中。随着应用程序的规模和成熟度的增长，应用程序的各层将分为服务层或其他不同的层，因此有必要使用单独的构建流水线。应用程序中可能使用了 ID 服务进行身份验证，管理员服务可能在管理门户单独的构建流水线中运行。微服务架构是应用程序中此级别服务组件化的延续，其中每个微服务在应用程序中都有明确的目标。

3.3.4 软件配置管理

配置是应用程序的重要组成部分，应当将其与在代码中使用的业务级逻辑同等对待。因此，就像源码一样，对配置需要进行适当的管理和测试。

1. 可配置性和灵活性概念

起初，想让配置尽可能灵活似乎是合适的。为什么不让系统尽可能地灵活，并使其适应任何类型的环境呢？这通常被认为是最终可配置性的反模式，意味着配置可以像编程语言一样工作，并且可以使其以任何方式工作。以这种方式完成的配置管理可能会使软件项目崩溃，因为其用户会认为这样的灵活性是必需的。为配置管理设置适当的约束（constraint）更有用。约束可以帮助控制已配置的环境中灵活性过大的影响。

2. 特定配置类型

下面介绍应用可以利用的可能的配置类型。

- **构建时**可以拉取并将其合并到应用程序二进制文件中的配置。诸如 C/C++ 和 Rust 之类的语言可以进行此类构建时的配置。
- 可以在**打包时**通过 assembly 或 gem 包管理工具注入的配置。诸如 C#、Java 和 Ruby 之类的语言可以使用此类配置。
- 可以在**部署时**完成的配置，意思是部署脚本或安装程序可以根据需要获取任何必要的信息，或者部署脚本可以要求用户传递这类信息。本书后面的章节中将结合 Jenkins、Travis CI 和 CircleCI 工具对此进行讨论。
- 可以在**启动时**或**运行时**（在应用程序启动时）完成的配置。诸如 Node.js 之类的语言通常会在 Node.js 服务器运行时注入环境变量。

3. 跨应用程序的配置管理

在跨不同的应用程序进行配置时，配置管理变得更加复杂。有一些工具可以帮助进行跨应用程序的配置管理，下面是一份这类工具的清单：

- CFEngine；
- Puppet；
- Chef；
- Ansible；
- Docker 和 Kubernetes。

3.3.5 环境管理

应用程序所依赖的硬件、软件、基础设施以及外部系统都可被视为应用程序的环境。正如后文将要说明的那样，因为复制环境的能力很重要，所以任何环境的创建都应以全自动的方式完成。

1. 手动设置环境

手动设置基础设施可能会引起问题，原因有以下几个。

- 手动设置的服务器实例可能被配置为适合特定的一个操作人员。该操作人员可能会离开组织，从而导致核心基础设施崩溃。
- 修复手动设置的环境可能会花费很长时间，而且，在此类环境中修复的问题是不可复现和重复的。
- 手动设置的环境可能无法被复制并用于测试。

2. 环境的重要配置信息

下面是所有环境都需要的重要配置信息：
- 每种环境需要安装的第三方依赖和软件包；
- 网络拓扑信息；
- 应用程序运行必需的外部服务，如数据库服务；
- 应用程序数据或种子数据，用于设置全新的环境并运行。

3. 容器化环境

Docker 和 Kubernetes 之类的工具由于能够隔离环境级信息并创建可复现/可重复的环境而变得越来越流行。使用 Docker 可以声明所有外部服务，如 Redis 和 MongoDB。

下面是一个 API Workshop 库的 docker-compose YML 脚本示例：

```yml
version: '3'
services:
  mongo:
    image: mongo:3.4.5
    command: --smallfiles --quiet --logpath=/dev/null --dbpath=/data/db
    ports:
      - "27017:27017"
    volumes:
      - data:/data/db
  redis:
    image: redis:3.2-alpine
    ports:
      - "6379:6379"
  apid:
    build:
      context: .
      dockerfile: Dockerfile-go
    depends_on:
      - mongo
      - redis
    env_file:
```

```
        - ./common.env
    links:
        - mongo
        - redis
    ports:
        - "8080:8080"
volumes:
    data:
```

 我们已经声明了一个数据库、一个缓存服务（Redis）以及一个 API，它们都作为独立的容器运行，所有的容器都可以带有环境级别的信息（如环境变量），可以分别配置。

3.4 部署流水线

本书在第 2 章中谈到了 CI 的重要性，然而，尽管 CI 是重要的生产力增强器，但它主要对开发团队有用。在等待修复或更新文档时，通常会看到软件生命周期中与 QA 团队和运营团队有关的部分出现瓶颈。QA 人员可能被开发团队告知需要等待良好的构建，而开发团队在完成一项新功能后的几周内可能还会收到错误报告。所有这些情况都会使软件无法部署，最终导致软件无法交付给终端用户。如前所述，创建可部署到测试环境、模拟环境和生产环境的按钮式部署构建可以帮助减轻此类问题。

3.4.1 什么是部署流水线

可以将部署流水线视为构建、部署、测试和发布流程的端到端自动化。部署流水线也可以被认为是将开发人员编写的软件交到用户手中的过程。

3.4.2 部署流水线实践

本节将讨论一些需要遵守的部署流水线的惯例，例如只构建一次二进制文件、在每个环境中以相同的方式处理部署以及在部署流水线中创建提交阶段。

1. 只构建一次二进制文件

多次编译的二进制文件可能会出现问题，原因有以下几个。
- 二进制文件在每次运行时可能具有不同的上下文，给系统带来不可预测性。

- 静态编译语言（如 C/C ++）在每次运行时可能有不同的编译器版本。
- 第三方软件可能在不同的编译执行上下文中指定了不同的版本。
- 多次编译二进制文件还会导致部署流程效率低下。
- 重新编译二进制文件可能很耗时。

如果可以，最好在编译期间一次完成二进制文件的编译。

2. 每个环境中都应以相同的方式进行部署

当讨论到在每个源码签入时运行的 CI 构建，开发人员通常一直在部署软件。QA/测试人员不会频繁进行部署，运营人员的部署频率更低。出于充分的理由，与开发环境相比，对生产环境进行部署的频率低很多。

应当创建可以在开发、模拟和生产环境中运行的部署脚本。可以使用进行了版本控制的属性文件来管理每个环境中必要的更改。例如，可以在部署脚本中使用环境变量来区分不同的环境。

3. 提交阶段——部署流水线的第一阶段

部署流水线的第一阶段是提交阶段，或者每当开发人员将代码签入版本控制的时候。代码签入 CI 构建流水线后，CI 构建流水线应在必要时编译代码、运行一套单元测试（希望其中有些已经存在）和集成测试、为稍后的部署流水线创建任何所需的二进制文件、运行静态分析工具以检查代码库的状况，并准备后续需要用于部署流水线的所有构建工件。

对于提交阶段的构建来说，还有一些其他的指标也很重要，例如代码覆盖率、代码库中的重复、循环复杂性（测量代码库的复杂性）和监控大量警告消息，以及代码样式（通常由语法检查工具生成报告）。

如果提交构建阶段通过，那么我们可以将其视为第一个通过的门，这是一个重要的门。

3.4.3 测试门

在极限编程中，开发人员创建验收测试，作为功能级测试来测试软件系统的某个方面。一个示例是用户登录系统和用户退出系统。另一个示例是用户查看其个人资料并更新信息。这样的测试比单元测试和集成测试要广泛得多，因此它们可以发现存在的系统级问题。

1. 验收测试建立阶段

运行一套验收测试应该是部署流水线的第二道门。验收测试还可以用作回归测试套件，以验证没有新特性被引入系统。在这个阶段，需要逐一评估在验收测试中发生的测试失败。测试失败可能是由系统中有意的行为更改所致，因此验收测试套件需要更新，否则失败可能表示出现需要解决的回退问题。无论哪种方式，都必须尽快修复验收测试套件。验收测试充当了另一道门，以便部署流水线沿线进行。

2. 手动测试

验收测试确实在一定程度上可以确保系统行为正常，但是只有人才能检测到系统中的异常情况。QA/测试人员可以对系统运行用户级别的测试，以确保系统的正确可用性。测试人员还可以对系统进行探索性测试。自动化的验收测试套件有助于为测试人员省下时间来运行这类价值更高的测试。

3. 非功能性测试

非功能性测试正如其名，这类测试不是系统的功能要求，而是测试系统中的容量和安全性等内容。部署流水线在此步骤中的失败可能不需要将构建标记为失败，而可以简单地将其用作构建的决策指标。

3.4.4 发布准备

进行发布时始终存在相关的风险，因此最好在进行软件发布时制定适当的流程。发布期间无法完全避免发生问题，但是可以通过设置流程来减轻这些问题。

下面是发布期间可能要遵循的一些步骤。

- 创建一个发布计划，与交付产品有关的每个人都包含其中并参与创建该计划。
- 尽可能多地自动化发布流程，以防止出错。
- 应在类似生产的环境中经常对发布进行预演，以帮助调试可能发生的问题。
- 设置流程以迁移正在使用的生产数据并迁移配置信息，以防发生回滚（将发行版本还原为上一个版本）或系统升级。

1. 自动化发布流程

使发布流程尽可能多地自动化，因为自动化程度越高，对发布流程的控制能力就越强。手动步骤往往容易出错，并可能导致意外结果。生产环境中发生的任何更改都必须被正确锁定，这表示更改是通过自动化流程完成的。

2. 进行回滚

发布日通常会充满压力，因为发布流程中的错误可能会导致难以发现的问题，或者正在发布的新系统可能存在缺陷。预演可以帮助减轻此类问题，并可以帮助人们快速解决他们可能遇到的问题。

最佳策略是在版本发布之前和之后都准备好软件系统先前的版本，以防出现必须将系统回滚到先前版本的情况，这不包括任何必要的数据迁移或配置。作为另一个可行的选择，可以重新部署软件系统已知良好的版本。回滚应该做到单击按钮即可完成。

3.5 部署脚本编写

编写部署脚本是必要的，因为开发团队编写的软件不仅需要在其 IDE 或本地环境上运行，而且需要在部署流水线中运行。部署脚本是指用于为部署流水线编写脚本的特定构建工具。

3.5.1 构建工具概述

现在已经有很多构建工具，每种工具各有优缺点。下面是构建工具的一小部分。
- **Make**：与语言无关的构建工具，已被使用了很长时间。
- **Maven**：主要用于 Java 项目的构建工具。
- **MSBuild**：主要用于 .NET 系列编程语言的构建工具。
- **Rake**：一种类似 Make 的构建工具，最初用于 Ruby。
- **Gulp.js**：一种用于前端 Web 开发的构建工具。
- **Stack**：一种用于 Haskell 环境的构建工具。

3.5.2 部署脚本编写概念

无论使用什么构建工具，进行部署脚本编写时都需要遵循某些实践。

1. 为部署流水线中的每个阶段编写脚本

在部署流水线的提交阶段，你将执行部署脚本需要执行的操作。例如，可能需要编译所有源文件、运行一套单元测试和集成测试、运行检查代码样式的语法检查工具，还可能需要静态分析工具。所有这些步骤可能都需要使用不同的工具，因此编写能完成全部操作的脚本是最好的。根据脚本的特定操作，你可能希望将脚本进一步分解为执行重点操作的子脚本。在验收测试阶段，脚本可能会运行整个验收测试套件，并另外生成一些有关测试的报告和指标。

2．每个环境都应使用相同的脚本

应在所有环境中使用完全相同的脚本，因为这将确保构建和部署流程在每个环境中都以相同的方式完成。如果每个环境都有不同的脚本，则不能确保在不同的环境中运行的特定脚本具有相同的行为。开发人员在其本地环境中运行的部署脚本应与在其他环境中运行的部署脚本相同，否则可能会导致环境泄露。这么做的原因是，开发人员的环境中可能设置了部署脚本没有的特定环境变量，或者每个环境（例如开发、模拟和生产环境）都设置了不同的环境变量，在出现问题时，这将使调试更加困难。

3．部署流程不应在每次运行时都更改

每次运行后，部署流程应保持相同。数学中有一个叫作**幂等**（idempotent）的术语，它基本表示某个运算可以多次运行而结果相同。如果部署流程在任何给定的运行中发生更改，那么将无法保证每次运行的行为，这使故障排除变得更加困难。

3.5.3　部署脚本编写最佳实践

本节讨论部署脚本编写的最佳实践，例如确保仅在已知良好的基础上测试、测试环境配置、使用相对路径以及删除手动流程。

1．仅在已知良好的基础上测试

不应测试那些无法编译的源码，在单元测试和集成测试失败时也不要费心运行任何验收测试。基本上，要运行并继续进行部署过程的其他阶段，都必须存在一个已知良好的基础。

2．测试环境配置

当部署流水线正在依次经过每个阶段时，最好检查各个阶段是否正常运行。可以将在关联阶段进行的测试视为**冒烟测试**（smoke test）。例如，通过访问 URL 来检查网站是否已启动并运行，以及检查是否可以获取数据库中的记录。

3．使用相对路径

最好使用相对路径代替绝对路径。开发人员的某些文件系统或目录结构可能不存在

于部署流水线正在运行的环境中,因此最好使用相对路径,以免造成意外损坏。有时可能很难做到这一点,但是最好尽可能遵循。Docker 容器可以映射每个容器的目录结构,例如,如果在部署流水线的特定部分生成了一个 Docker 容器,那么它也可以被映射到某个相对的目录结构。

4.删除手动流程

避免使构建脚本包含完成部署的特定部分必须运行的手动流程。

下面是手动流程中可能的步骤。

(1)将所有图像从项目的根目录复制到 static/build 文件夹中。

(2)在新的生产版本上手动迁移数据。

(3)如果有人必须通过 SSH 进入一个环境并运行一个脚本,这可能是有问题的。

必须手动运行的任何步骤都可能很快在文档中过时。因此,如果需要二次执行某项操作,最简单的建议是制订自动化流程。

3.6 部署生态系统

本节将简要介绍一些工具,这些工具可以帮助我们进行部署,并可以满足不同的目的。

3.6.1 基础设施工具

本章前面提到了 Chef,这是一个很好的工具,能用于以可靠的方式自动化建立基础设施。如果没有适当的工具,则很难确保设置的每个新环境都以相同的方式完成。潜在地,你可能会创建具有不同配置的新环境,这在故障排除时可能会造成很大的问题。

3.6.2 云提供商和工具

3 个主要的云提供商都具有自己的关联工具。
- **AWS**:AWS 拥有一套用于 CI/CD 的工具。
  - **AWS CodeCommit** 是一项完全托管的源码控制服务。
  - **AWS CodeDeploy** 是一项服务,用于将软件自动化部署到各种计算服务,包括 Amazon EC2、AWS Lambda 和在本地运行的实例。
- **Microsoft Azure**:Visual Studio Team Services 是一种端到端的 CI/CD 服务。
- **Google App Engine**:Google App Engine 比其他云提供商更不可知。

虽然可以将 Jenkins、Travis CI 和 CircleCI 工具与所有主要的云提供商提供的工具一起使用，但是 Microsoft Azure 和 AWS 已经创建了自己的 CI/CD 工具。

3.7 小结

正如我们所看到的，CD 周围环绕着自动化的概念。本章介绍了软件交付的含义，首先讨论了软件交付时出现的常见问题，然后详细讨论了配置管理以及版本控制和依赖管理在配置中的作用，还介绍了部署流水线，并深入讨论了不同的构建阶段。在 3.5 节中，介绍了一些现有的构建工具，并介绍了一些可遵循的最佳实践。最后，本章简要介绍了部署生态系统和一些云提供商。在第 4 章中，我们将讨论不同团队之间的沟通问题、如何与其他团队成员沟通痛点、如何在不同团队之间分担责任、向利益相关者展示 CI/CD 重要性以及获得利益相关者对 CI/CD 的批准。

3.8 问题

1. 软件交付的含义是什么？
2. 说出一些常见的版本发布反模式。
3. 列出软件交付自动化的一些好处。
4. 配置管理的含义是什么？
5. 为什么要编写描述性且有意义的提交信息？
6. 什么是部署流水线？
7. 为什么在每个环境中都应以相同的方式进行部署？

第 4 章
CI/CD 的业务价值

现在，我们已经清楚地了解了什么是自动化、**持续集成**和**持续交付**，接下来需要将这些实践的业务价值传达给业务利益相关者（business stakeholder），否则团队可能会冒险构建缺少这些实践的行动事项的特性。本章旨在说服利益相关者认可这些价值，本章将讨论沟通问题、如何与团队成员沟通痛点、在不同团队间分担责任、了解关键利益相关者、如何证明 CI/CD 的重要性以及如何获得利益相关者对 CI/CD 的批准。

本章涵盖以下内容：
- 沟通问题；
- 与团队成员沟通痛点；
- 在不同团队间分担责任；
- 了解利益相关者；
- 证明 CI/CD 的重要性；
- 获得利益相关者对 CI/CD 的批准。

4.1 技术要求

本章假定读者已经熟悉自动化和 CI/CD 的概念。如果不确定是否了解这些概念，请在阅读本章之前，先阅读第 1 章和第 2 章。本章主要介绍如何将相关实践的价值传达给利益相关者，因此本章内没有代码示例或需要完成的安装。

4.2 沟通问题

在任何工作环境中，沟通都很有可能出现问题，但在敏捷（agile）工作环境中，沟通问题尤其容易出现。沟通中常出现的一些问题包括需求传达不当、缺乏适当的文档、时区差异、缺乏信任和相互尊重、文化差异和语言障碍、反馈周期长。

4.2.1 需求传达不当

图 4-1 描述了一份需求检查清单。制作需求检查清单是为了获取所有针对某个特性列出的必要需求。

图 4-1

需求传达不当是在敏捷工作环境下的冲刺周期中常见的问题。完全避免需求的错误传达是不可能的，重点在于确保从最初的特性需求开始就与终端用户或客户进行交流，从而将这种风险最小化。

清楚地说明要实现的特性（feature）需求并让每个功能（functionality）都具有明确的业务意图很重要，这可以帮助开发人员、DevOps 人员和 QA/测试人员在实施阶段更好地做出准备。

由于在未事先预料到某些行动的情况下，缺少需求很容易造成开发瓶颈，因此预先了解关键的业务需求将有助于减少团队之间需求的错误传达。所有关键的需求信息都需要正确地记录在文档中。

4.2.2 缺乏适当的文档

定义任何需求时都需要编写文档，而且在特性开发期间必须持续更新附加信息。只有在尽可能清晰地定义和陈述所有内容后，才可以开始编写计划来实现某个特性。如果开发人员遇到了需要客户阐明的问题，则答案应当直接放入需求中以备将来参考。

只编写一个带有需求信息的文档，而不是多个带有需求信息的文档，否则会有信息过期的风险，更糟的是有可能将不同的需求散布在互相矛盾的位置。

 业务需求应该有单一的事实来源，而且各方都应该理解这些需求。

4.2.3 时区差异

随着越来越多的团队分散到全球,时区差异会造成沟通瓶颈。在时区差异很大的情况下,开发人员需要确保良好的 CI/CD 实践发挥作用。处在同一个时区的团队可以随风而动高效完成工作,而时区差异会加剧 CI 构建损坏和配置管理问题。分散的团队需要格外重视沟通,因为缺乏面对面的互动可能会导致沟通失败,如果管理不当,团队之间甚至会产生敌意。

> 我曾经在一家有 3 小时时差的初创公司工作,这本身不是问题,但站会(standup)在工作日结束时进行,而其他团队在我们时区的中午开始工作。这自然导致我们的工作在需要其他团队完成更改的日子里受阻,这种阻碍直到本时区的中午才得以解决,因为中午才能联系上其他团队。

4.2.4 缺乏信任和相互尊重

图 4-2 描述了信任和相互尊重相辅相成的情况,这样的团队才能有效运作。

团队之间的信任至关重要,而且易失难得。最好有一位优秀的项目经理,可以促进团队之间的沟通并帮助阐明必然发生的问题。当新特性在开发期间出现问题时,健康的团队应开放地沟通,还可以适当进行回顾,帮助团队成员消除挫败感并建立信任。

图 4-2

如果可能,开展团队郊游活动也是个不错的选择,可以让多个团队相互交流并帮助彼此建立合作关系。有些公司会举办季度性的见面会,团队一起进行有趣的活动,例如做运动和玩游戏。另外,可以经常安排团建,以保持大家的参与感并培养合作精神。

4.2.5 文化差异和语言障碍

随着敏捷工作环境的全球化,全球团队变得越来越普遍。团队之间的文化差异使沟通成为阻碍项目成功愈加重要的因素。幽默可能是一把双刃剑,如果脱离其语境,也许会在团队间产生分歧和敌意。因此,最好向各团队介绍文化规范和风俗习惯,以避免沟通中产生误会。

语言障碍也会造成问题,因为对特性需求的要求可能会被误解。最好是项目经理可以充当团队之间的联络者,以确保团队之间的所有要求都得到清楚的理解,并帮助阐明任何沟通问题。

4.2.6 反馈周期长

图 4-3 描述了一个反馈回路。反馈回路越大，更改所需的时间就越长。在部署流水线上建立简短的反馈回路很重要，这样可以在必要时及时地进行更改。

长反馈回路很危险，缩短反馈循环周期可以在合适的时间向合适的人提供正确信息的重要性。同样，团队之间较长的反馈循环周期也会造成问题和产生天然瓶颈。

理想情况下，团队能尽快获得所需信息，但现实并不总是如此。合适的联络人或项目经理可以帮助缩短团队之间的反馈回路，团队需要正确记录所有流程，确保此文档对其他团队可见并为其他团队所知，否则团队之间的流程可能会存在分歧。

图 4-3

 记住，较短的反馈回路可缩短响应时间。

4.3 与团队成员沟通痛点

团队成员必须能够有效地传达阻碍进展的痛点或阻碍因素，这一点很重要。本节中将讨论一些痛点，包括等待需求信息、部署流水线中未记录的步骤、王国钥匙的持有者过多以及沟通渠道过多。

4.3.1 等待需求信息

通常情况下，开发人员会针对某个用户故事（story）/特性（feature）开始工作，并未获取完成工作所必要的全部需求。对于开发人员而言这很成问题，因为根据正确完成需求的程度不同，他们编写的任何代码都有可能需要废弃和重做。开发人员必须先了解所有需求，才能开始实现故事。必须有流程使每个特性满足所有需求，并且在理想情况下，每个故事都应作为要完成的特性的一个操作项进行验收测试。在理想世界中，开发人员会在开始某个特性的开发之前就获知所有必要信息，并在按需求文档的规定完成特性开发时，通过为故事编写的验收测试。

在第 1 章中，我们以 Billy Bob's Machine Parts 公司作为示例进行了讨论。现在，假如开发团队中的汤姆已经开始进行供应商名称显示的工作，但他发现该工单的范围似乎很大，可能无法及时完成。由于在开发过程中严重缺乏需求文档并且缺少关键细节，这使情况又变得更加复杂。汤姆询问产品负责人是否可以提供某些项目的反馈，但是必须等待几天才能获得必要信息。

4.3.2 部署流水线中未记录的步骤

在进行部署流水线的过程中，每个步骤都应被恰当地记录并自动化。第 3 章谈到了在部署流水线中尽量实现自动化的重要性。重申一下，手动流程是有问题的，因为它们不可重复且不可靠。自动化的重要性在于为部署流水线带来了可重复性和可靠性。每当有人不得不运行手动流程时，可能无法保证该流程在每次运行中都正确进行且以相同的方式完成，只有自动化，才能保证部署流水线阶段的可重复性。

DevOps 团队的成员阿尔文正在开发软件产品的最新版本，并在部署流水线中运行着一个复杂的手动流程。他不慎输入错误的命令，清除了生产数据库。幸运的是，有前一天的备份，阿尔文可以将生产数据库还原到该副本。如果运行自动化的流程，这种情况就不会发生。

4.3.3 王国钥匙的持有者过多

图 4-4 表示一把王国钥匙。关于王国钥匙主要有一件需要记住的事情：只有严格选择出的极少数人能拥有生产环境的王国钥匙（访问权限/密钥）。

控制哪些人可以在生产环境中进行更改非常重要，许多软件公司通常会选出少量人，甚至一个人来进行生产更改。如果这个指定的人没有

图 4-4

时间或离开了公司，可能会出现问题，不过一些公司已经建立了常规制度，让开发团队端到端地负责某个功能，参与该功能的开发人员负责解决在部署流水线中遇到的问题。在我之前供职的一家公司中，大家亲切地说，只有挑选出来的少数人拥有王国钥匙。

阿尔文是掌握王国钥匙的少数 DevOps 人员之一。客户支持团队因生产中断向开发团队执行 ping 操作，而开发团队正努力为客户恢复生产环境。阿尔文和另一名 DevOps 人员是仅有的可以接触生产环境的人。但阿尔文和该指定的 DevOps 人员联系不上，这使问题更加严重了。

4.3.4 沟通渠道过多

通信时应有较低的信噪比。如果通过电子邮件、SMS、语音邮件和 Slack 消息向开

发人员发出有关问题的警报,他们可能会很快走神而且不会关注问题。重要的是要引起开发人员的注意来解决遇到的问题。

假如布鲁斯是团队中新来的开发人员,他收到了有关他工作中的某个低优先级工单的警报。布鲁斯收到有关此工单的电子邮件、文本警告、群组消息和电话。他往往收到许多这样的消息,很快便决定忽略它们。在某个下午,布鲁斯忽略了一个高优先级的工单,因为他以为这是一个毫无意义的警报。布鲁斯已变得对警报不敏感。

在这些警报的警告过程中,噪声太大,而且实际上没有什么真实的信号。

4.3.5 疼痛驱动开发

如果 CI/CD 流水线中的某些问题造成了一定程度的痛苦,那么自动化该流程可能是个好主意。如果有一个在部署流水线中容易出错的 15 步的流程,而且运行中的错误在版本发布流程中导致了许多问题,那么其他人可能会在某些时候感到痛苦。但正是痛苦能引导你朝正确方向寻求更好的解决方案。如果在某个流程中遇到问题,则可能需要将该流程自动化。并不总是需要为了自动化而将工作自动化。需要不断评估流程,而疼痛驱动开发(pain driven development,PDD)可能是一个查找需改进流程的有效工具。

吉米在每个提交阶段都遇到过语法检查失败的问题。在将代码推送到存储库之前,吉米忘了检查语法检查任务。这特别麻烦,因为他负责运行所有的单元测试来检查它们是否通过,但是他习惯性地忘记检查语法检查错误。吉米认为这太痛苦了,需要采取新的流程。他编写了一个 Git 预推送 hook 脚本,在每次对主分支(master)进行 Git 推送时运行语法检查器。现在,每当有人推送到主分支时,该脚本都会运行语法检查器来确保不会向代码库中引入语法检查错误。

4.4 不同团队间分担责任

在没有协作和透明度的情况下,其他团队中出现的某些痛点或实践并不总是显而易见的。团队最好能够与其他团队分担责任和实践。如果有可能,应该轮换团队成员,试着寻求关于开发实践的反馈,并尝试创建跨职能的团队。

4.4.1 轮换团队成员

图 4-5 象征着团队成员的轮换。可以建立一个团队轮换,让不同的团队成员轮换执

行不同的工作，这能帮助团队成员分担责任并建立高效的流程，还有可能激发创新。

通过让团队成员轮换到不同的团队，可以帮助他们形成自己的观点、对开发实践有更广泛的了解、增加产品知识。这并不总是可行的，尤其是对于安全团队或机器学习团队这样高度专业化的团队而言，因为开发人员进入有效工作所需的适应时间可能会有所不同。但如果轮换可行，让团队成员轮换相关项目和技术可以

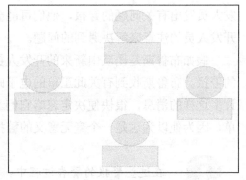

图 4-5

帮助防止开发人员精疲力尽，并帮助开发人员互相学习。人们很容易自满并习惯某套做事方法，通常情况下，新的观察者可以以新的视角看待事物，有助于促使开发团队进行必要的改变。

布鲁斯在 API 开发团队中工作，现已轮换到网络工程团队，轮换时间为 3~6 个月，目前他已经学习了一些对 API 开发团队有用的实践。交叉培训工程师的一个优势是，他们可以将在其他开发团队中学习的技能用于自己的团队。布鲁斯学习了一些缓存优化，可以应用于网络层和 OSI 层，这将有助于 API 开发团队工作。**开放系统互连**（open system interconnection，OSI）是一个概念模型，它把通过网络发送的信息细分为不同的层。OSI 模型中共有 7 层：**应用层**（第 7 层）、**表示层**（第 6 层）、**会话层**（第 5 层）、**传输层**（第 4 层）、**网络层**（第 3 层）、**数据链路层**（第 2 层）和**物理层**（第 1 层）。布鲁斯一直在应用层中运用优化策略，但是由于在网络层中发现了新知识，他提出了更新的优化策略。

4.4.2 寻求有关开发实践的反馈

团队成员之间的沟通对于团队的长期成功至关重要。开发人员不应害怕对完成工作的方式寻求反馈，重要的是营造健康的环境并欢迎建设性的批评。团队成员可能会对团队流程感到自满，这会让大家错过优化工作流程的机会。

此处再次以 Billy Bob's Machine Parts 公司作为示例。假设汤姆最近加入了该团队，他注意到在 API 存储库中进行设置的步骤过于复杂，需要很多步骤才能启动并运行一个环境。汤姆询问是否有人考虑过使用构建工具来自动化某些步骤，并被告知可以将所有他认为有用的步骤自动化。汤姆决定编写一个 Makefile 文件，通过简单地执行 make 命令，就能封装某个启动特定环境的所有步骤。汤姆对 API 存储库发起拉取请求并引入了这个新特性，帮助将启动特定环境的步骤自动化。

4.4.3 建立跨职能团队

如果可能并且有资源，可以尝试创建跨职能团队，使团队可以与其他团队的成员共享专业知识。例如，一个跨职能团队可以有两到三个开发团队成员、一个 QA 团队成员、一个安全团队成员、一个 DevOps 团队成员和一个产品负责人，他们一起工作时，能表现出各自独立工作时所没有的高效率。

回到我们的示例公司，设想下述的跨职能团队。汤姆、史蒂文和鲍勃是开发团队成员，里基是安全团队成员，苏珊是 DevOps 团队成员，尼基是产品负责人。所有人都在同一个空间中工作，并在每天早晨的站会上见面。现在，团队成员可以端到端地负责部署流水线的阶段，他们一起工作并互相帮助将流程自动化。汤姆和史蒂文使用一个新的库（library）编写了一个自动化测试套件，里基可以添加一个第三级构建阶段来运行安全检查，检查对主分支所做的更改。随着每个项目（item）在部署流水线中进行，苏珊添加了监控和报告指标。尼基注意到新特性中有一个极端情况，于是迅速为鲍勃更新了需求文档。团队成员公开地交流其流程中的每个步骤并能够优化流程，因为他们彼此之间开放协作。

4.5 了解利益相关者

对开发团队来说，了解所有的利益相关者十分重要，因为利益相关者掌握着使团队成功或失败的关键信息。开发团队应该有能力在必要时与项目经理进行交流、与行政领导团队的成员开放沟通，并能够与终端用户对话。

4.5.1 项目经理

尽管产品负责人可以承担项目经理（project manager）的角色，而且可以帮助减轻敏捷专家（scrum master）的责任，但是最好由单独的人来承担这个角色。项目经理可以被看作适应动态工作环境的变革推动者。归根结底，项目经理希望能够将可交付的成果传递给最终用户，并能帮助畅通不同团队之间的沟通渠道。重要的是，开发人员要能够进行开放的沟通，并将特性工作期间遇到的所有问题告知项目经理。

一些公司还会聘请敏捷项目集经理（agile program manager），负责敏捷工作环境中的工作流程和方法。敏捷项目集经理会为冲刺日程安排制订路线图，并确保开发团队中的每个开发人员都已按计划的生产力恰当地分配工作。这种类型的经理通常会更了解团队的所有工作,并会确保所有相关方拥有完成其交付所需的所有工具和信息。

4.5.2 行政领导团队

公司文化在很大程度上受到行政领导团队的影响,例如**首席执行官**(chief executive officer,CEO)、**首席信息官**(chief information officer,CIO)、**首席技术官**(chief technical officer,CTO)和**首席运营官**(chief operating officer,COO)。除非在这些行政级别上进行运营,否则不太可能对公司产生广泛的影响。如果开发团队觉得决策像法令一样下达,而他们在决策中没有发言权,那么他们可能无法防止本来可以避免的问题。许多公司表示他们有开放的政策并欢迎有建设性的反馈,但是开发团队在与破碎的流程作斗争时常常无权发表意见。

假设汤姆在周末阅读了一篇博客文章,发现了一种在自动化的验收测试套件中缩短反馈回路的方法。汤姆想要引入的这个更改需要大量的工作,他试图在星期一早上的站会中提及这一点,但由于还有更高价值的工作需要完成,汤姆遇到了团队的阻碍。汤姆认为,这重要到足以让高层管理者了解,于是他继续使用开放政策与CTO讨论此事,但第二天由于未通过适当的领导渠道而受到口头谴责。就这样,汤姆无法做出最有益于团队的决策,因为团队中的任何成员都没有能力改变工作流程。

4.5.3 终端用户

图 4-6 描述了一位终端用户。归根结底,终端用户是最重要的利益相关者,他们的反馈最有分量。

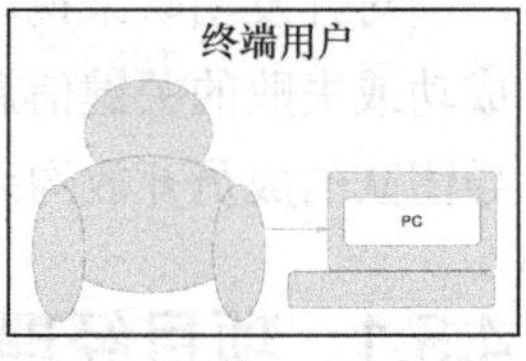

到最后,终端用户将使用添加到产品中的新功能。从这个意义上讲,他们可以帮助阐明提供给开发人员的必要需求。通常情况下,终端用户并不清楚他们到底在寻找什么,直到他们要找的东西出现在面前。重要的是,如果需要,产品负责人会从客户那里预先获取所有必要的需求,某些软件组织甚至会对其进行测试,这些测试由产品负责人/客户编写,明确代码中必须实现的需求。无论如何,产品负责人和终端用户必须与请求的特性同步,开发人员才能开始他的工作。

图 4-6

开发团队在很大程度上远离了终端用户,而且不会与任何终端用户进行交互。但是,对于开发团队而言,了解终端用户在使用软件系统时遇到的特定痛点非常重要。从这个意义上来说,开发人员最有能力在软件系统中创建对终端用户有益的更改。然而,如果开发人员不了解这类痛点,他们将无法创建有益于终端用户的必要更改。可以在适当的时候让开发人员与客户成功团队合作,这有助于了解终端用户如何使用软件系统。

4.6 证明 CI/CD 的重要性

CI/CD 流水线的重要性不可低估，开发人员需要通过提供指标、报告以及帮助领导了解自动化的重要性来证明 CI/CD 的重要性。

4.6.1 指标和报告

图 4-7 描绘了一些图表，可以用于向利益相关者证明 CI/CD 的重要性。使用图和表是一个好主意，因为视觉资料非常有说服力。

典型地，在公司的行政人员级别，数字和 PowerPoint 演示文稿必须阐明某些东西重要的原因。开发人员要能够使用指标（表、图和任何其他可视形式）来说明 CI/CD 如何改进现有流程。已经有一些企业解决方案可以帮助生成此类信息，但开发团队可以将这些信息整合到 Excel 表格中。

图 4-7

例如，开发团队的鲍勃已经无法忍受了，因为目前在版本发行日采用的手动流程迫切需要自动化。鲍勃汇总了过去 6 个月中用于紧急修复的时间，以及每个开发人员在版本发行日期间累积的问题上浪费的工时。鲍勃创建了一个精致的可视化图表，帮助他说服管理层创建敏捷史诗故事（epic）来解决创建自动化的部署流水线的问题。

4.6.2 帮助领导者了解自动化的重要性

开发团队不能假定领导者了解自动化的含义和可进行自动化的领域。最好有一位 CTO 之类的技术代表通过支持自动化来提供帮助，并协助开发人员向行政领导团队解释自动化。诸如 CTO 之类的人可以成为变革推动者来代表开发人员发言，但无论是谁转述这些信息，行政领导团队都必须了解什么是自动化以及哪些东西可以实现自动化。

行政领导团队的工作往往与开发人员的日常工作相去甚远。行政领导团队对公司有更多的整体关注，而且倾向于与其他团队成员（如销售、市场营销、运营、项目经理等）合作。对行政领导团队进行关于自动化的普及依然很重要，这样开发人员才会有必需的时间来开发自动化的部署流水线。开发人员可以在每次冲刺期间花时间进行测试，并持续地将自动化过程添加到 CI/CD 构建流水线和部署流水线中。一个公司的最高层需要对自动化有清晰的了解，以便开发人员、系统管理员和 DevOps 人员将自动化实践纳入公司路线图的关键交付中。

4.7 获得利益相关者对 CI/CD 的批准

即使在强调自动化的重要性并对利益相关者进行自动化普及时，也有可能需要未经官方批准采取行动。许多软件项目都是作为臭鼬工厂项目（skunkworks project）开始的，由一个开发人员独自在未经正式批准的情况下进行开发。如果需要，开发人员还可以在其本地计算机或未使用的计算机上完成部署流水线的自动化任务。

4.7.1 开始一个臭鼬工厂项目

臭鼬工厂项目一词的起源尚有争议，但一般来说，它是由一个或多个选定的人秘密从事的项目，旨在为组织带来创新和变革。开发人员并不总是能获得对某个任务的批准，他们可能需要采取其他手段来阐明自己的观点。

假设开发团队的鲍勃有个想法：编写一个 CLI 应用，帮助第三方开发者使用公司的仪表盘。鲍勃曾试图将该想法传达给高层管理人员，但被拒绝了。鲍勃决定在接下来的几周内编写一个 CLI 应用程序，并决定使用一种叫作 Rust 的编程语言来编写该 CLI 应用。鲍勃创建了一个易使用、可插拔的直观的 CLI 应用。现在，鲍勃能够向团队展示这个新的应用程序，进而说服高层管理人员投入资源来进行 CLI 项目。

4.7.2 在本地计算机上启动 CI/CD

开发团队基本不可能先获得财务批准再开始使用 CI/CD 流水线。为了发现并使其他人相信自动化 CI/CD 流水线的重要性，开发人员可以在自己的计算机上复制部署流水线，并向团队和高层管理人员演示构建自动化的流水线阶段的好处。

Microsoft Azure、AWS 和 Google App Engine 等大型云提供商现在可能有免费账号计划来提供云服务。这样，开发人员可以通过展示一个小项目并展示 CI/CD 流水线中的所有阶段（如提交阶段、自动验收测试阶段和一个可选的安全和生产力构建阶段）来轻松地建立更实际可行的部署流水线。

4.7.3 公司内部展示

在整个公司内进行展示可能是在组织中获得 CI/CD 批准最有效的方法。一些公司会赞助黑客马拉松，在这种活动中可以为公司创建新的自动化流程。这样做的好处是，在公司展示的过程中，可以将消息自动化的级别提高到组织内最高。

假设开发团队的汤米正在尝试使用Docker，而且有为每条部署流水线创建Docker镜像的想法。汤米展示了Docker容器可以作为独立的版本系统供QA团队测试软件产品的版本，具有环境隔离的优势。汤米构建了此自动化流程，并在公司展示中说明这可以为QA团队节省25小时的回归测试工时。CEO并不知道QA团队在部署过程中花费了大量时间尝试建立环境来进行回归测试。汤米通过令人信服的报告向领导层展示了自动化如此重要的原因。

4.7.4　午餐交流会

图4-8只描绘了刀、叉，要点在于，与其他人一起参与午餐交流会是打开沟通渠道并将大家聚集在一起的好方法。可以将关于自动化的展示加入午餐时的公司会议中。

可以邀请高层管理人员参与午餐交流会，并使用带有指标的图表和PowerPoint演示文稿，这些指标有助于解释什么是自动化，还可以展示花在手动流程上的资金。通常，高层管理人员对活动的财政影响更感兴趣，如果向他们展示手动流程的成本，他们会更愿意倾听。

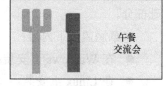

图 4-8

4.8　小结

正如本章所述，传达CI/CD的业务价值非常重要。本章从讨论与沟通有关的问题开始，并谈到了一些与团队成员沟通痛点的策略。本章讨论了在不同团队成员之间分担责任、了解利益相关者、证明CI/CD对利益相关者的重要性，以及获得利益相关者对CI/CD的认可。

第5章将介绍如何在本地环境中设置Jenkins CI——本书的第一个CI/CD工具。

4.9　问题

1. 为什么在开始时就应该拥有所有的需求信息？
2. 什么是疼痛驱动开发？
3. 为什么沟通渠道过多有问题？
4. 轮换团队成员有哪些好处？
5. 寻求关于目前开发实践的反馈有什么好处？
6. 向利益相关者展示CI/CD的价值时，使用指标和报告有何帮助？
7. 为什么需要让领导了解自动化？

第 5 章 Jenkins 的安装与基础

本章将帮助你在 Windows、Linux 和 macOS 上安装 Jenkins，并介绍 Jenkins UI 的基础部分。

本章涵盖以下内容：
- 在 Windows 上安装；
- 在 Linux 上安装；
- 在 macOS 上安装；
- 在本地运行 Jenkins；
- 管理 Jenkins。

5.1 技术要求

本章主要涉及 Jenkins 在 CI/CD 中的使用，其中不讨论 CI/CD 的概念，只配置 Jenkins 的使用环境。

5.2 在 Windows 上安装

安装 Jenkins 前需要进行一些准备。

5.2.1 安装 Jenkins 的先决条件

请安装好 Java 并使其可从 Jenkins 2.54 启动。从 2.54 版本开始，Jenkins 要求使用 Java 8 运行环境。

1. 确认 Windows 版本

单击 Windows 开始图标，单击"设置"，在"设置"的搜索栏中输入"系统"，然后在程序列表中单击"系统"。

"系统"窗口打开后，在"查看你是否具有 32 位或 64 位版本的 Windows"下可找到相关内容。

系统类型会显示操作系统是 64 位还是 32 位。

2．安装 Java

前往 Java 官方网站的 Java 下载页面（见图 5-1），下载 Java。

图 5-1

依次单击 **Accept License Agreement** 和 **Windows Download**，以确保下载到对应 64 位或 32 位操作系统的正确版本。

然后使用安装程序在 Windows 上安装 Java。

5.2.2 Windows 安装程序

在 Windows 上安装 Jenkins 相对来说比较简单，前往 Jenkins 官方网站的 Jenkins 下载页面即可，如图 5-2 所示。

图 5-2

滚动至页面底部，将看到当前版本下支持安装 Jenkins 的操作系统，如图 5-3 所示。

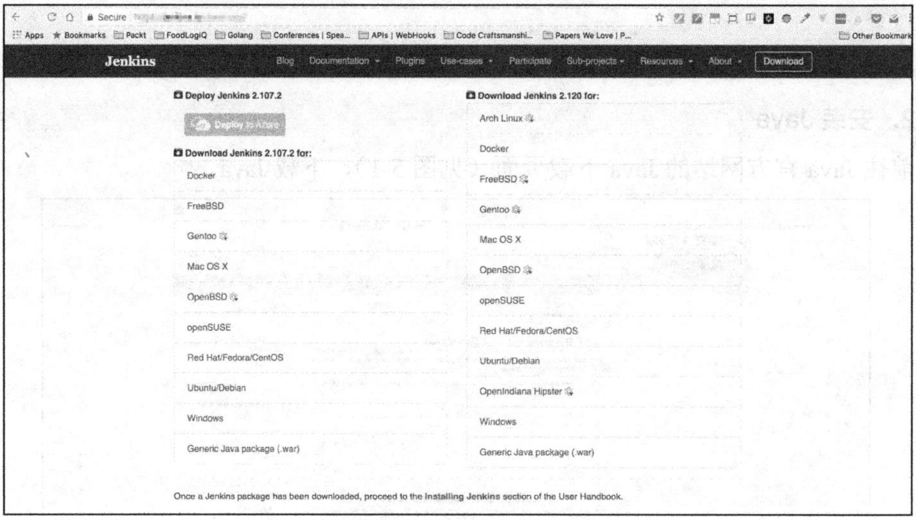

图 5-3

5.2.3 在 Windows 上安装 Jenkins

从 Jenkins 下载页面下载并解压 Jenkins 文件后的界面如图 5-4 所示。

图 5-4

5.2.4 在 Windows 上运行安装程序

图 5-5 展示了 Windows 上的 Jenkins 安装程序。

图 5-5

安装程序运行完成后,将看到图 5-6 所示的界面。

图 5-6

单击 **Finish**（完成）后，在浏览器中输入地址 http://localhost:8080，按回车键后可看到图 5-7 所示的界面。

图 5-7

用 Chocolatey Package Manager 安装 Jenkins

读者可以在 Chocolatey 官方网站上找到 Chocolatey 的安装说明。

下面的命令可以帮助我们使用 cmd.exe 安装 Chocolatey：

```
@"%SystemRoot%\System32\WindowsPowerShell\v1.0\powershell.exe" -NoProfile -InputFormat None -ExecutionPolicy Bypass -Command "iex ((New-Object System.Net.WebClient).DownloadString('https://chocolatey.org/install.ps1'))" && SET "PATH=%PATH%;%ALLUSERSPROFILE%\chocolatey\bin"
```

Chocolatey 安装完成后，可直接通过 Chocolatey 使用 choco install jenkins 来安装 Jenkins。

5.2.5　在 Windows 上用命令提示符启动和停止 Jenkins

在任务栏搜索框中，输入 cmd 并按回车键，启动命令提示符。

在命令提示符窗口中输入如下命令：

```
cd 'C:\Program Files (x86)\Jenkins'
```

然后可以利用以下命令：

```
C:\Program Files (x86)\Jenkins>jenkins.exe start
C:\Program Files (x86)\Jenkins>jenkins.exe stop
C:\Program Files (x86)\Jenkins>jenkins.exe restart
```

也可以利用 curl 并使用以下命令：

```
curl -X POST -u <user>:<password> http://<jenkins.server>/restart
curl -X POST -u <user>:<password> http://<jenkins.server>/safeRestart
curl -X POST -u <user>:<password> http://<jenkins.server>/exit
curl -X POST -u <user>:<password> http://<jenkins.server>/safeExit
curl -X POST -u <user>:<password> http://<jenkins.server>/quietDown
curl -X POST -u <user>:<password> http://<jenkins.server>/cancelQuietDown
```

5.3 在 Linux 上安装

本节的示例是在 Ubuntu 16.04 上安装 Jenkins。读者可以在 Jenkins 下载页面的底部链接处找到为特定 Linux 发行版提供的 Jenkins，单击各 Linux 发行版对应的链接进行下载。为方便演示，此处我们将以在 DigitalOcean 云主机 Droplet 虚拟服务器上的 Ubuntu 操作系统为例安装 Jenkins。

5.3.1 在 Ubuntu 上安装 Jenkins

执行如下命令，将存储库密钥添加到系统中：

```
wget -q -O - https://pkg.jenkins.io/debian/jenkins-ci.org.key | sudo apt-key add -
```

密钥添加后，系统会返回"OK"。

执行如下命令，将 Debian 软件包的库地址添加到服务器的 sources.list 中：

```
echo deb https://pkg.jenkins.io/debian-stable binary/ | sudo tee /etc/apt/sources.list.d/jenkins.list
```

执行如下命令，升级系统中的软件包库：

```
sudo apt-get update
```

请确保已经安装了 Java，这是 Jenkins 运行的必要程序。执行如下命令：

```
sudo apt install openjdk-9-jre
```

在 Ubuntu 上安装 Jenkins：

```
sudo apt-get install jenkins
```

5.3.2 在 Ubuntu 上启动 Jenkins 服务

输入以下命令来启动 Jenkins 服务：

```
sudo systemctl start jenkins
```

输入启动命令后，可输入如下命令来确认 Jenkins 运行无误：

```
sudo systemctl status jenkins
```

正常情况下可得到图 5-8 所示的结果。

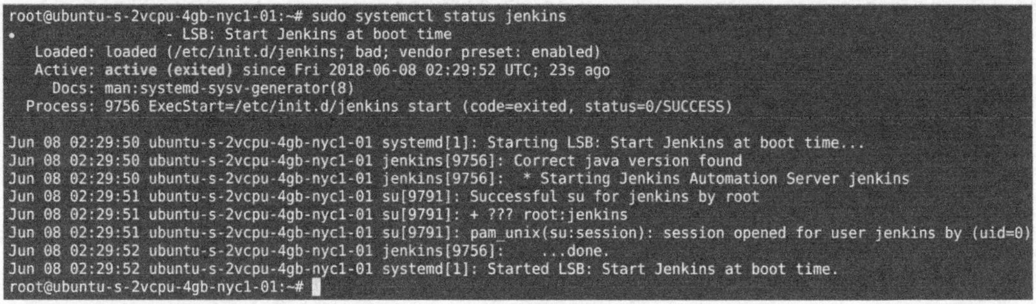

```
root@ubuntu-s-2vcpu-4gb-nyc1-01:~# sudo systemctl status jenkins
    •      - LSB: Start Jenkins at boot time
  Loaded: loaded (/etc/init.d/jenkins; bad; vendor preset: enabled)
  Active: active (exited) since Fri 2018-06-08 02:29:52 UTC; 23s ago
    Docs: man:systemd-sysv-generator(8)
 Process: 9756 ExecStart=/etc/init.d/jenkins start (code=exited, status=0/SUCCESS)

Jun 08 02:29:50 ubuntu-s-2vcpu-4gb-nyc1-01 systemd[1]: Starting LSB: Start Jenkins at boot time...
Jun 08 02:29:50 ubuntu-s-2vcpu-4gb-nyc1-01 jenkins[9756]: Correct java version found
Jun 08 02:29:51 ubuntu-s-2vcpu-4gb-nyc1-01 jenkins[9756]:  * Starting Jenkins Automation Server jenkins
Jun 08 02:29:51 ubuntu-s-2vcpu-4gb-nyc1-01 su[9791]: Successful su for jenkins by root
Jun 08 02:29:51 ubuntu-s-2vcpu-4gb-nyc1-01 su[9791]: + ??? root:jenkins
Jun 08 02:29:51 ubuntu-s-2vcpu-4gb-nyc1-01 su[9791]: pam_unix(su:session): session opened for user jenkins by (uid=0)
Jun 08 02:29:52 ubuntu-s-2vcpu-4gb-nyc1-01 jenkins[9756]:    ...done.
Jun 08 02:29:52 ubuntu-s-2vcpu-4gb-nyc1-01 systemd[1]: Started LSB: Start Jenkins at boot time.
root@ubuntu-s-2vcpu-4gb-nyc1-01:~#
```

图 5-8

5.3.3 打开网络流量防火墙

Jenkins 默认运行的 HTTP 端口是 8080，确保此端口允许外部访问：

```
sudo ufw allow 8080
```

该命令将得到如下输出结果：

```
Rules updated
 Rules updated (v6)
```

然后需要检查防火墙状态：

```
sudo ufw status
```

可获得如下输出结果：

```
Status: inactive
```

5.3.4 首次登录时解锁 Jenkins

在 DigitalOcean Droplet 上第一次运行 Jenkins 时，将看到图 5-9 所示的界面。
在 Ubuntu 的终端上执行如下命令：

```
cat /var/lib/jenkins/secrets/initialAdminPassword
```

图 5-9

获得以标准形式输出的密码后,将密码复制下来,粘贴至最初的登录界面,并单击 **Continue** 按钮。

然后可看到图 5-10 所示的界面,读者可以直接安装推荐的插件,也可以自主选择想要安装的插件。

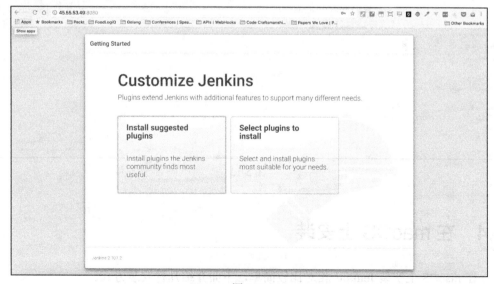

图 5-10

这个界面并不是初始时必须选择的,可以直接单击屏幕右上角的 × 关闭,进入图 5-11 所示的界面。

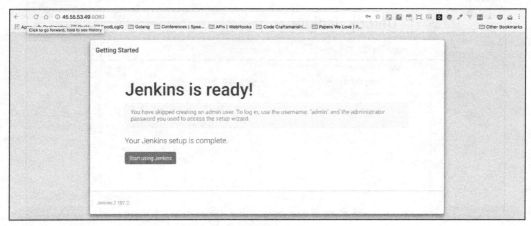

图 5-11

选择启动 Jenkins 后,将看到图 5-12 所示的界面。

图 5-12

5.4 在 macOS 上安装

在 macOS 上安装 Jenkins 相对比较简单,下面介绍几种安装方式。

5.4.1 下载 Jenkins 程序包

本节包含如何使用 Mac 包安装程序（.pkg）文件来安装 Jenkins。

（1）前往 Jenkins 官方网站下载页面。

（2）滑动至页面底部查看 Jenkins 支持的操作系统列表。

（3）选择 **macOS**，转到图 5-13 所示的页面。

图 5-13

（4）单击浏览器窗口底部的.pkg 文件或双击下载文档中的 Jenkins.pkg 文件，弹出对话框如图 5-14 所示。

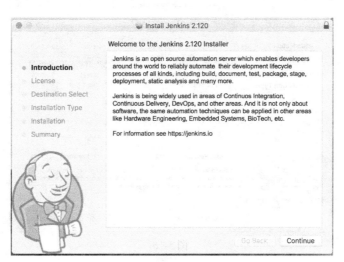

图 5-14

（5）注意右下角有 **Go Back** 和 **Continue** 两个按钮，单击 **Continue** 按钮转到下一个

窗口,这是一个授权许可界面。

(6)单击 **Continue** 并确保已勾选 **Agree** 按钮,将看到图 5-15 所示的界面。

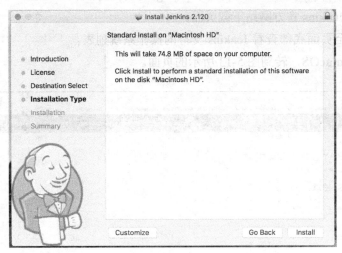

图 5-15

(7)一般来说,单击 **Install** 即可,但如果想个性化定制安装,可以选择自主安装文件,如图 5-16 所示。

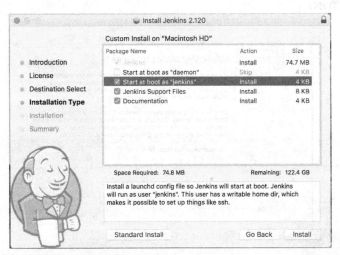

图 5-16

(8)除非内存空间不够,否则依次单击 **Standard Install** 和 **Install**,即可看到图 5-17 所示的界面。

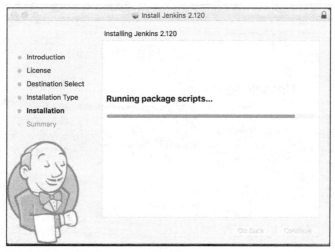

图 5-17

（9）安装脚本运行完成后，将看到图 5-18 所示的界面。

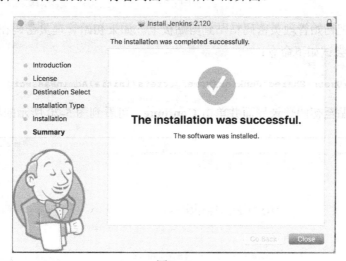

图 5-18

（10）单击 **Close**，Jenkins 即可在本地机器上运行。

5.4.2　首次登录时解锁 Jenkins

首次在主机上运行 Jenkins 时，将看到图 5-19 所示的界面。

如果 Jenkins 是在主用户账号上运行的，请在 Mac 终端上执行如下命令：

```
pbcopy < /Users/jean-marcelbelmont/.jenkins/secrets/initialAdminPassword
```

图 5-19

此命令将把初始管理员密码粘贴到剪贴板上。如果初始管理员密码在 Users/Shared/Jenkins 处，可尝试如下命令：

`pbcopy < /Users/Shared/Jenkins/Home/secrets/initialAdminPassword`

将密码粘贴至初始登录界面并单击 **Continue**，可看到图 5-20 所示的界面。

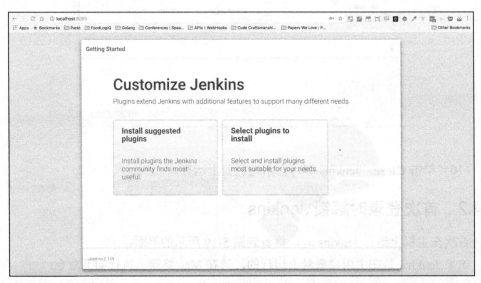

图 5-20

最开始的时候，图 5-20 所示的这个界面并非必要，可以单击屏幕右上角的 ×。在单击 × 并决定启动 Jenkins 后，将看到图 5-21 所示的界面。

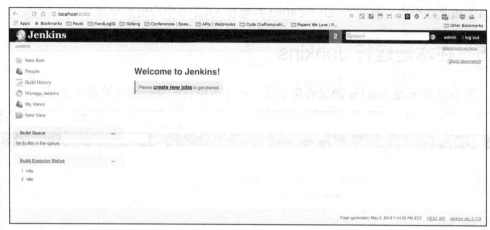

图 5-21

5.4.3　通过 Homebrew 安装 Jenkins

也可以通过 Homebrew 应用在 macOS 上安装 Jenkins。

如果尚未安装 Homebrew，先前往 Homebrew 官方网站下载并安装。

安装 Homebrew 相对简单。首先打开终端应用，单击 Mac 上的 **Finder**（访达），在窗口左侧边栏中找到 **Applications**（应用）并单击进入，再找到 Utilities 文件夹并单击进入，最后找到终端应用图标并双击运行。

粘贴 Homebrew 的安装脚本到终端应用提示符中：

```
/usr/bin/ruby -e "$(curl -fsSL
https://raw.githubusercontent.com/Homebrew/install/master/install)"
```

Homebrew 安装完成后，在终端应用中输入图 5-22 所示的命令。

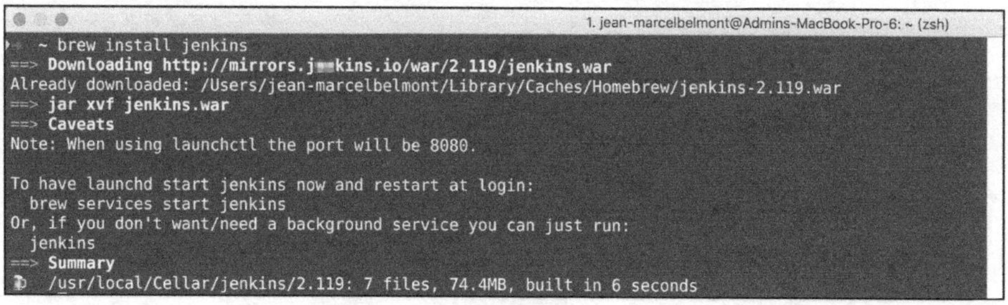

图 5-22

安装完成后，就可以在终端应用中输入如下命令来开启 Jenkins 服务：

`brew services start jenkins`

完成此命令后，前往 localhost:8080 并运行 5.4.2 节中给出的步骤。

5.5 在本地运行 Jenkins

图 5-23 所示是 Jenkins 的仪表盘主页，在本节中我们将仔细浏览各个项目。

图 5-23

5.5.1 创建一个新项目

在下面的环节中创建一个自由项目（freestyle project）来作为一个新项目，但依据安装的插件的不同可以添加很多不同的项目。

（1）单击 **New Item** 并转到图 5-24 所示的页面。

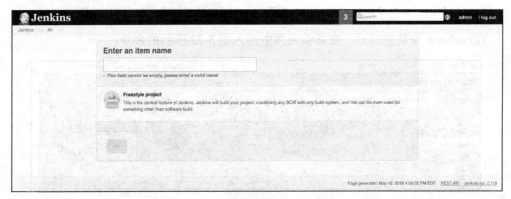

图 5-24

（2）因为此时尚未安装任何插件，所以唯一可用的项目类型是 **Freestyle project**。

（3）为该自由项目命名并单击 **OK**，如图 5-25 所示。

图 5-25

（4）在出现的图 5-26 所示的界面中配置自由风格项目。

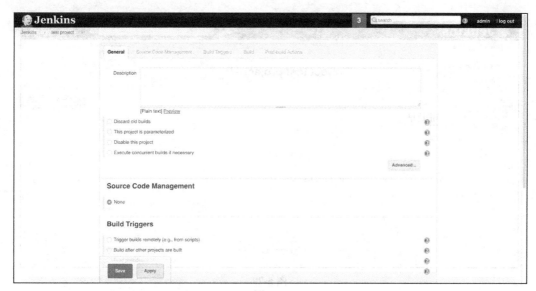

图 5-26

（5）创建一个简单的 Jenkins 构建来输出"Hello World"，如图 5-27 所示。

（6）单击 **Add build step** 按钮，然后选择 **Execute shell**。

（7）单击 **Save** 并自动返回至项目的仪表盘界面。

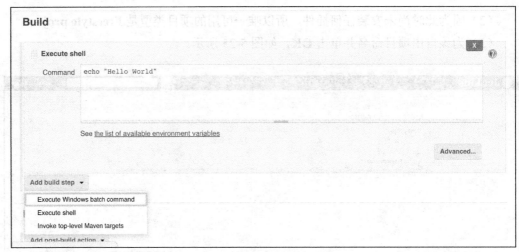

图 5-27

（8）如图 5-28 所示，单击 **Build Now** 来触发该构建，会看到一个显示有 **Build Scheduled** 字样的弹出窗口。

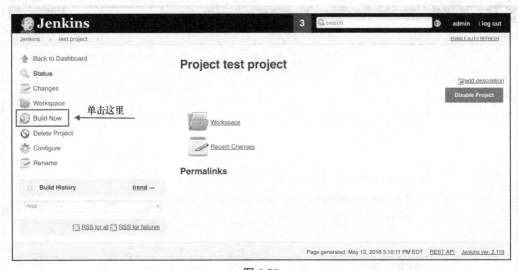

图 5-28

（9）注意，第一个构建在 **Build History**（构建历史）中被标记为#1，如图 5-29 所示。

（10）注意，现在已有构建历史，可以进入 Console Output（控制台输出）来查看构建的日志信息。

图 5-29

5.5.2 控制台输出

图 5-30 所示为 Jenkins 中典型的 **Console Output** 界面。

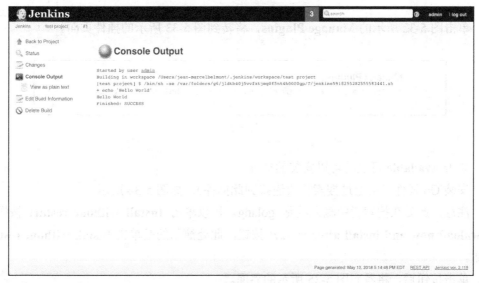

图 5-30

在这个极其简单的屏幕中可以输出 Hello World。

5.6 管理 Jenkins

登录 Jenkins 后可直接单击 **Manage Jenkins**,如图 5-31 所示。

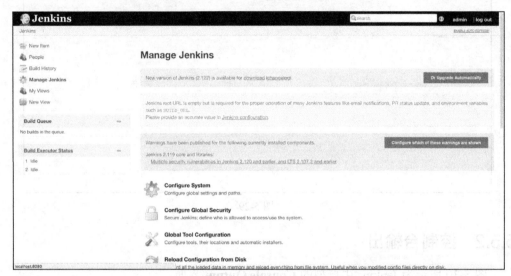

图 5-31

单击图 5-32 所示的 **Manage Plugins**,将转到图 5-33 所示的插件页面。

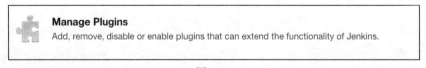

图 5-32

单击 **Available** 可查看可以安装的插件。

安装 Go 插件(可通过搜索栏快速找到此插件),如图 5-34 所示。

注意,此处在搜索栏中输入的是 golang。可以单击 **Install without restart** 按钮或 **Download now and install after restart** 按钮,此处演示的是单击 **Install without restart** 按钮。

单击按钮后,将看到图 5-35 所示的界面。

5.6 管理 Jenkins

图 5-33

图 5-34

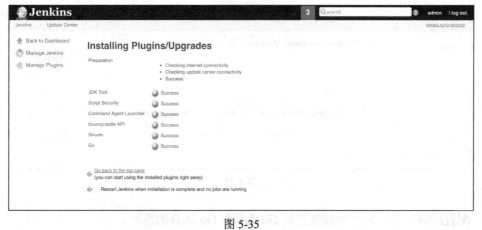

图 5-35

单击 **Go back to the top page**。返回 Jenkins 仪表盘，依次单击 **Manage Jenkins** 和 **Manage Plugins**。

在搜索栏中输入 git，显示图 5-36 所示的信息。

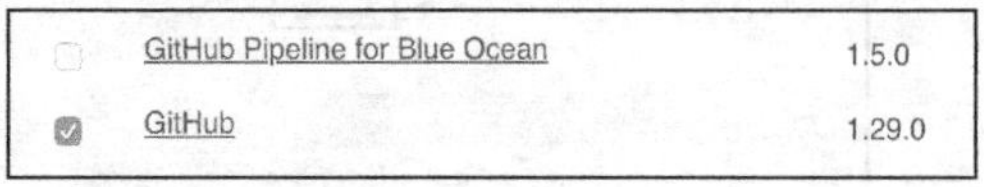

单击 **Download now and install after restart**。

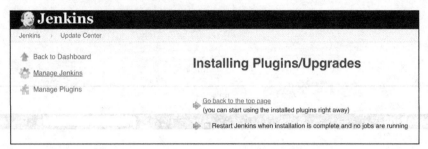

图 5-36

如果你单击 **Restart Jenkins flag**，Jenkins 将会重启，软件将提示你重新登录。

单击图 5-37 中的 **Back to Dashboard**。

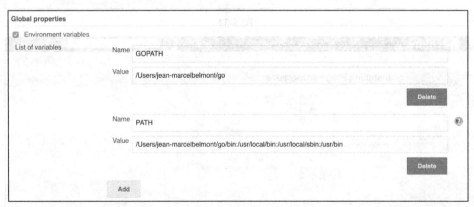

图 5-37

5.6.1 配置环境变量及工具

下面是在 Jenkins 仪表盘中添加环境变量的介绍。依次单击 **Manage Jenkins** 和 **Configure System**。向下翻页到 **Global properties** 界面，如图 5-38 所示。

图 5-38

配置所有工具，例如添加链接到 GitHub 和 Go 语言的路径。

5.6.2 配置作业以轮询 GitHub 版本控制存储库

单击 **New Item**，示例中已添加一个额外的项。

现在创建另一个叫作 **Golang Project** 的 Jenkins 构建作业，如图 5-39 所示。

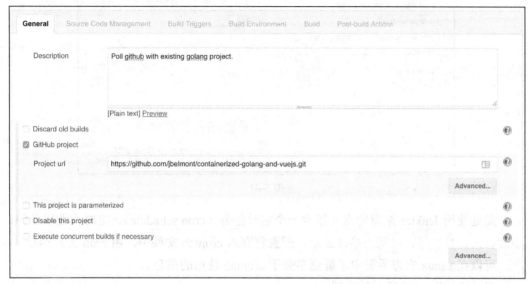

图 5-39

向下滚动页面或单击上侧边栏的 **Source Code Management** 标签，如图 5-40 所示。

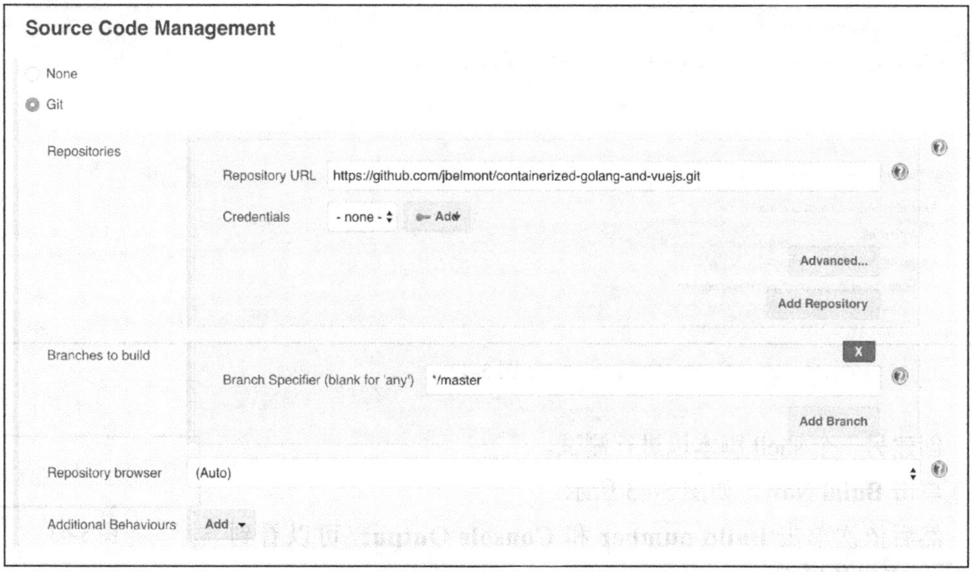

图 5-40

继续向下滚动页面，来到 **Build Triggers** 标签，如图 5-41 所示。

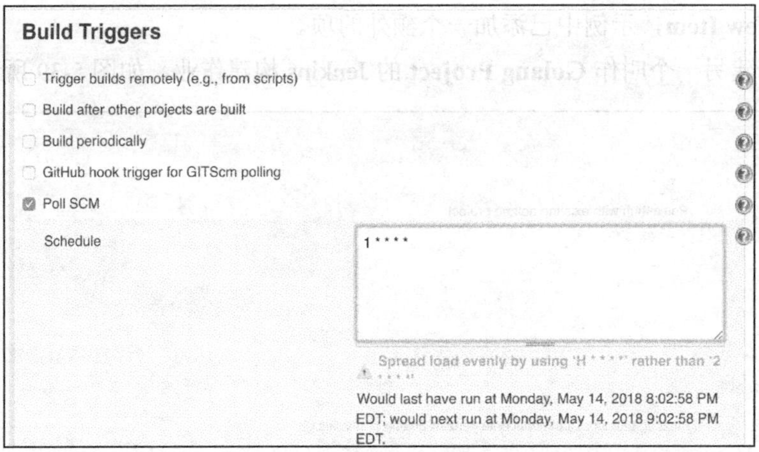

图 5-41

此处使用 Jenkins 配置轮询并指定一个定时任务（cron schedule）。定时作业以分钟、小时、天、月、年、星期的格式显示，配置将存入 crontab 文件中，由 cron 工具运行。

可以在 Linux 官方手册中了解更多关于 crontab 使用的信息。

然后添加图 5-42 所示的配置。

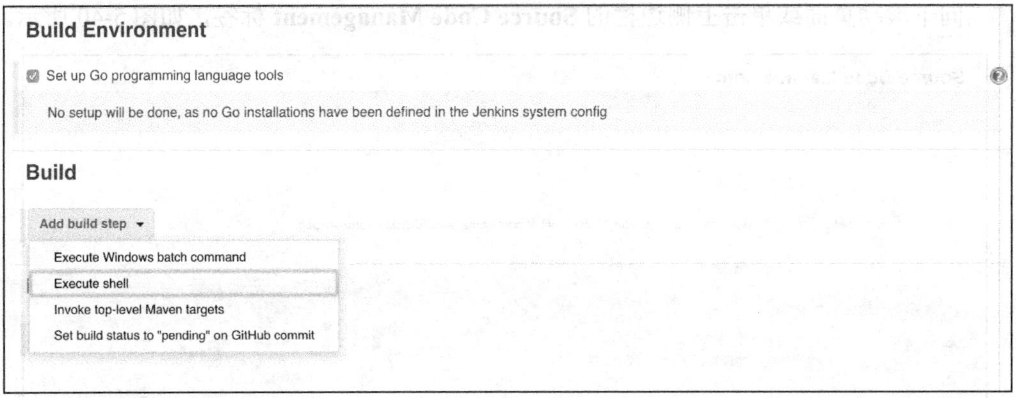

图 5-42

创建另一个 shell 脚本以进行测试。

单击 **Build Now**，如图 5-43 所示。

然后依次单击 **Build number** 和 **Console Output**，可以看到图 5-44 所示的界面。

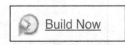

图 5-43

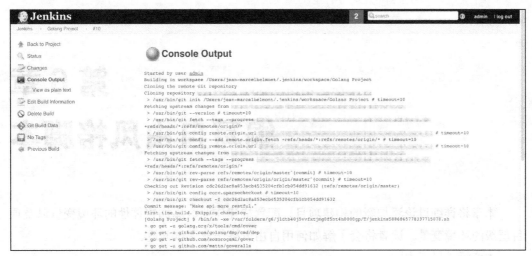

图 5-44

注意，**Console Output** 会显示 Jenkins 正在运行的每一个步骤。

5.7 小结

本章介绍了 Jenkins 的安装及 Jenkins UI 的基本操作。第 6 章将进一步讨论 Jenkins 的仪表盘和用户界面。

5.8 问题

1．在 Windows 上安装 Jenkins 时使用的安装程序叫什么？
2．安装 Jenkins 的必要条件是什么？
3．说出一种在 Windows 上重启 Jenkins 的方法。
4．用于在 Linux 上打开网络流量防火墙的命令是什么？
5．在 macOS 上安装 Jenkins 时使用的安装程序是什么？
6．如何在 Jenkins 上安装插件？
7．如何在 Jenkins 上配置环境变量？

第 6 章 编写自由风格脚本

本章将详细讨论添加新的构建项目、配置构建作业、添加整体性的环境变量以及项目层级的环境变量。读者将会了解如何用自由风格作业调试问题。

本章涵盖以下内容：
- 创建简单的自由风格脚本；
- 配置自由风格作业。
- 添加环境变量。
- 用自由风格作业调试问题。

6.1 技术要求

本章介绍使用 Jenkins 编写简单的自由风格脚本。读者需要对 Unix、Bash 和环境变量有基本的了解。

6.2 创建简单的自由风格脚本

本节介绍如何在 Jenkins 中创建简单的自由风格脚本，在此之前会快速回顾一下创建自由风格脚本项目所要做的准备。

6.2.1 Jenkins 仪表盘指南

如果读者已根据第 5 章的指导，在本地计算机上应当已经安装好或正在运行 Jenkins。如果 Jenkins 尚未在本地运行，请返回第 5 章并阅读与在个人操作系统上安装和运行 Jenkins 相关的内容。

1. Jenkins 登录界面

如果 Jenkins 正在本地运行，应当能看到登录界面。

输入个人账号和密码并登录。

2. Jenkins 仪表盘

登录后会自动转到 Jenkins 仪表盘，如图 6-1 所示。

图 6-1

6.2.2 添加新的构建作业项

在 Jenkins 仪表盘中，单击 New Item 创建一个新项，如图 6-2 所示。

图 6-2

单击 New Item 后，会转到图 6-3 所示的界面。

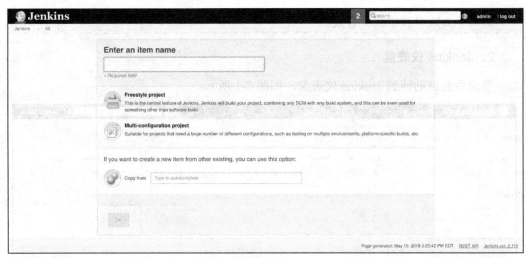

图 6-3

基于所安装的插件，读者将在创建页面中看到不同类型的项目。本章中我们使用 "Freestyle Scripting" 作为项目名称，读者可以自定义项目名称。输入名称后，单击选择 **Freestyle Project** 并单击 **OK**。

6.2.3 构建配置选项

在 Jenkins 中创建新项目后，将看到图 6-4 所示的界面。

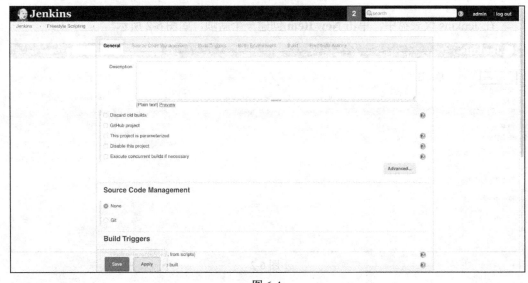

图 6-4

基于已安装的 Jenkins 插件，读者将在此构建配置界面中看到不同的内容。

6.3　配置自由风格作业

注意，构建作业的配置有多个标签页。可以滚动页面到各个标签页，也可以直接单击标签。每个标签都包含可在 Jenkins 构建项目中配置的不同功能。

6.3.1　General 标签页

General 标签页包含正在创建的项目的基本信息，例如简要的描述和其他的总体构建信息，如图 6-5 所示。

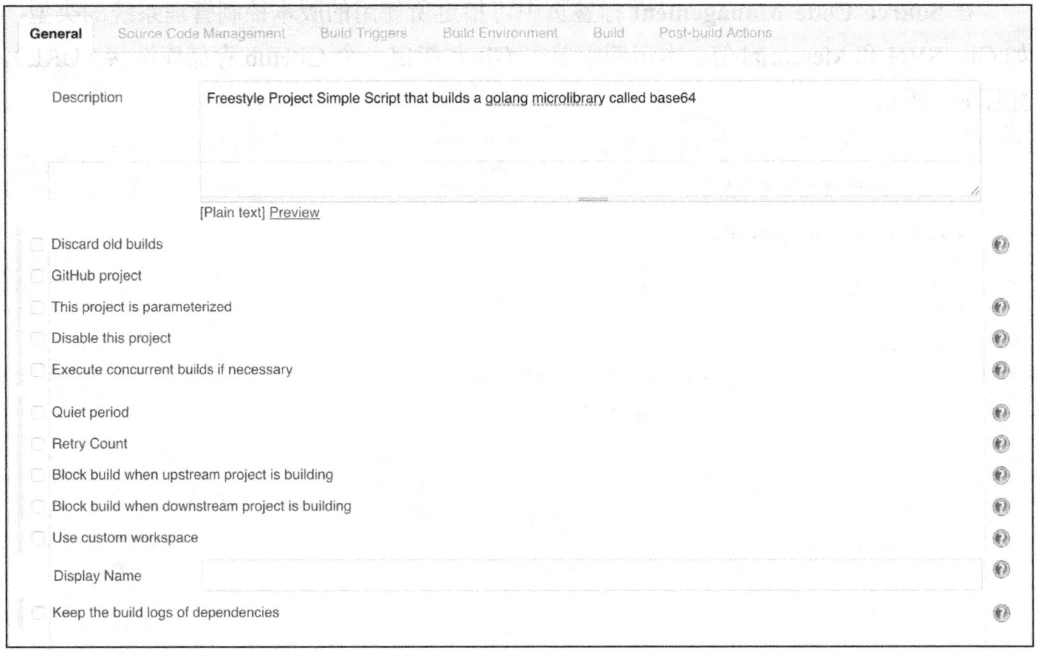

图 6-5

读者可以自由选择是否开启各个选项，单击问号图标可获取更多信息。这里以 **Quiet period** 为示例，如图 6-6 所示。

再次单击问号图标以隐藏详细信息。

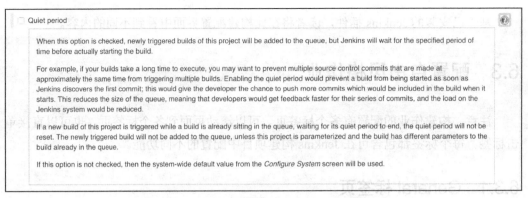

图 6-6

6.3.2 Source Code Management 标签页

在 **Source Code Management** 标签页中可指定所使用的版本控制管理系统的类型，如 Git、SVN 和 Mercurial 等。本示例中单击 **Git** 并指定一个 GitHub 存储库链接（URL），如图 6-7 所示。

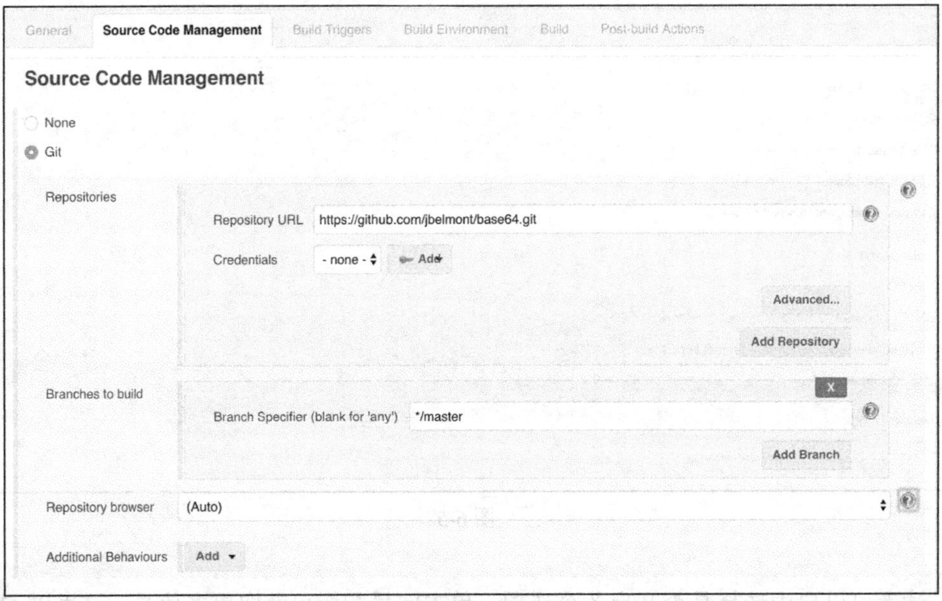

图 6-7

注意，**Branch Specifier** 默认为***/master** 分支，但通过单击 **Add Branch**，可以指定

任意数量的分支。这个示例中为本地运行,所以并没有添加信任凭据。单击带有钥匙图标的 **Add**,将看到图 6-8 所示的悬浮窗。

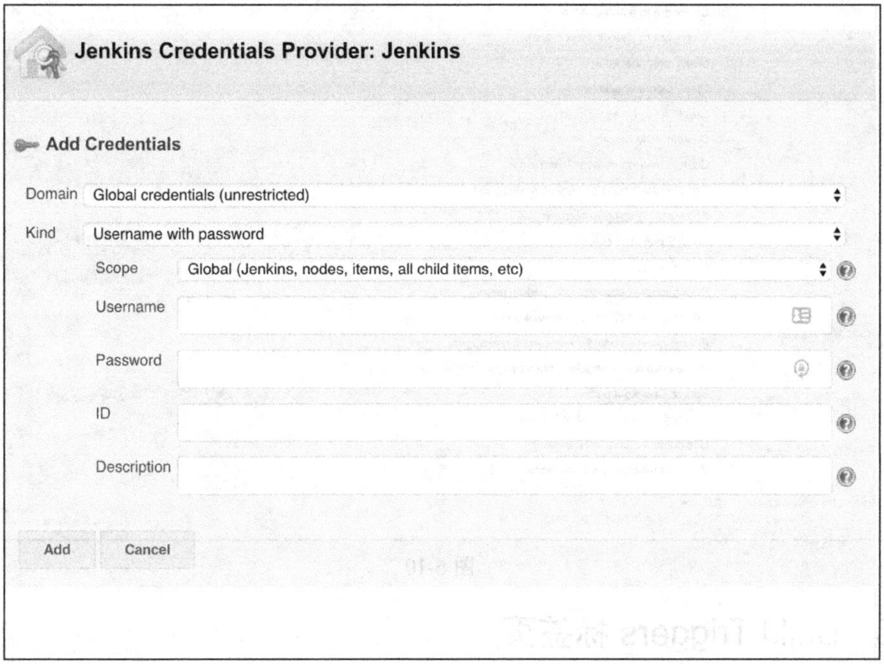

图 6-8

单击 **Kind** 输入框,将看到不同种类的信任凭据,如图 6-9 所示。

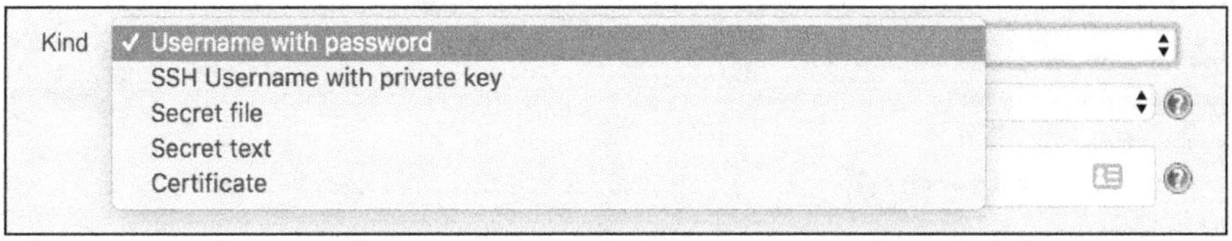

图 6-9

也可以单击 **Source Code Management** 标签底部的 **Add** 按钮来查看可添加的额外行为,如图 6-10 所示。

可以配置很多高级配置选项,如 sub-modules。

第 6 章　编写自由风格脚本

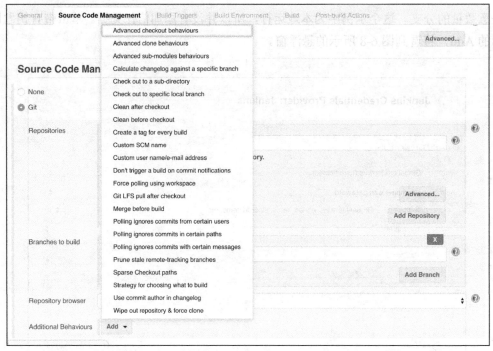

图 6-10

6.3.3　Build Triggers 标签页

Build Triggers 标签页用于编辑构建作业被触发时的相关配置，可在此页面中添加图 6-11 所示的 GitHub 触发器：当将提交推送到 GitHub 中的 master 分支时，触发器被激活；在任意其他项目被构建、进行定期构建或轮询版本控制系统的变更时，触发器触发一个新的构建。

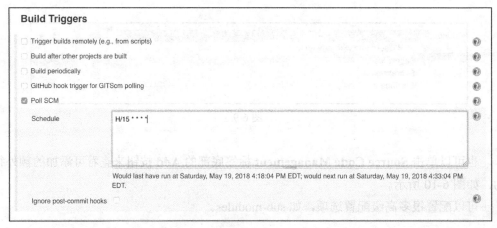

图 6-11

选择 Poll SCM（在我们的示例中为 GitHub），然后使用 cron 语法来设计定时运行的 Jenkins 作业。示例中每 15 分钟触发一次轮询作业的运行。可以单击问号图标以获取更多关于语法的信息。

 稍后我们将讨论如何使用 GitHub 和 Bitbucket 在推送代码到远程存储库时自动触发 Jenkins 作业。这种做法优于轮询变更。

6.3.4　Build Environment 标签页

基于已安装的 Jenkins 插件，读者将在 **Build Environment** 标签页中看到不同的环境选项。示例中已安装 Go 语言和 Node.js 这两种编程语言的插件，读者可安装任意数量的环境，如 Clojure 和 Ruby。

由于已建立 Go 语言微型存储库，因此可在此标签页部分勾选 **Set up Go programming language tools** 选项，如图 6-12 所示。

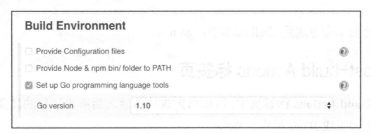

图 6-12

6.3.5　Build 标签页

在 **Build** 标签处，可以指定想要构建的项目，如图 6-13 所示。

单击 **Add build step** 可看到图 6-14 所示的选项。

图 6-13

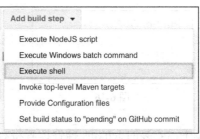

图 6-14

单击 **Execute shell** 即可使用 Unix shell 脚本环境。

注意，此处有编辑区域可用于添加 Unix 脚本命令，如图 6-15 所示。

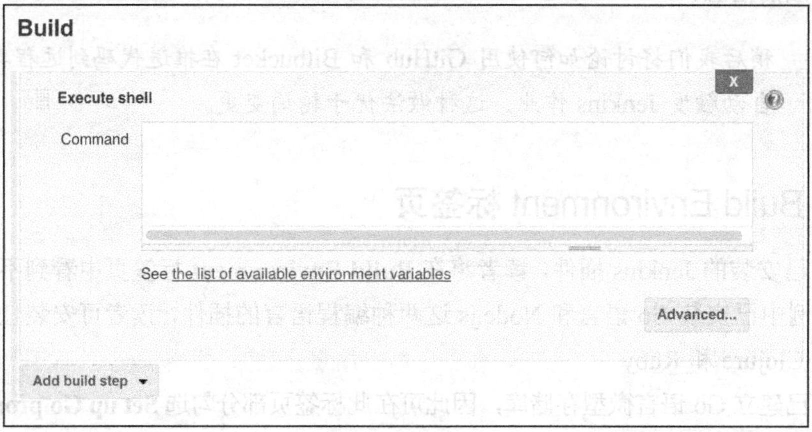

图 6-15

示例中将如下命令加到 shell 脚本中：go test。

6.3.6 Post-build Actions 标签页

在 **Post-build Actions** 标签页中，可以指定成功构建之后需要运行的任意操作，例如，运行密码覆盖和生成 JUnit 报告。

单击图 6-16 所示的 **Add post-build action** 可查看图 6-17 所示的选项。

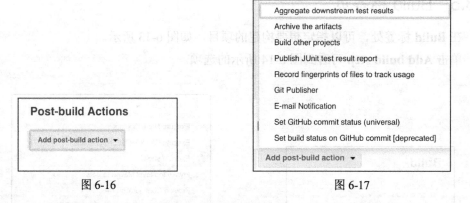

图 6-16　　　　　　　　　图 6-17

基于已安装的 Jenkins 插件读者将看到不同的选项。

完成构建配置后，可单击 **Apply** 来存储当前配置选项，或单击 **Save** 来同时存储选项并导航至新的配置构建项目，如图 6-18 所示。

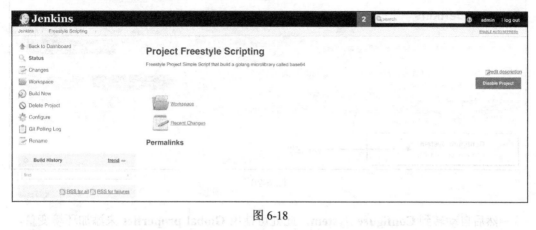

图 6-18

Post-build Actions 标签页十分有用，你可以用它来调用其他服务，例如在成功的构建中生成报告和收集指标。

6.4 添加环境变量

有多种不同的方法在 Jenkins 中添加环境变量。

6.4.1 全局环境变量的配置

在 Jenkins 仪表盘中单击 **Manage Jenkins**，如图 6-19 所示。

图 6-19

单击 Manage Jenkins 后，再单击 **Configure System**，如图 6-20 所示。

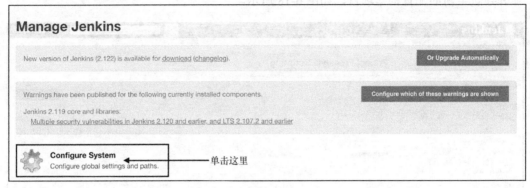

图 6-20

然后自动转到 **Configure System**，此处可使用 **Global properties** 来添加环境变量，如图 6-21 所示。

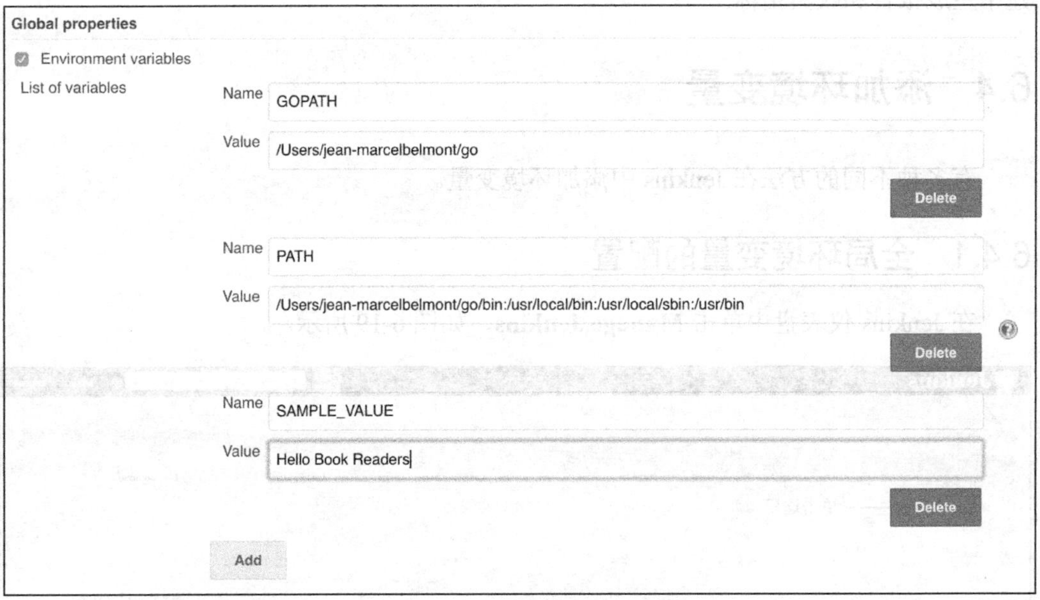

图 6-21

在图 6-21 的示例中，添加了名为"SAMPLE_VALUE"的变量，值为"Hello Book Readers"。此全局属性可作为 shell 环境中的环境变量使用。可根据需要添加任意数目的环境变量。注意，现在此全局属性可用于每一个单独的作业。

6.4.2 EnvInject 插件

也可以针对每个特定的构建项目选择更加细粒度的环境变量。

通过如下步骤来安装 EnvInject 插件，单击 Jenkins 仪表盘链接，如图 6-22 所示。

单击 **Jenkins**，将自动转到 Jenkins 仪表盘。单击 **Manage Jenkins**。

图 6-22

再单击 **Manage Plugins**，如图 6-23 所示。

图 6-23

将自动转到图 6-24 所示的界面。

图 6-24

注意，单击 **Available** 标签，在搜索框中输入 EnvInject。单击想要添加的 Jenkins 插件，再单击 **Install without restart** 或 **Download now and install after restart** 按钮。

在 **Build Environment** 标签的构建配置区域有了更多新的构建选项，如图 6-25 所示。

单击 **Inject environment variables to the build process** 来添加新的环境变量，如图 6-26 所示。

确保更改已保存。注意，不同于之前设置的变量，此处的环境变量仅适用于此特定的构建项目，它并非全局属性。

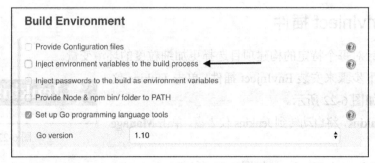

图 6-25

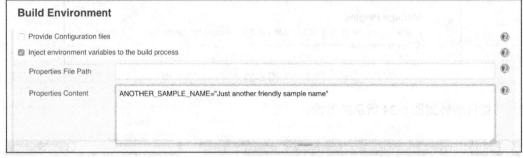

图 6-26

6.5 用自由风格作业调试问题

在 Jenkins 中运行构建时，通过单击特定的构建作业可看到构建的所有相关信息。

6.5.1 历史构建总览

注意此处的 **Build History**，如图 6-27 所示。

单击已配置好的实际构建，将看到图 6-28 所示的界面。

单击 **Console Output** 可查看 CI 构建日志，此日志展示 CI 服务器运行过的所有步骤。
此处以已编写的自由风格 shell 脚本为例，添加如下内容：

```
echo "$SAMPLE_VALUE"
echo "$ANOTHER_SAMPLE_NAME"
go test
```

注意，示例中已加入先前定义的两个不同的环境变量，对它们进行标准输出。

6.5 用自由风格作业调试问题

图 6-27

图 6-28

查看构建作业的输出可看到图 6-29 所示的结果。

Jenkins 首先以登录用户的身份启动作业，随后 EnvInject 插件运行并注入已在项目中自定义的环境变量，之后 Jenkins 从 GitHub 存储库获取最新的更改，然后 EnvInject 插件再次运行并注入必要的环境变量。

最后一步是 shell 脚本的实际运行。有一点值得注意：shell 脚本的运行将打印到标准输出，这是因为 Jenkins 中启用了执行追踪。执行追踪的意思是脚本运行过程中的每一行命令和命令的输出一起被显示。例如，"`echo "$ANOTHER_SAMPLE_NAME"`"这一命令，值为"echo "Hello Book Readers"", 被打印到标准输出，然后"Hello Book Readers"也被输出。最后需要注意的是，构建运行的输出末尾含有一段名为 **PASS** 的文本，该文本以 **SUCCESS** 结尾。

图 6-29

6.5.2　用自由风格脚本调试问题

注意我们是如何注销含有简单信息的环境变量的。正如所料，有时候 CI 环境中没有赋值，此时将值记录到标准输出中会非常有用。使用 EnvInject 插件的一个好处是，它会标记用户输入构建作业中的密码以防误把机密信息记录下来，如图 6-30 所示。

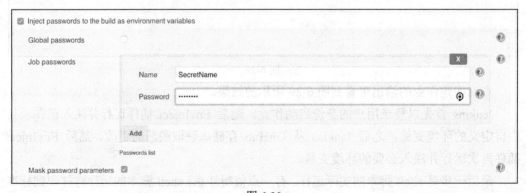

图 6-30

图 6-30 中已经将插入密码作为环境变量输入构建中,并对环境变量赋予了名称和密码。如果在构建作业中误输入了 echo $SecretName,它将被标记为$SecretName,这样就不会在构建中泄露机密信息了。

6.6 小结

本章进一步探讨了 Jenkins 的仪表盘。你学习了添加构建作业项、配置自由风格构建作业、如何在 Jenkins 项目中添加环境变量以及如何调试自由风格作业中的问题。

第 7 章介绍构建 Jenkins 插件并详细介绍构建过程,这涉及编写 Java 代码以及使用 Maven Build 工具。

6.7 问题

1. 为什么单击构建配置页面的问号图标有用?
2. 如果想在 **Build Triggers** 标签中轮询你的版本控制系统,你应当使用哪种语句?
3. 在构建环境中能否使用超过一种编程语言?
4. 自由风格脚本在哪种环境下运行?是 Unix 环境吗?
5. 全局性质和项目层级的环境变量有什么不同?
6. 为什么 Jenkins 对控制台输出使用执行追踪?
7. 在构建配置中 **Post-build Actions** 标签的作用是什么?

第 7 章 开发插件

本章将详细探讨 Jenkins 中的插件。首先是关于如何在 Windows、Linux 以及 macOS 上安装 Maven，然后通过在 Jenkins 上创建插件来探讨插件开发，最后简要查看 Jenkins 插件网站以及导航和使用该网站来找到一系列的插件。

本章涵盖以下内容：
- Jenkins 插件的解释说明；
- 创建简单的 Jenkins 插件；
- Jenkins 插件的开发；
- Jenkins 插件生态系统。

7.1 技术要求

本章介绍 Jenkins 中插件的构建，需要读者对 Java 编程语言有一定的了解并且了解构建工具（如 Maven）的用途。

7.2 Jenkins 插件的说明

Jenkins CI 已经提供了特定的功能，包括构建、配置以及自动化软件项目。Jenkins 的大型插件生态系统提供了众多的可用于 Jenkins 的额外功能插件。

7.2.1 插件为什么有用

插件或拓展的作用是添加特定的功能到软件组件中。Chrome 浏览器中有扩展浏览器功能的扩展插件，Firefox 浏览器也有同样功能的插件。其他的软件系统中也有插件，在此主要讨论的是 Jenkins 中的插件。

7.2.2 Jenkins 插件文档

前往 **Plugin Index** 寻找需要的插件,本章稍后会讨论这个话题。学习 Jenkins wiki 插件教程,将得到有关创建 Jenkins 插件的指导。除了 Jenkins wiki,我们还可以学习其他教程。读者可以前往 Jenkins 原型库查看 HelloWorld 插件示例。

7.2.3 在 Jenkins 中安装插件

在 Jenkins 仪表盘中导航至 **Manage Jenkins**,如图 7-1 所示。

图 7-1

单击 **Manage Jenkins** 后,将自动定位至以 manage 结尾的 URL,基于是否本地运行 Jenkins,将转到 http://localhost:8080/manage 或其他域名。单击 **Manage Plugins** 和 **Installed** 标签或过滤器来选择你要安装的插件。示例中已经完成安装,注意,安装所有 Jenkins 插件的步骤几乎是一致的。

7.3 构建简单的 Jenkins 插件

构建 Jenkins 插件需要完成一些准备工作。读者需要安装 Java(如果遵循本书的步骤,Java 应当已经安装完毕),还需要安装 Maven 软件项目管理工具。

7.3.1 安装 Java

Java 1.6 及更新版本的安装是必要的,推荐使用 Java 1.9。要安装 Java,请前往 Oracle

官方网站的 Java 下载页面，如图 7-2 所示。

图 7-2

勾选 **Accept License Agreement**，再选 Windows 相关选项。请基于 32 位或 64 位操作系统选择对应的正确架构。

Java 安装完毕后，输入如下命令以确认安装版本：

```
java -version
```

这将显示已安装的 Java 的当前版本。

7.3.2 Maven 安装指南

要安装 Maven，请前往 Maven 官方网站的 Maven 安装页面并遵循以下适用于指定操作系统的指导。

1. 在 Windows 上安装

在 Windows 上安装 Maven 有几种不同的方式，但 Windows 必须是 Windows 7 及更新版本且已安装 Java SDK 1.7 或其更新版本。如果遵循第 5 章的指导，Java 应当已经安装完毕。

（1）使用 Chocolatey 包管理程序安装 Maven。

如果读者已在 Chocolatey 安装页面安装了 Chocolatey 包管理程序，请直接执行如下命令：

```
choco install maven
```

也可以在 Maven 安装页面下载 Maven 二进制可执行文件，还需要知道 Java 环境变量的值，要找到这个值，请在命令提示符窗口中输入如下命令：

```
echo %JAVA_HOME%
```

进行如下操作以添加此 Maven 二进制可执行文件。
- 右击"我的电脑"。
- 单击"属性"。
- 单击"高级系统设置"。
- 单击"环境变量"。
- 单击"新用户变量"并使用 C:\apachemaven-3.5.3 来添加 Maven_Home。
- 使用%Maven_Home%\bin 来将其添加至路径变量。
- 打开命令提示符窗口并在计算机上请求 mvn -version。

（2）使用 Maven 源码安装。
首先，使用如下命令确保已安装 Java SDK：

```
echo %JAVA_HOME%
```

这将显示当前已安装的 Java 版本。然后，在 Maven 源存储库中下载 Maven 源码并在 Windows 操作系统的合适位置解压 Maven 源码。

 C:\Program Files\Apache\maven 是一个可以使用的合适路径。

（3）为 Windows 操作系统设置环境变量。
需要使用系统属性将 M2_HOME 和 MAVEN_HOME 这两个变量添加至 Windows 环境中，还需要将环境变量指向我们的 Maven 文件夹。
通过附加 Maven 的 bin 文件夹%M2_HOME%\bin 来升级路径变量（PATH），以便在系统的任意位置运行 Maven 二进制可执行文件。
输入如下命令以查验 Maven 是否正确运行：

```
mvn --version
```

此命令将显示当前的 Maven 版本、Java 版本及操作系统信息。

2. 在 macOS 上安装

请确保 Java SDK 已在 macOS 上安装完毕。如果读者遵循第 5 章的指导,Java 应该已经完成安装。

用 Homebrew 包管理程序安装 Maven。在 Mac 终端上执行如下命令,以确保 Java 已安装完毕:

```
java -version
java version "1.8.0_162"
Java(TM) SE Runtime Environment (build 1.8.0_162-b12)
Java HotSpot(TM) 64-Bit Server VM (build 25.162-b12, mixed mode)
```

系统需要安装 Java 1.7 或更新版本。

如果已经安装了 Homebrew 包管理程序,在 Mac 终端上执行如下命令即可轻松安装 Maven:

```
brew install maven
```

确保已在 .bashrc 或 .zshrc 文件中设置好如下环境变量:

```
export JAVA_HOME=`/usr/libexec/java_home -v 1.8`
```

在 Mac 终端上执行如下命令以确保 Maven 已被正确安装:

```
mvn --version
Apache Maven 3.5.3 (3383c37e1f9e9b3bc3df5050c29c8aff9f295297;
2018-02-24T14:49:05-05:00)
Maven home: /usr/local/Cellar/maven/3.5.3/libexec
Java version: 1.8.0_162, vendor: Oracle Corporation
Java home:
/Library/Java/JavaVirtualMachines/jdk1.8.0_162.jdk/Contents/Home/jre
Default locale: en_US, platform encoding: UTF-8
OS name: "mac os x", version: "10.13.4", arch: "x86_64", family: "mac"
```

注意,mvn 二进制可执行文件将显示已安装的 Maven 版本、Java 版本和操作系统特定信息。

3. 在 Unix 上安装

示例中将在 Ubuntu 16.04 DigitalOcean Droplet 上安装 Maven,但读者应该能在其他 Linux 上执行类似的命令。请遵循以下在特定 Linux 上安装 Maven 的指导。

使用 apt-get 包安装程序安装 Maven

在终端 shell 上执行如下命令，以确保 Java 已安装至 Linux：

```
java -version
openjdk version "9-internal"
OpenJDK Runtime Environment (build 9-
internal+0-2016-04-14-195246.buildd.src)
OpenJDK 64-Bit Server VM (build 9-internal+0-2016-04-14-195246.buildd.src,
mixed mode)
```

如果 Java 尚未安装，请执行如下命令：

```
sudo apt-get update && sudo apt install openjdk-9-jre
```

在终端上执行如下命令来安装 Maven：

```
sudo apt-get install maven
```

接下来，请确保环境变量 JAVA_HOME 已设置完毕。由于已在 Ubuntu Linux 操作系统上安装了 Java 1.9，可执行如下命令：

```
export JAVA_HOME=/usr/lib/jvm/java-1.9.0-openjdk-amd64/
```

读者使用的目录路径可能有所不同，但如果不设置这个环境变量，Maven 将会报错。

在终端上执行如下命令来查验 Maven 是否已被正确安装：

```
mvn --version
Apache Maven 3.3.9
Maven home: /usr/share/maven
Java version: 9-internal, vendor: Oracle Corporation
Java home: /usr/lib/jvm/java-9-openjdk-amd64
Default locale: en_US, platform encoding: UTF-8
OS name: "linux", version: "4.4.0-127-generic", arch: "amd64", family:
"unix"
```

与 Windows 和 macOS 一样，mvn 二进制可执行文件将显示当前已安装的 Maven 版本、Java 版本以及特定系统信息。

7.4 Jenkins 插件的开发

下面介绍设置、运行及安装 Jenkins 插件的必要步骤。

7.4.1 Maven 设置文件

读者需要基于当前的操作系统创建或编辑.m2/settings.xml 文件。

Windows 用户可在命令提示符窗口中输入如下命令找到 settings.xml 文件：

```
echo %USERPROFILE%\.m2\settings.xml
```

macOS 用户可在~/.m2/settings.xml 中编辑或创建 settings.xml 文件。

settings.xml 文件中的设置要素包含定义用于配置 Maven 运行过程的值的要素，例如 pom.xml，但并不与任何特定的项目绑定或传输给受众。这些值包括本地存储库位置、备用远程存储库服务器和身份验证信息等。

将图 7-3 所示的内容输入 settings.xml 文件。

```
<settings>
  <pluginGroups>
    <pluginGroup>org.jenkins-ci.tools</pluginGroup>
  </pluginGroups>
  <profiles>
    <!-- Give access to Jenkins plugins -->
    <profile>
      <id>jenkins</id>
      <activation>
        <activeByDefault>true</activeByDefault> <!-- change this to false, if you don't like to have it on per default -->
      </activation>
      <repositories>
        <repository>
          <id>repo.jenkins-ci.org</id>
          <url>https://repo.jenkins-ci.org/public/</url>
        </repository>
      </repositories>
      <pluginRepositories>
        <pluginRepository>
          <id>repo.jenkins-ci.org</id>
          <url>https://repo.jenkins-ci.org/public/</url>
        </pluginRepository>
      </pluginRepositories>
    </profile>
  </profiles>
  <mirrors>
    <mirror>
      <id>repo.jenkins-ci.org</id>
      <url>https://repo.jenkins-ci.org/public/</url>
      <mirrorOf>m.g.o-public</mirrorOf>
    </mirror>
  </mirrors>
</settings>
```

图 7-3

注意，此处我们输入了与 Jenkins 插件有关的特定信息。

强烈建议读者设置好 settings.xml 文件，使 Jenkins 插件能正常使用。

7.4.2 HelloWorld Jenkins 插件

要创建 Jenkins 插件，需要使用 Maven 原型。

使用如下命令创建 Jenkins HelloWorld 插件：

```
mvn archetype:generate -Dfilter=io.jenkins.archetypes:hello-world
```

图 7-4 所示为创建插件的运行环节。

```
[INFO]
[INFO] ------------------< org.apache.maven:standalone-pom >-------------------
[INFO] Building Maven Stub Project (No POM) 1
[INFO] --------------------------------[ pom ]---------------------------------
[INFO]
[INFO] >>> maven-archetype-plugin:3.0.1:generate (default-cli) > generate-sources @ standalone-pom >>>
[INFO]
[INFO] <<< maven-archetype-plugin:3.0.1:generate (default-cli) < generate-sources @ standalone-pom <<<
[INFO]
[INFO]
[INFO] --- maven-archetype-plugin:3.0.1:generate (default-cli) @ standalone-pom ---
[INFO] Generating project in Interactive mode
[INFO] No archetype defined. Using maven-archetype-quickstart (org.apache.maven.archetypes:maven-archetype-quickstart:1.0)
Choose archetype:
1: remote -> io.jenkins.archetypes:hello-world-plugin (Skeleton of a Jenkins plugin with a POM and an example build step.)
Choose a number or apply filter (format: [groupId:]artifactId, case sensitive contains): : 1
Choose io.jenkins.archetypes:hello-world-plugin version:
1: 1.1
2: 1.2
3: 1.3
4: 1.4
Choose a number: 4: 4
[INFO] Using property: groupId = unused
Define value for property 'artifactId': jenkins-helloworld-example-plugin
Define value for property 'version' 1.0-SNAPSHOT: :
[INFO] Using property: package = io.jenkins.plugins.sample
Confirm properties configuration:
groupId: unused
artifactId: jenkins-helloworld-example-plugin
version: 1.0-SNAPSHOT
package: io.jenkins.plugins.sample
 Y: : Y
[INFO] ----------------------------------------------------------------------------
[INFO] Using following parameters for creating project from Archetype: hello-world-plugin:1.4
[INFO] ----------------------------------------------------------------------------
[INFO] Parameter: groupId, Value: unused
[INFO] Parameter: artifactId, Value: jenkins-helloworld-example-plugin
[INFO] Parameter: version, Value: 1.0-SNAPSHOT
[INFO] Parameter: package, Value: io.jenkins.plugins.sample
[INFO] Parameter: packageInPathFormat, Value: io/jenkins/plugins/sample
[INFO] Parameter: version, Value: 1.0-SNAPSHOT
[INFO] Parameter: package, Value: io.jenkins.plugins.sample
[INFO] Parameter: groupId, Value: unused
```

图 7-4

输入 1 作为原型，选择插件版本 4 并为 jenkins-helloworld-example-plugin 赋值，按回车键以获取默认值，如图 7-5 所示。

```
[INFO] Project created from Archetype in dir: /Users/jean-marcelbelmont/dev-temp/jenkins-helloworld-example-plugin
[INFO] ------------------------------------------------------------------------
[INFO] BUILD SUCCESS
[INFO] ------------------------------------------------------------------------
[INFO] Total time: 01:47 min
[INFO] Finished at: 2018-06-02T17:27:43-04:00
[INFO] ------------------------------------------------------------------------
```

图 7-5

如果一切运行正常,命令提示符窗口中将显示 BUILD SUCCESS。

要确保 Jenkins 插件创建完成,请在命令提示符窗口中执行如下命令:

```
// 首先进入新创建的目录
cd jenkins-helloworld-example-plugin
// 然后执行 Maven 构建命令
mvn package
```

使用 mvn package 命令将创建一个 target 目录并运行在目录中创建的所有测试,如图 7-6 所示。

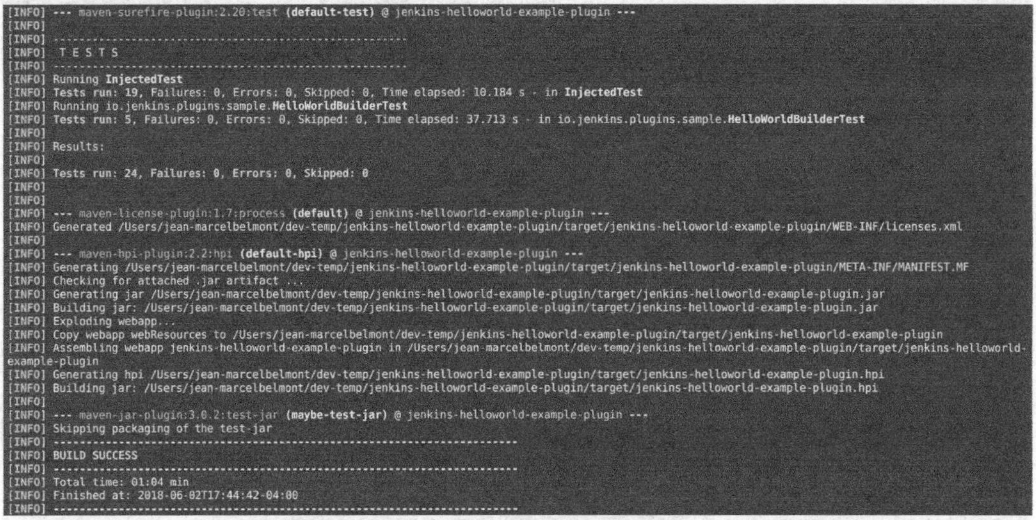

图 7-6

此处 Jenkins 原型实际上已为 HelloWorld 这一 Jenkins 插件示例创建了一些测试。

7.4.3 目录结构说明

图 7-7 所示为新创建的 jenkins-helloworld-example-plugin 目录的截图。其中,scr 目录包含 Jenkins 插件的源文件及测试。

目标目录用 mvn package 命令生成。执行原型子命令时，Maven 也创建了一个 pom.xml 文件。

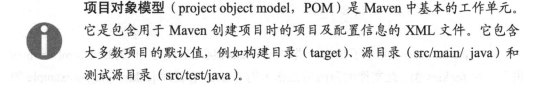

图 7-7

> 项目对象模型（project object model，POM）是 Maven 中基本的工作单元。它是包含用于 Maven 创建项目时的项目及配置信息的 XML 文件。它包含大多数项目的默认值，例如构建目录（target）、源目录（src/main/ java）和测试源目录（src/test/java）。

7.4.4 Jenkins 插件源码说明

如同先前提到的，src 目录包含 Jenkins 插件的源文件。要在 Jenkins 中创建插件，需要使用 Java 编程语言。教授 Java 编程语言不在本书范围之内，但在此将简要讨论一些 Maven 已创建好的文件。

Maven 创建了较为常见的相对较长的目录结构，例如，用于 HelloWorld 插件的目录结构是 ./src/main/java/io/jenkins/plugins/sample/HelloWorldBuilder.java。测试文件包含在 ./src/test/java/io/jenkins/plugins/sample/Hello-WorldBuilderTest.java 中。

下面是 HelloWorldBuild.java 类的源码：

```java
package io.jenkins.plugins.sample;

import hudson.Launcher;
/* 更多导入语句 */

public class HelloWorldBuilder extends Builder implements SimpleBuildStep {

    /* GitHub 源中的其余方法 */

    @Override
    public void perform(Run<?, ?> run, FilePath workspace, Launcher launcher, TaskListener listener) throws InterruptedException, IOException {
        if (useFrench) {
            listener.getLogger().println("Bonjour, " + name + "!");
        } else {
            listener.getLogger().println("Hello, " + name + "!");
        }
    }

    @Symbol("greet")
    @Extension
    public static final class DescriptorImpl extends BuildStepDescriptor<Builder> {

        /* GitHub 中的其余源码 */
    }
}
```

HelloWorldBuilder 类继承了 Builder 类这一 Jenkins 核心类；此处使用的 BuildStepDescriptor 也是一种 Jenkins 类。此文件的源码可在作者的 GitHub 存储库 jenkins-plugin-example 的 HelloWorldBuilder.java 文件中找到。

对于 HelloWorldBuilderTest.java 中的测试用例，使用 JUnit（一种 Java 编程语言的常用单元测试库）进行测试：

```java
package io.jenkins.plugins.sample;

import hudson.model.FreeStyleBuild;
```

```
/* 更多导入语句 */

public class HelloWorldBuilderTest {

    @Rule
    public JenkinsRule jenkins = new JenkinsRule();

    final String name = "Bobby";

    @Test
    public void testConfigRoundtrip() throws Exception {
        FreeStyleProject project = jenkins.createFreeStyleProject();
        project.getBuildersList().add(new HelloWorldBuilder(name));
        project = jenkins.configRoundtrip(project);
        jenkins.assertEqualDataBoundBeans(new HelloWorldBuilder(name),
project.getBuildersList().get(0));
    }

    /* 该文件中有更多的测试用例 */
}
```

上述 Java 测试文件有诸如@Rule、@Override、@Test 和@DataBoundSetter 的注解，它们是一种用于为程序提供数据的元数据格式，但它并不是程序的一部分。注解对于它所解释的代码的运行没有直接的影响。本文件的源码可在作者的 GitHub 存储库 jenkins-plugin-example 的 HelloWorldBuilderTest.java 文件中找到。

7.4.5 构建 Jenkins 插件

要构建 Jenkins 插件，需要在插件目录中执行 mvn install 命令。

mvn install 命令会构建并测试 Jenkins 插件。更重要的是，它会创建名为 pluginname.hpi 的文件，或者如示例所示，它会在用于配置 Jenkins 的 target 目录中创建名为 jenkins-helloworld-example-plugin.hpi 的文件。

图 7-8 展示了示例的安装运行。

 此次运行以安装 Jenkins 插件至若干个既定位置结束。

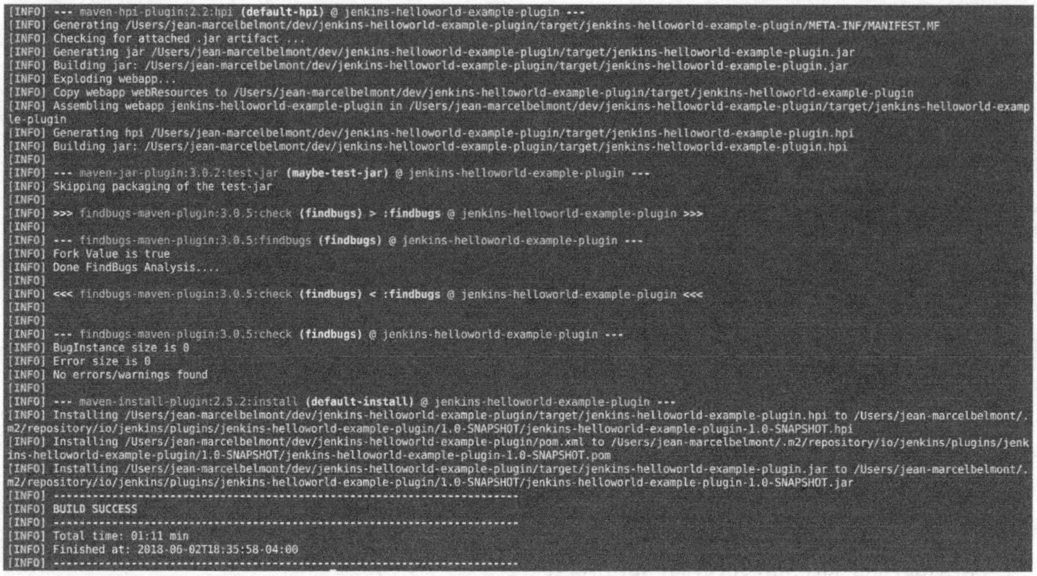

第 7 章 开发插件

[图 7-8 终端构建输出截图]

图 7-8

7.4.6 安装 Jenkins 插件

要安装新构建和 HelloWorld 示例插件，请前往 Jenkins 的仪表盘，选择 **Manage Jenkins**，进入 **Manage Plugins** 页面并单击 **Advanced** 标签。如有必要，请参阅 6.4.2 节了解更多细节。读者也可以通过 scheme://domain/pluginManager 直接前往插件部分，如果是在本地运行 Jenkins，可直接前往 http://localhost:8080/pluginManager。

单击 **Advanced** 标签或前往 http://localhost:8080/pluginManager/advanced，如图 7-9 所示。

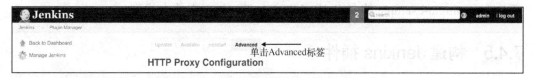

图 7-9

前往 **Upload Plugin** 部分，如图 7-10 所示。

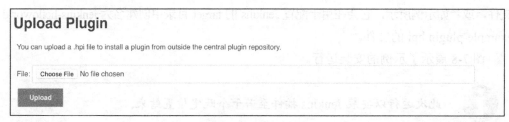

图 7-10

单击 **Choose File** 并找到新建的 Jenkins 插件 Helloworld，它应该在如下目录下：

`jenkins-helloworld-example-plugin/target/jenkins-helloworld-example-plugin.hpi`

单击 **Upload** 按钮。

图 7-11 所示为新安装的 HelloWorld 示例插件的截图。

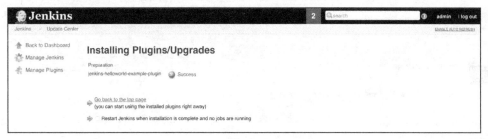

图 7-11

7.5 Jenkins 插件生态系统

Jenkins 有许多可用的插件，可以在 Jenkins 插件网站找到相关插件清单。

可用插件清单

图 7-12 展示了 Jenkins 中与 JSON 相关插件的查找结果。

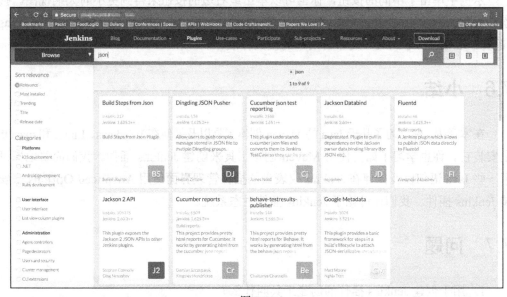

图 7-12

除这种默认视图外，Jenkins 插件网站还有多种视图可供使用，如图 7-13 所示。

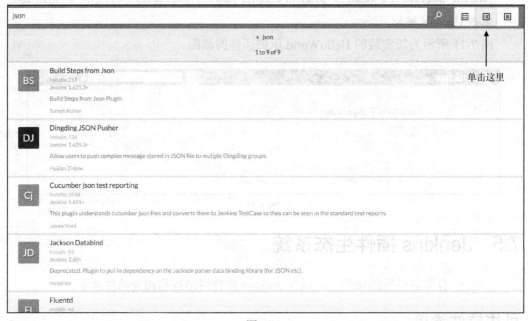

图 7-13

示例中单击了中间的按钮，你也可以单击最右边的按钮来得到更小的大纲视图。搜索结果默认为按相关程度排列，你也可以使用诸如 **Most Installed**（最多安装）、**Trending**（趋势）和 **Release Date**（发布日期）的搜索标准。

7.6 小结

在本章中，你学习了基于 Java 的 Maven 创建工具以及如何在 Windows、Linux 和 macOS 上安装它。你也学习了如何使用 Maven 创建工具来创建 Jenkins 插件。我们简要地探讨了一些 Java 语句以及如何在 Jenkins 仪表盘的插件管理界面使用 **Advanced Options** 来安装 Jenkins 插件。我们还讨论了 Jenkins 插件生态系统。

7.7 问题

1. 用于创建 Jenkins 插件的创建工具叫什么？

2. 在 Windows 上使用哪个安装程序来安装 Maven？
3. 在 macOS 上使用哪个安装程序来安装 Maven？
4. 在 HelloWorld 插件中使用的配置文件叫什么？
5. 要在 Jenkins 中管理插件，我们直接可以导航至哪个链接？
6. 在 Maven 中用于创建和安装 Jenkins 插件的命令是什么？
7. 为了便于安装 Jenkins 插件，Maven 创建了什么类型的文件？

第 8 章 使用 Jenkins 构建流水线

本章将详细讨论如何在已有的 Jenkins 系统上创建 Jenkins Blue Ocean 以及如何使用 Docker 来完成设置。本章还将详细探讨 Bule Ocean 用户界面以及 Jenkins Classic 视图和 Blue Ocean 视图的区别。本章也涉及流水线语法并简要讨论它的使用和两种不同的流水线语法的区别。

本章涵盖以下内容：
- Jenkins 2.0；
- Jenkins 流水线；
- Jenkins Blue Ocean 操作说明；
- 流水线语法。

8.1 技术要求

本章需要对 Unix shell 环境有基本的理解。本章也将简要讨论流水线语法，因此，如果你拥有基础的编程技能并理解关键字在编程语言中的作用，这将会很有帮助。

8.2 Jenkins 2.0

Jenkins 2.0 与 Jenkins 1.0 相比有着不同的设计方法和流程。它不再使用自由风格作业，而是使用一种新的**领域特定语言**（domain specific language，DSL），这种语言是 Groovy 编程语言的一种派生形式。

Jenkins 2.0 的流水线视图与 Jenkins 1.0 的也有所不同。流水线阶段视图能帮助我们把流水线的不同阶段可视化。

8.2.1 为什么要使用 Jenkins 2.0

为什么不继续使用 Jenkins 1.0，而要使用 Jenkins 2.0 呢？Jenkins Classic 视图通常被认为是杂乱无章且不便于使用的。Jenkins 2.0 通过一种更直观的方式使用 Docker 镜像来改善这一点。同时，新的用户界面包含一个 Jenkins 流水线编辑器（pipeline editor），其通过使用流水线视图改变了寻找构建的方式。新的用户界面的目的是减少无序排列，使 Jenkins 对团队的每个成员都变得易用。新的用户界面还包含 GitHub、Bitbucket 集成以及 Git 继承。Jenkins 2.0 用户界面主要是一个用户安装的叫作 Blue Ocean 的插件集合。

8.2.2 在现有软件上安装 Blue Ocean 插件

在大多数平台上，安装 Jenkins 时不会安装 Blue Ocean 的所有插件。确保已安装 Jenkins 2.7.x 或更新版本来安装 Blue Ocean 插件。

要在已有的 Jenkins 软件上安装插件，你必须拥有基于矩阵安全性（matrix-based security）的管理员权限。所有的 Jenkins 管理员都能为系统内的其他用户配置管理员权限。

安装 Blue Ocean 插件的步骤如下。

- 确保你已以管理员权限登录。
- 在 Jenkins 主页或 Jenkins 经典视图的仪表盘上，单击仪表盘左侧的 **Manage Jenkins**。
- 在 **Manage Jenkins** 页面的中间单击 **Manage Plugins**。
- 单击 **Available** 标签并将"Blue Ocean"输入搜索框，检索出所有名称或描述中带有"blue"和"ocean"的插件。

阅读第 7 章，尤其是 7.4.6 节以了解更多信息。

8.2.3 通过 Jenkins Docker 镜像来安装 Blue Ocean 插件

要使用 Jenkins Docker 镜像，必须先安装 Docker。

1. 安装 Docker 的先决条件

Docker 能提升操作系统的可视化程度，它的安装要求比较特殊。

对苹果公司的操作系统的要求如下：

- 带有英特尔存储管理部件（memory management unit，MMU）虚拟化的 2010 版或更新版本的 macOS；
- OS X El Capitan 10.11 或更新版本。

对 Windows 操作系统的要求如下：
- 64 位 Windows 操作系统；
- 能安装 Hyper-V 的 Windows 10 Pro、企业版或教育版（家庭版及 Windows 7/8 不可安装）；
- Windows 10 年度升级版或更新版本；
- 使用计算机 BIOS 以开启虚拟化的权限。

要在操作系统上安装 Docker，请前往 Docker 官方网站并选择适用于你的操作系统或云服务的 Docker 社区版（Docker Community Edition box）安装包。遵循网站上的指导安装。

使用 Windows 命令提示符或 OS X/Linux 的终端应用来检查 Docker 是否安装完成。执行图 8-1 所示的命令。

此处显示 Docker 已安装，版本为 18.03.1。

```
~ docker --version
Docker version 18.03.1-ce, build 9ee9f40
~
```

图 8-1

2. 安装 Docker 镜像

要获得 Docker 镜像，需要在 Docker Hub 上拥有一个账号。安装完 Docker Hub 和 Docker 后，直接安装最新的 Jenkins CI Docker 镜像即可。

在 Windows 命令提示符窗口或终端中执行图 8-2 所示的命令。

```
→ ~ docker pull jenkinsci/blueocean
Using default tag: latest
latest: Pulling from jenkinsci/blueocean
Digest: sha256:c8a7442658b96028c736ef727fa802c7e38e996d7c57831c32affa540c37e8d0
Status: Image is up to date for jenkinsci/blueocean:latest
→ ~
```

图 8-2

由于示例中已经拉取了 jenkinsci/blueocean Docker 镜像，因此命令并没有被直接从 Docker Hub 中拉取，而是以 SHA 哈希检验和（checksum）的形式出现。这说明已安装了适用于 jenkinsci/blueocean 的最新的 Docker 镜像。

要使 Jenkins Docker 容器运行，需要在命令提示符窗口或终端中执行图 8-3 所示的命令。

```
→ ~ docker run \
-u root \
--rm \
-d \
-p 8080:8080 \
-p 50000:50000 \
-v jenkins-data:/var/jenkins_home \
-v /var/run/docker.sock:/var/run/docker.sock \
jenkinsci/blueocean
e821061d527056894a00a8fa1fc461a54539961e06ce257a7bc9354479174b47
→ ~
```

图 8-3

8.2 Jenkins 2.0

通过创建一个自动完成此过程的 shell 脚本或类似工具，这个过程可以变得更加简单。

图 8-4 所示为在文本编辑器中创建的 shell 脚本。

示例中有一个个人的 bin 目录，在其中存放所有的~/bin 个人脚本，将该目录放至 PATH 变量中。脚本文件名叫作 run-jenkinsci-blueocean。发出如下命令以使脚本获得运行权限：

```
chmod +x run-jenkinsci-blueocean
```

图 8-4

然后必须执行~/bin/run-jenkinsci-blueocean 命令。

在 Unix 中也可以创建一个与下面的命令类似的别名：

```
# inside ~/.zshrc

alias runJenkinsDockerImage='docker run -u root jenkins-blueocean --rm -d -p 8080:8080 -p 50000:50000 -v jenkins-data:/var/jenkins_home -v /var/run/docker.sock:/var/run/docker.sock jenkinsci/blueocean'
```

示例中将此 shell 别名添加到.zshrc 文件，也可以直接将其添加到.bashrc 文件。Windows 用户可创建一个批文件或使用其他方式使执行 Docker 命令更为轻松。

要停止 Docker 容器，可执行如下命令：

```
docker ps -a
```

此命令将显示系统中所有正在运行的容器。查阅 Container ID、NAMES 栏，并复制与 Docker 镜像 jenkinsci/blueocean 相对应的 ID。最后，需要执行如下命令停止容器：

```
docker stop jenkins-blueocean
```

 由于在 shell 脚本的命令 docker run 中使用了选项--name jenkins-blueocean，Docker 创建了名为 jenkins-blueocean 的容器。如果先前未执行此操作，Docker 会自动为该容器命名。我们还可以使用容器 ID 和名称来终止容器，在终端或命令提示符中执行 docker ps -a 命令可查看相关信息。

如果 Jenkins 正在运行，前往 http://localhost:8080 并通过输入为管理员生成的默认密码来锁定 Jenkins。在第 5 章中，我们跳过了安装建议插件的步骤，但在这里建议安装 **Getting Started** 上建议的插件，如图 8-5 所示。

第 8 章 使用 Jenkins 构建流水线

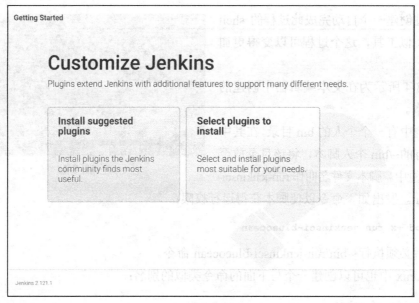

图 8-5

单击 Install suggested plugins，将得到所有的推荐插件及其依赖插件，这有助于使用配有流水线及更多工具的 Jenkins 2.0。

8.2.4 查看 Blue Ocean 界面

单击 Open Blue Ocean，如图 8-6 所示。

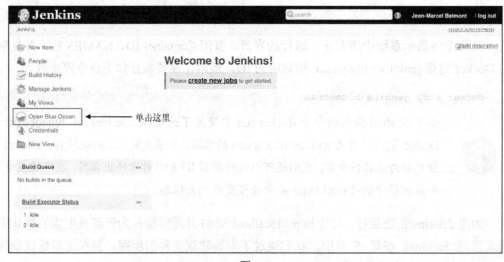

图 8-6

单击 **Open Blue Ocean** 后，将自动跳转至 http://localhost:8080/blue/organizations/jenkins/pipelines。Jenkins 的用户界面和先前的完全不同，运作方式也不一样。

图 8-7 展示的是尚未创建流水线时的初始界面。

图 8-7

 在接下来的几节中，我们将了解流水线语法及浏览 Jenkins 2.0 用户界面的方法。

8.3 Jenkins 流水线

本节将使用 Jenkins 2.0 用户界面来创建第一条流水线，并使用内置于 Jenkins 2.0 用户界面中的流水线编辑器来创建 Jenkinsfile。

8.3.1 创建 Jenkins 流水线

单击 **Create a new Pipeline**，将自动跳转到图 8-8 所示的界面。

由于示例需要，此处使用了我已创建好的 GitHub 存储库。读者也可以轻松地使用 Bitbucket 以及基于 GitHub 或 Bitbucket 的个人代码。要使这一步骤成功运行，需要在

GitHub 上拥有账号。如果读者没有账号，请前往 GitHub 官方网站注册。

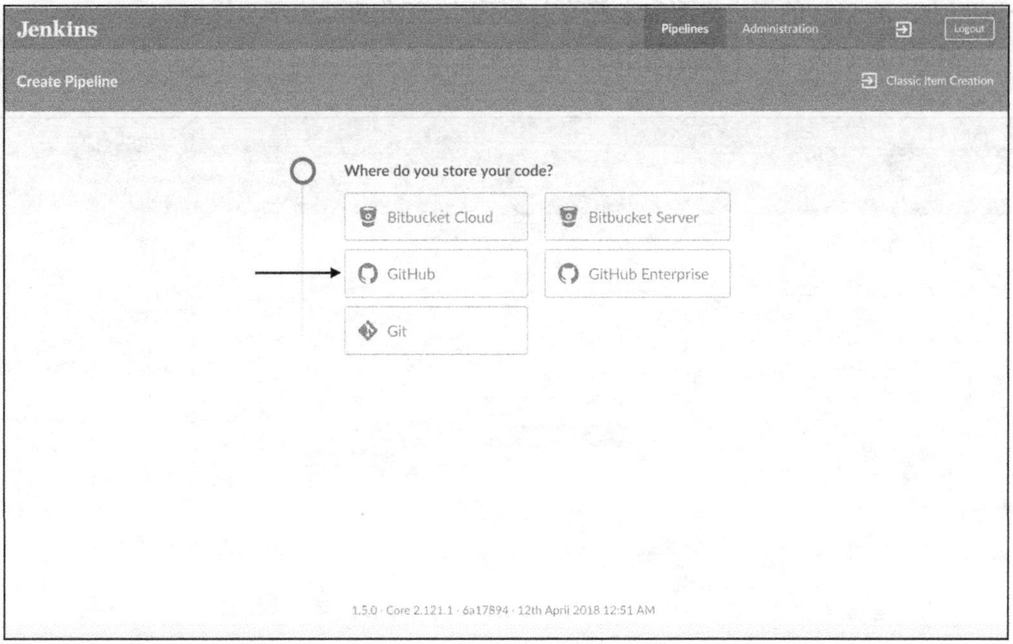

图 8-8

1．为 GitHub 提供个人访问令牌

如果没有个人访问令牌（personal access token），需要在 GitHub 中创建一个。

注意图 8-9 中的 **Create an access key here**。

单击 **Create an access key here**，将自动跳转到图 8-10 所示的 GitHub 页面。

维持默认的选项不改变，单击 **Generate token**。此个人访问令牌只会显示一次，请将其存储在安全的位置。复制这个个人访问令牌，并将其粘贴在 **Connect to Github** 的输入文本框中，单击 **Connect** 按钮，如图 8-11 所示。

2．选择 GitHub 组织

需要选择所属的 GitHub 组织。图 8-12 中作者选择了名为 jbelmont 的 GitHub 用户名组织。

3．选择 GitHub 存储库

最后一步是选择想要创建 Jenkins 流水线的 GitHub 存储库。在图 8-13 所示的界面中，作者输入了 cucumber-examples 并选择了下拉框，然后 **Create Pipeline** 按钮就变成了可用状态。

图 8-9

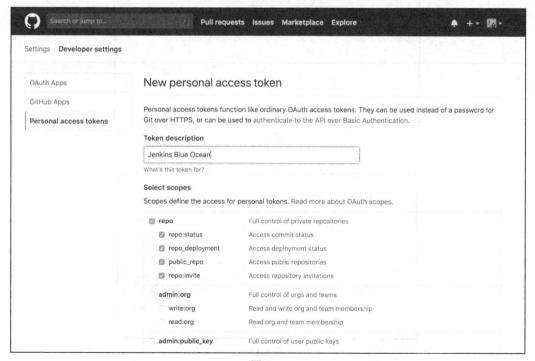

图 8-10

第 8 章　使用 Jenkins 构建流水线

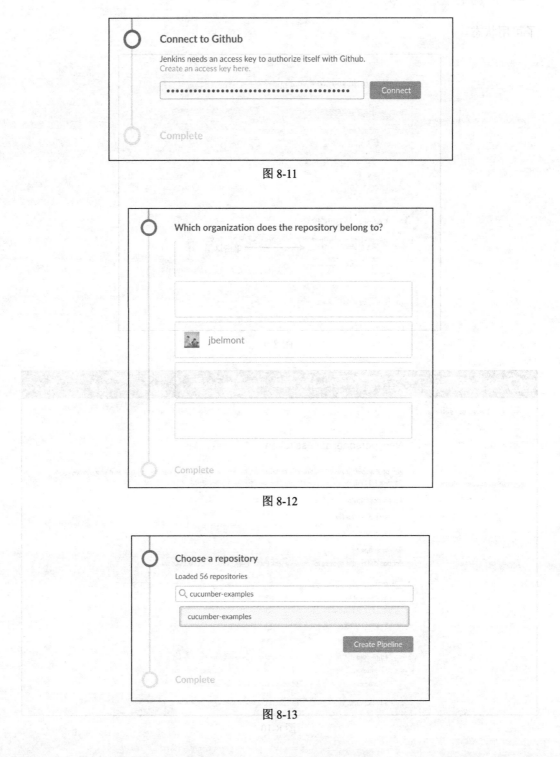

图 8-11

图 8-12

图 8-13

8.3.2 用流水线编辑器创建流水线

在已经选择的 GitHub 存储库中，目前并没有 Jenkinsfile，因此界面会自动跳转到流水线编辑器界面，在这里可以创建第一个 Jenkinsfile，如图 8-14 所示。

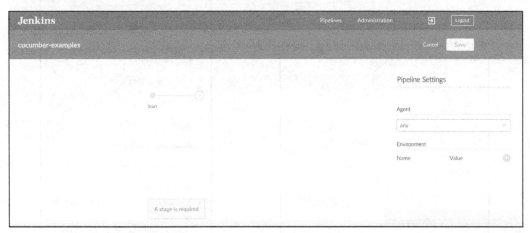

图 8-14

在此处为 Node.js 和代理添加一个 Docker 镜像，如图 8-15 所示。

此处为 Docker 提供了一个镜像和参数来使用 -v 选项挂载数据卷。

单击加号按钮 ，会出现图 8-16 所示的变化。

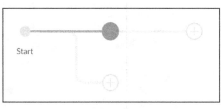

图 8-15　　　　　　　　　　图 8-16

为该步骤命名后单击 **Add step**，如图 8-17 所示，演示中选择了 **Build**。

为该步骤选择步骤类型，选择 **Shell Script**，这将安装所有的 Node.js 依赖，如图 8-18 所示。

图 8-17   图 8-18

输入要在 **Shell Script** 中执行的命令，如图 8-19 所示。

图 8-19

再次单击灰色的加号按钮并为流水线添加一个新的阶段，如图 8-20 所示。

为该阶段命名，本示例中命名为"Cucumber Tests"，如图 8-21 所示。

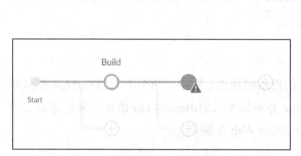

图 8-20

图 8-21

为该阶段添加步骤，并且再次选择 **Shell Script**，如图 8-22 所示。

最后，单击 **Save** 按钮并输入提交信息，将这个更改推送到 GitHub 存储库中，如图 8-23 所示。

图 8-22

图 8-23

单击 **Save & run** 按钮，Jenkinsfile 会被合并到 master 分支中，流水线将会运行。

8.4　Jenkins Blue Ocean 操作说明

有些在 Jenkins 经典视图中惯用的视图在 Jenkins Blue Ocean 中不再可用。Jenkins Blue Ocean 的主要目的是使 Jenkins 内部的导航更加便捷可用，在图示和页面导航方面提升 Jenkins 的用户界面。*Blue Ocean Strategy* 这本书强调世界已经从功能性开发工具转向开发者体验，它为新的 Jenkins UI 的开发提供了许多灵感。新的用户界面能使 Jenkins 的开发者体验更好。

8.4.1　流水线视图

图 8-24 展示了 Jenkins Blue Ocean 的流水线视图。图中，两个不同的 GitHub 存储库有不同的流水线。通过单击 **New Pipeline** 并添加个人版 Base64 Go 语言库来创建第二条流水线。该库能够通过命令行工具解码 JSON Web 令牌。

图 8-24

基于添加到 Jenkins 中的流水线数量，流水线视图中的列表将会有所不同。图 8-24 中的列表有名为 **NAME**、**HEALTH**、**BRANCHES** 和 **PR** 的列在 PR 列后还提供了星标列，我们可以单击相应位置为特定流水线添加星标。

8.4.2　流水线细节视图

单击实际流水线，进入流水线详情页，此页面包含该流水线中运行的所有阶段的所有细节。图 8-25 展示的是 Base64 编码流水线。

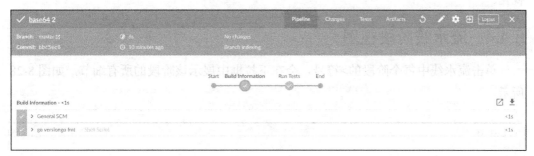

图 8-25

8.4.3 流水线构建视图

可以单击流水线中的每个节点来查看该阶段所做的全部工作。单击 **Build Information** 节点来查看该阶段执行的命令，如图 8-26 所示。该阶段执行的命令包含从 GitHub 存储库中复制数据并执行的 go version 和 go fmt 命令。

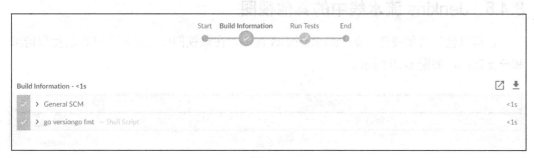

图 8-26

第二个节点叫 **Run Tests**，单击该节点，只看到 go test 命令。该命令运行 Go 语言中的单元测试用例，如图 8-27 所示。

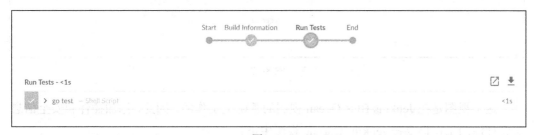

图 8-27

流水线视图的好处之一是，在 CI 构建的每一个阶段都可以获得更为清晰和明了的可视化。

8.4.4 流水线阶段视图

单击流水线中每个阶段的>符号，会在下拉框中展示该阶段的所有细节，如图 8-28 所示。

图 8-28

单击 **Run Tests** 阶段，可以看到，使用 Go 语言编写的单元测试用例已经通过了。

8.4.5 Jenkins 流水线中的其他视图

也可以使用其他视图，如 Pull Requests 视图，在该视图中查看所有打开的拉取请求和分支视图，如图 8-29 所示。

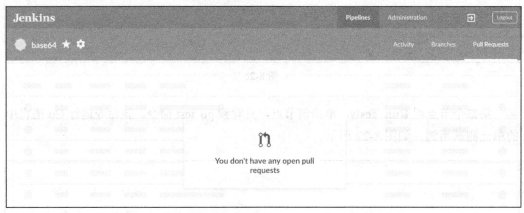

图 8-29

这个视图是在 Jenkins Blue Ocean 视图的基础上工作的，因此，添加插件和安全信息等管理性的工作仍要在 Jenkins Classic 视图中进行。

8.5 流水线语法

流水线语法有以下两种格式：
- 声明式流水线（declarative pipeline）；
- 脚本式流水线（scripted pipeline）。

这两种语法的区别在于声明式流水线比脚本式流水线更简单。脚本式流水线语法是一种 DSL，它遵循 Groovy 编程语言的规则。

8.5.1 流水线编辑器

在 cucumber-examples 存储库中，示例中使用流水线编辑器来创建 Jenkinsfile。可以不使用流水线编辑器创建 Jenkinsfile，但推荐使用它，因为它有一些好的特性。

Jenkinsfile

下面是流水线编辑器创建的流水线语法。它使用了声明式流水线语法，并且在这种语法中有几处值得讨论的地方：

```
pipeline {
  agent {
    docker {
      args '-v /Users/jean-marcelbelmont/jenkins_data'
      image 'node:10-alpine'
    }
  }
  stages {
    stage('Build') {
      steps {
        sh '''node --version

npm install'''
      }
    }
    stage('Cucumber Tests') {
      steps {
        sh 'npm run acceptance:tests'
      }
    }
  }
}
```

（1）pipeline 关键字。如上面的 Jenkinsfile 所示，所有合法的声明式流水线都必须被封装在 pipeline 代码块中。

（2）agent 关键字。agent 部分指定整个流水线或特定阶段在 Jenkins 环境中运行的位置，具体取决于 agent 部分放置的位置。该部分必须在 pipeline 代码块内的顶层定义，但是 stage 层的用法是可选的。

（3）stages 关键字。stages 部分包含一个或多个阶段命令的序列，stages 部分是流水线所描述的大部分作业所在的地方。

8.5.2 流水线语法文档

如果读者有兴趣了解流水线语法的相关信息，可以查看 Jenkins 官方网站提供的流水线语法文档。

8.6 小结

本章讨论了如何在已有的 Jenkins 基础上创建 Jenkins Blue Ocean 视图以及如何使用 Docker 来创建 Blue Ocean 视图。本章探讨了不同的 Jenkins Blue Ocean 视图以及它们与 Jenkins Classic 视图的一些区别。本章还讨论了流水线语法以及 Jenkinsfile。第 9 章将涵盖 Travis CI 的安装与基础的使用方法。

8.7 问题

1．如果通过 Docker 安装 Jenkins，可以使用 Blue Ocean 视图吗？
2．为什么在 Blue Ocean 视图中使用流水线编辑器是有用的？
3．Jenkins Classic 视图和 Blue Ocean 视图有什么区别？
4．你能够详细地查看流水线的每个阶段吗？
5．Blue Ocean 视图能够处理 Jenkins 中的管理员级别的工作吗？
6．stages 语法的用途是什么？
7．声明式流水线需要封装在 pipeline 代码块中吗？

第 9 章 Travis CI 的安装与基础

本章将介绍使用 Travis CI。本章将解释 Travis CI 等托管解决方案的应用内嵌式配置的概念，YAML 配置的定义及使用方法，Travis CI 的使用基础、相关概念及其与 Jenkins 的区别，包括语法和构建生命周期的 Travis CI 的不同部分以及相关实例。

本章涵盖以下内容：
- Travis CI 的介绍；
- 使用 Travis CI 的先决条件；
- 添加简单的 Travis CI YAML 配置脚本；
- Travis CI 脚本各部分解析。

9.1 技术要求

本章要求读者掌握一些基本的编程技术，前几章讨论的许多持续集成概念会在本章中用到。创建一个 GitHub 账号和 Travis CI 账号会很有用，我们可以遵循 9.3 节的步骤。有些示例使用了容器技术 Docker，因此，如果读者对容器和 Docker 有所了解，会很有帮助。我们还会在本章中学到 YAML 语法。本章中有些命令会使用命令行应用（command-line application，CLI），因此如果读者对命令行应用很熟悉，会很有帮助。

9.2 Travis CI 的介绍

Travis CI 是用于 CI 构建的托管和自动化解决方案。Travis CI 使用一种内嵌式配置文件，这种文件所使用的 YAML 语法会在本章中详细讨论。由于 Travis CI 托管在云端，因此它可以快速应用于其他的环境和不同的操作环境，使用者无须担心设置和安装的问题。这也意味着 Travis CI 的设置和安装比 Jenkins 的更快。

比较 Travis CI 和 Jenkins

Jenkins 是一种独立的开源自动化服务器，它是可定制的，需要组织级别的安装和配置，正如在与 Jenkins 相关的几章中我们花费了许多时间在 Windows、Linux 和 macOS 上安装 Jenkins。我们还能根据需要来配置 Jenkins。这对于在业务操作、开发运营以及其他方面有专业团队的公司来说很适用，但对于为个人项目搭建环境的开源项目的独立开发者来说，就不那么适用了。

Travis CI 基于开源开发和轻松使用的理念开发。在 GitHub 中花几分钟创建一个项目，就可以完成对 Travis CI 的设置。尽管 Travis CI 并不像 Jenkins 那样可定制，但它在快速设置和使用上有显著的优势。Travis CI 使用内嵌式的配置文件来实现这一点，它目前必须配合 GitHub 开发平台使用。未来它有可能拓展到 Bitbucket 之类的其他平台上，但目前还很难说。

9.3 使用 Travis CI 的先决条件

要使用 Travis CI，需要先创建一个 GitHub 账号，请前往 GitHub 官网注册。

9.3.1 创建 GitHub 账号

如图 9-1 所示，创建 GitHub 账号时提供 **Username**、**Email** 和 **Password** 即可，单击 **Sign up for GitHub** 按钮。

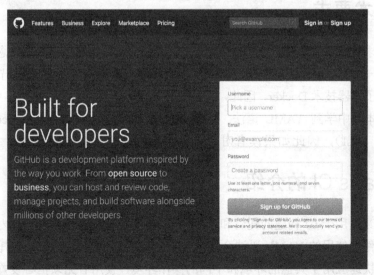

图 9-1

示例中创建的 GitHub 账号的用户名为 packtci。单击 **Sign up for GitHub** 后会自动跳

转到图 9-2 所示的页面。

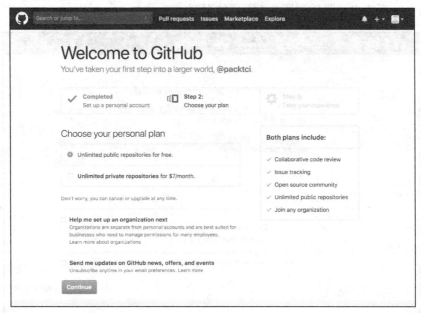

图 9-2

这里我们可以免费创建一个使用公共（public）存储库的账号，也可以使用每月付费的私有（private）存储库[①]。单击 **Continue** 按钮跳转到图 9-3 所示的页面。

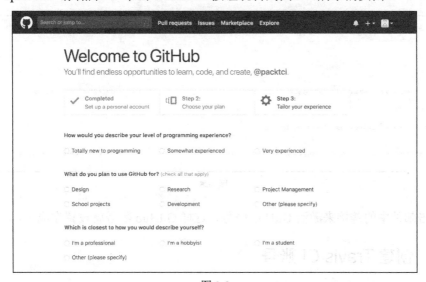

图 9-3

---

① 北京时间 2020 年 4 月 15 日起，GitHub 私有存储库已免费向所有用户和团队无人数限制地开放。——译者注

可通过滚动到页面底部并单击 **Skip this step** 来跳过所有以上选项。单击 **Submit** 或 **Skip this step** 后将自动跳转到图 9-4 所示的页面。

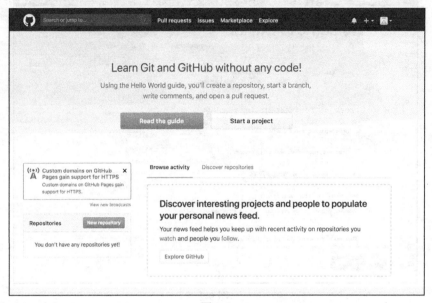

图 9-4

如图 9-5 所示，会收到一封来自 GitHub 的电子邮件。

图 9-5

单击邮件中的链接来激活 GitHub 账号，这样 GitHub 账号就设置完成了。

9.3.2　创建 Travis CI 账号

要使用 Travis CI，需要先创建一个 Travis CI 账号。读者需要使用自己的 GitHub 登录信息来登录 Travis CI。如图 9-6 所示，可以单击 **Sign Up** 或 **Sign in with GitHub**。

9.3 使用 Travis CI 的先决条件

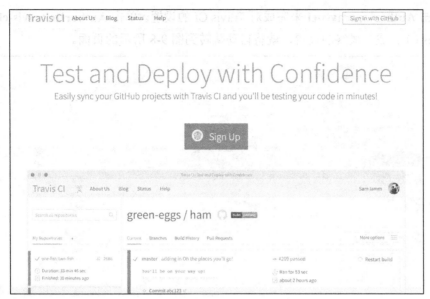

图 9-6

示例中为单击 **Sign in with GitHub** 并输入用户名为 packtci 的 GitHub 账号的登录信息。

输入 GitHub 登录信息后，会自动跳转到图 9-7 所示的页面。

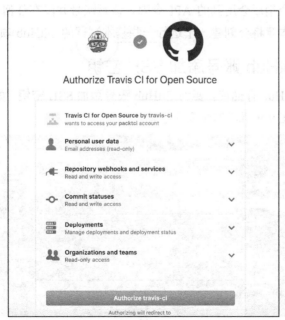

图 9-7

单击 **Authorize travis-ci** 来完成对 Travis CI 的设置。单击 **Authorize travis-ci** 后，一旦 Travis CI 完成了最终的设置，就将自动跳转到图 9-8 所示的页面。

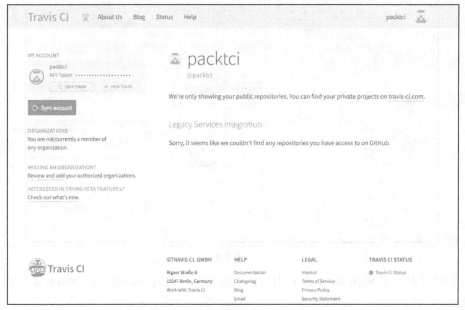

图 9-8

这里得到了一个稍后会用到的 API 令牌。该新账号并没有任何 GitHub 项目，因此没有项目被展示。本章将会创建一个运行一些基本测试的 GitHub 项目。

9.3.3 为新 GitHub 账号添加 SSH 密钥

要创建一个 GitHub 存储库，要为 GitHub 账号添加 SSH 密钥。如果系统中没有 SSH 密钥，可通过执行图 9-9 所示的命令来创建。

图 9-9

示例中提供了一个电子邮箱地址，并指定了一种 RSA 类型，它是一种加密算法。执行这个命令，将在系统中创建公钥和私钥。

创建 SSH 密钥后上传公钥至 GitHub 即可。需要复制文件的内容，如果使用的是 macOS，执行如下命令可以将其复制到系统剪贴板上：

```
ssh-keygen -t rsa -b 4096 -C "myemail@someemailaddress.com"
# This command generates a file in the path that you pick in the
interactive prompt which in this case is ~/.ssh/id_rsa_example.pub

pbcopy < ~/.ssh/id_rsa_example.pub
```

进入 GitHub 的 **Settings** 页面，如图 9-10 所示。

在 **Settings** 页面单击图 9-11 所示的选项。

图 9-10　　　　　　　　　　图 9-11

然后单击 **New SSH key**，设置名称并粘贴 SSH 密钥的内容。在图 9-12 所示的示例中，将密钥名设置为 Example SSH KEY 并粘贴了我的公钥的内容。

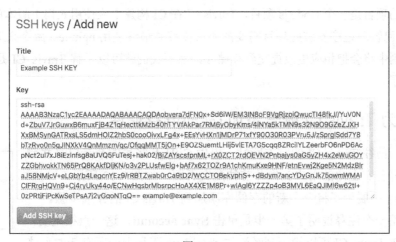

图 9-12

单击 **Add SSH key** 按钮，就可以对拥有的任意 GitHub 中的存储库进行改动。

9.4 添加简单的 Travis YAML 配置脚本

读者可以在 GitHub 中搜索"functional summer"存储库查看作者创建的存储库示例。该存储库是一个 Node.js 项目，它拥有一个 package.json 脚本、一个名为 summer.js 的文件和一个名为 summer_test.js 的测试文件。在存储库的根目录中，在一个扩展名为.travis.yml 的文件中可以为 Travis CI 添加配置。这种配置脚本有如下功能：检测到正在运行 Node.js 项目的 Travis CI，为该项目安装依赖，以及运行 CI 构建中指定的测试。

9.4.1 Travis YML 脚本内容

首先，在存储库的根目录创建扩展名为.travis.yml 的文件并将如下内容复制到该文件中：

```
language: node_js

node_js:
    - "6.14.1"

install:
    - npm install

script: npm test
```

本章将详细讨论此 YML 脚本的每一个条目，此处复制粘贴内容的主要含义是，声明所配置的项目是一个 Node.js 项目，Travis CI 在 CI 构建中应使用 6.14.1 版本的 Node.js，使用 **npm** 包管理程序安装此项目需要的所有依赖并最终使用 npm test 命令来运行所有的测试。示例中将会把相应更改提交到存储库，然后我们就可以了解 Travis CI 是如何启动该项目的了。

9.4.2 为 Travis CI 账号添加 GitHub 存储库

首先，前往 Travis CI 的官方网站，提供 GitHub 账号的登录信息并登录。单击屏幕右上角的用户头像并前往配置页面，如图 9-13 所示。

图 9-14 中展示了将一个新的存储库添加到 Travis CI 的详细步骤。

这里第一个注释说明了第一步是单击 **Sync account**，这一点很重要，通过该操作 Travis CI 可以检测到经添加到 GitHub 账号中的所有新的存储

图 9-13

9.4 添加简单的 Travis YAML 配置脚本

库。Travis CI 同步你的 GitHub 账号之后，你应当能看到账号中的存储库。如果你拥有的存储库数量较多，可以通过搜索存储库名来找到该项目。如图 9-14 所示，第二步是开启存储库名右侧的滑块。

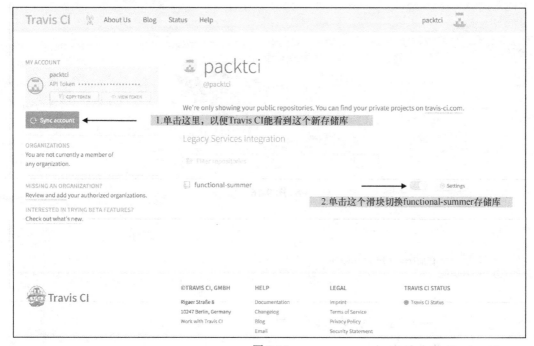

图 9-14

图 9-15 中已经在 Travis UI 中开启了 functional-summer 存储库。现在单击这一行即可前往新添加的 Travis CI 构建作业。

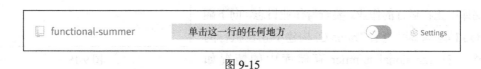

图 9-15

单击这一行后将转到 Travis CI 的图 9-16 所示的页面。

示例中目前并没有开启任何构建，但 Travis CI 已有一些设置好的默认设定。如果将变更提交到任何推送的分支上，或者在 GitHub 中打开拉取请求，Travis CI 就会开始构建。如图 9-17 所示，提交一个小的变更到 functional-summer 存储库，将开启 Travis CI 中的一个构建。单击 **Build History** 标签，会看到一个新的构建已经随着 Git 提交变更而开启。

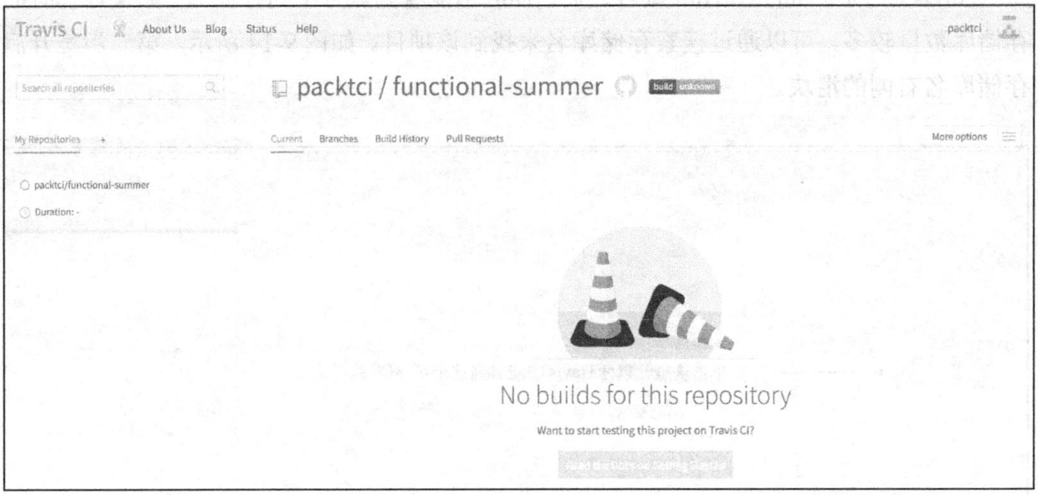

图 9-16

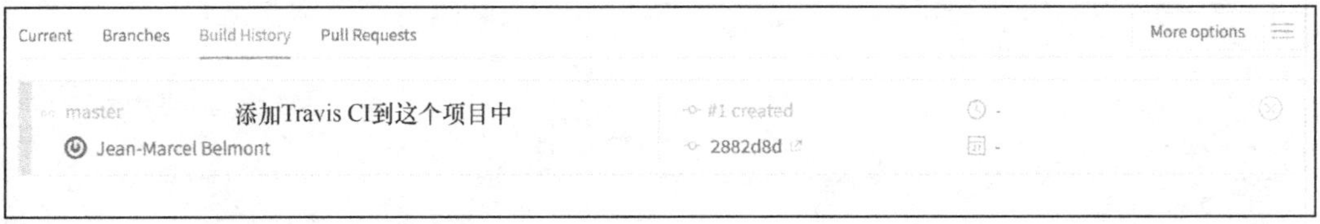

图 9-17

Travis CI 作业日志

单击 Travis CI 页面左侧的构建作业图标，如图 9-18 所示。

或者，单击 **Current** 标签来查看已配置完成的存储库中正在运行的作业。要查看作业日志，向下翻页 **Job Log** 标签并查看 Travis CI 构建中正在执行的命令。在 functional-summer 存储库中的情况如图 9-19 所示。

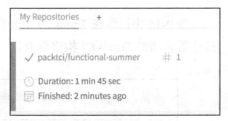

图 9-18

如前文提到的，在添加到 GitHub 的 .travis.yml 脚本中指定了 4 件事：

（1）在顶部指定 Node.js 语言；

（2）指定 Node.js 为 6.14.1 版本；

（3）执行 npm install 命令来安装项目的所有依赖；

（4）执行 npm test 命令。

9.5 Travis CI 脚本各部分解析

图 9-19

读者可以在 **Job Log** 中查看这些步骤是否被运行。在图 9-19 中，单击指向右方的箭头链接可显示 CI 构建中的每一条命令的更多细节。

9.5 Travis CI 脚本各部分解析

前面已经讨论过 YAML 语法，本节将进一步阐释 Travis CI 脚本的各个部分。

9.5.1 选择编程语言

在.travis.yml 脚本部分，我们添加了将在 CI 构建中使用的编程语言。它位于.travis.yml 脚本的第一行：

```
language: go
```

Travis CI 支持多种编程语言，包括：

- C；

- C++；
- Node.js 环境下的 JavaScript；
- Elixir；
- Go；
- Haskell；
- Ruby。

读者可以在 Travis CI 文档的语言部分查看它支持的编程语言的完整列表。

9.5.2 选择基础设施

可以使用 YML 脚本的 sudo 和 dist 字段自定义 Travis CI 的环境。

1. 使用 Ubuntu Precise（12.04）基础设施的虚拟镜像

可以在 Travis YML 脚本中使用如下条目来启用 Ubuntu Precise 基础设施：

```
sudo: enabled
dist: precise
```

2. 默认基础设施

可以通过添加如下条目来设置默认的基础设施，它是一个容器化的 Ubuntu 14.04 环境：

```
sudo: false
```

 这一步并不必要。读者可以只设置好语言，默认基础设施会自动完成。

3. 使用 Ubuntu Trusty（14.04）基础设施的虚拟镜像

可以在 Travis YML 脚本中使用如下条目以采用 Ubuntu Trusty 基础设施：

```
sudo: enabled
dist: trusty
```

4. 基于容器的基础设施

可以在 Travis YML 脚本中使用如下条目以采用基于容器的基础设施：

```
sudo: false
dist: trusty
```

此处显式地将 sudo 的优先权设为 false，并使用 Ubuntu Trusty。

5. macOS 基础设施

可以在 Travis YML 脚本中使用如下条目以采用 macOS 基础设施。

```
os: osx
```

9.5.3 定制构建

在 Travis CI 中，可以通过多种方法来定制构建。本节首先解释构建的生命周期。

1. 构建生命周期

Travis CI 中的构建由两个部分（6 个步骤）组成。

- 安装：安装所有必需的依赖。本章已在 YML 脚本部分讨论过这个步骤。
- 脚本：运行构建脚本。它包含一系列可被运行的脚本。

（1）before_install 步骤。

本步骤的中文名称为安装前步骤。在此步骤中，要在 CI 构建中安装所有的额外依赖并使自定义服务初始化。

（2）install 步骤。

安装步骤已经在运行之中。在此步骤中，要安装 CI 构建中需要的所有依赖来正确运行。

（3）before_script 步骤。

在脚本前步骤中，要指定所有脚本代码块在正确执行之前需要执行的命令。例如，我们可能有一个 PostgreSQL 数据库，因此要在运行测试之前对数据库进行初始化操作。

（4）script 步骤。

在脚本步骤中，要执行对代码库正常运行至关重要的所有命令。例如，通常运行代码库中的所有测试以对代码库进行语法检查。语法检查器是一种用于分析代码库来找到带有程序错误、软件缺陷、样式错误或其他错误的代码的工具。

（5）after_script 步骤。

在脚本后步骤中，要执行诸如报告和分析等所有有用的命令。可能需要发布代码覆盖率报告或创建有关代码库中指标的报告。

（6）构建生命周期列表。

下面是 Travis CI 的完整生命周期：
- （可选安装）**apt addons**；
- （可选安装）**cache components**；
- **before_install**；
- **install**；
- **before_script**；
- **script**；
- （可选）**before_cache**；
- **after_success** 或 **after_failure**；
- **before_deploy**；
- **deploy**；
- **after_deploy**；
- **after_script**。

2. 构建失败行为

在生命周期中，如果 before_install、install 或者 before_script 事件出错，CI 构建会立刻输出错误然后停止。

如果错误出现在 script 事件中，构建会失败但 CI 构建会继续运行。

如果错误出现在 after_success、after_failure、after_script 或 after_deploy 事件，该构建不会被标记为失败。但是，如果其中任意一个事件导致超时，构建就会被标记为失败。

3. 为 CI 构建安装第二编程语言

通过添加条目至生命周期的 before_install 事件，你可以在 CI 构建中轻松地安装另一种编程语言。请在指定第一编程语言后指定第二编程语言。

使用多种编程语言的 Travis YML 脚本示例

在下面的 Travis YML 脚本示例中，指定 1.10 版本的 Go 语言作为第一编程语言，Node.js 为第二编程语言。在 before_install 生命周期事件中安装 Node.js 依赖，然后运行一个 Go 语言测试和一个 Node.js 测试。

```
language: go

go:
```

```
  - "1.10"

env:
  - NODE_VERSION="6"

before_install:
  - nvm install $NODE_VERSION

install:
  - npm install

script:
  - go test
  - npm test
```

如果想了解更多有关此示例的信息,请查看 multiplelanguages 存储库。

4. Travis CI 中的 Docker

可在 Travis CI 中利用 Docker,添加下列条目到 Travis YML 脚本中即可启用 Docker:

```
sudo: required

services:
  - docker
```

 此处向 services 代码块中添加了一个条目,添加了 Docker。

使用 Dockerfile 的 Travis YML 脚本示例

在下面的 Travis YML 脚本中,我们指定 sudo 权限、一种编程语言 Go 语言,然后指定 Docker 服务,拉取 jbelmont/print-average:1.0 的自定义 Docker 镜像,运行 Docker 容器并将其删除:

```
sudo: required

language: go

services:
  - docker
```

```
before_install:
  - docker pull jbelmont/print-average:1.0

script:
  - docker run --rm jbelmont/print-average:1.0
```

图 9-20 所示为 Travis CI 构建的截图，供读者参考。

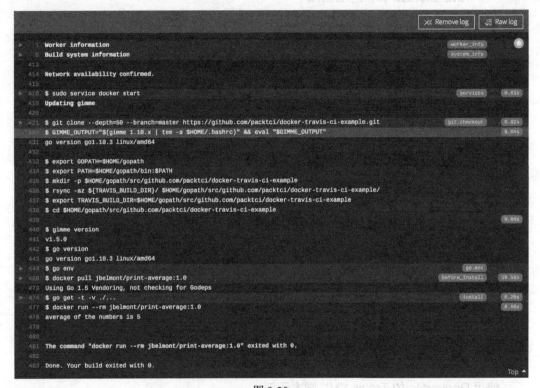

图 9-20

此处，由于我们已经将 Docker 指定为在 Travis CI 中运行的服务，因此 Docker 会在 CI 构建中运行。它将计算平均值输出到 docker-travis-ci-example 存储库的 main.go 中。读者可以在 Docker Hub 签出示例的 Docker 镜像。

5．Travis CI 中的 GUI 和无头浏览器

在 Travis CI 中，可以通过几种方式来运行无头浏览器（headless browser）：可以使用 X Virtual Framebuffer（XVFB）（可在 XVFB 文档中了解更多信息）。下面我们将通过 Puppeteer 来运行无头版本的 Chrome，它是一个由谷歌公司开发的库，该库提供了高级

API，以使用无头 Chrome 浏览器。

使用无头 Chrome 浏览器、Puppeteer 和 Jest 测试库的 Travis YML 脚本示例

在下面的 Travis YML 脚本示例中，为 Travis CI 构建设置了许多不同的动作。首先，设置语言为 node_js 并将其设置为 8.11 版本；接着，设置名为 dist: trusty 的属性，这种属性把 Travis CI 环境设置为 Ubuntu 14.04（Trusty）；然后使用 add-ons 代码块添加最新的、稳定的 Chrome 版本并在端口 9222 运行 CI 构建中的 Chrome 的稳定版本；再然后使用 cache 代码块以便在每一个 CI 构建运行中缓存 node_modules；最后安装 Node.js 依赖并用 Jest 库运行 Node.js 测试。

```
language: node_js

node_js:
 - "8.11"

dist: trusty

sudo: false

addons:
 chrome: stable

before_install:
 - google-chrome-stable --headless --disable-gpu --remote-debugging-port=9222 http://localhost &

cache:
 directories:
 - node_modules

install:
 - npm install

script:
 - npm test
```

在图 9-21 中，请注意在 Travis CI 构建中开始以 headless 模式运行 google-chrome 的部分以及安装依赖的部分。

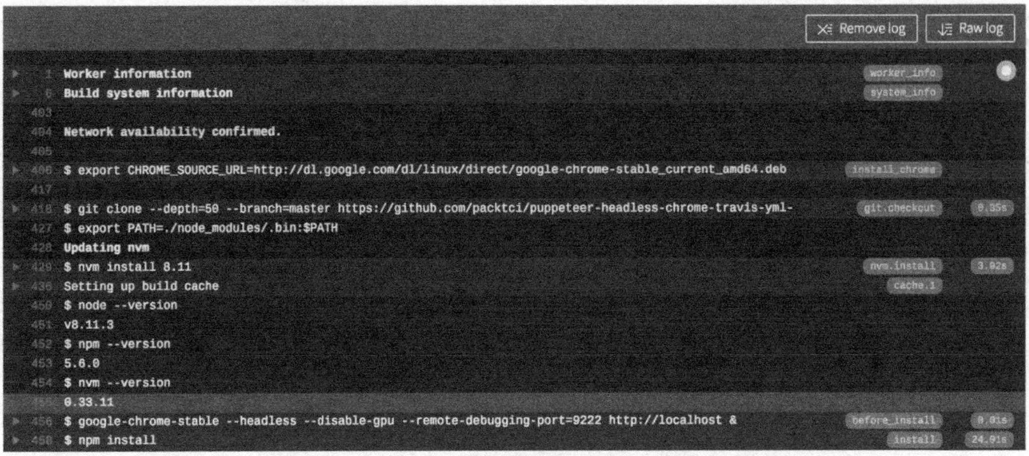

图 9-21

在图 9-22 中，使用了谷歌 Chrome Puppeteer 库运行测试。该测试的退出状态为 0 且成功结束。

图 9-22

9.6　小结

本章涵盖了 Travis CI 的很多内容，包括 Travis CI 与 Jenkins 的区别。本章首先介绍了安装 Travis CI 的先决条件以及为 GitHub 账号添加 SSH 密钥，然后是 Travis CI 构建作业以及 YAML 语法的详细讨论，最后是 Travis YML 脚本的实例、Travis 的构建生命周期和 Docker 等初始化服务以及它们在 Travis CI 中的应用。

9.7 问题

1. Jenkins 和 Travis CI 的主要区别是什么？
2. Travis CI 能在 Bitbucket 中工作吗？
3. 怎样为 Travis CI 添加新的存储库？
4. YAML 中的标量变量是什么？
5. YAML 中的列表是什么？
6. YAML 中的锚点为什么有用？
7. 能在 Travis CI 构建中使用第二种编程语言吗？
8. 在 Travis CI 构建中如何使用 Docker？

第 10 章
Travis CI 命令行命令及自动化

在第 9 章中，你已经学习了如何在软件项目中配置 Travis CI 并描述了使用 Travis CI 的基础知识。本章将帮助你在操作系统中安装 Travis CLI，讨论 Travis CI 中的各种不同命令，例如通用 API 命令、存储库命令以及其他命令，查看 CLI 命令可使用的不同选项以及各个命令的详细意义，通过使用访问令牌和 curl REST 客户端来直接使用 Travis API，简要介绍 Travis Pro 版本和 Travis Enterprise 版本等。

本章涵盖以下内容：
- Travis CLI 的安装；
- Travis CLI 命令。

10.1 技术要求

本章要求读者具有一些基础的 Unix 编程技能以及使用命令行终端应用的知识。如果使用 Windows，则要使用命令提示符或 PowerShell；如果使用 macOS，则要使用默认安装好的终端应用；如果使用 Linux，则相应的终端应用也应当安装完毕或可用。

10.2 Travis CLI 的安装

安装 Travis CLI 的第一个前提条件是在操作系统上安装 Ruby，并确保 Ruby 是 1.9.3 版本或更新版本。

在命令行 shell 或终端执行图 10-1 所示的命令来查看 Ruby 是否已安装。

```
~ ruby -v
ruby 2.4.1p111 (2017-03-22 revision 58053) [x86_64-darwin17]
~
```

图 10-1

10.2.1 在 Windows 上安装

Travis CLI 用户文档推荐使用 RubyInstaller 来在 Windows 上安装最新版本的 Ruby。

在 RubyInstaller 下载网站选择 2.5.1 版本的 Ruby Devkit，确保接受许可协议并选择安装的正确选项。确保要安装开发工具链。

当安装窗口关闭后，一个命令提示符窗口会打开，你需要选择一个选项；你可以直接按回车键来在系统中安装全部的 3 个选项中的内容。安装要花费一点儿时间才能完成。示例中花费了 20 分钟来更新 GPG 密钥，以及安装 Ruby 编程语言所需要的其他依赖，如图 10-2 所示。

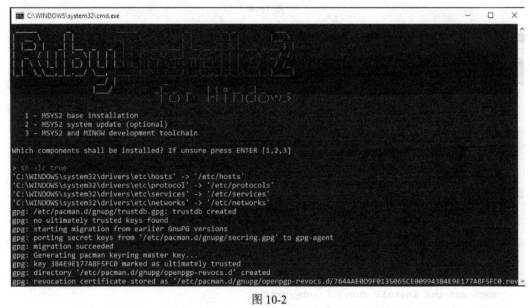

图 10-2

如同预期的那样，示例中已经安装了 2.5.1 版本的 Ruby 环境，如图 10-3 所示。

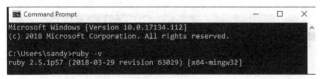

图 10-3

接下来，示例在命令提示符窗口中使用包管理工具 RubyGems 安装了 Travis CLI，如图 10-4 所示。

最后一步，验证 Ruby 组件 Travis CLI 已经安装到系统；输出显示版本为 1.8.8，如图 10-5 所示。

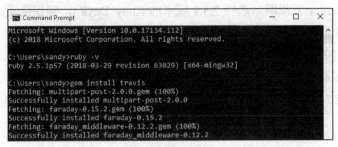

图 10-4

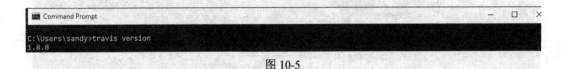

图 10-5

10.2.2　在 Linux 上安装

针对 Linux 有多种不同的安装程序，因此，如何将 Ruby 安装到操作系统取决于 Linux 的类型。示例中将在 DigitalOcean 服务器上的 Ubuntu 14.04 上安装 Ruby 和 Travis CLI。

（1）要在 Ubuntu 上安装 Ruby，可执行如下命令：

```
sudo apt-get install python-software-properties
sudo apt-add-repository ppa:brightbox/ruby-ng
sudo apt-get update
sudo apt-get install ruby2.1 ruby-switch
sudo ruby-switch --set ruby2.1
```

（2）执行图 10-6 所示的命令来确认 Ruby 已安装完成。

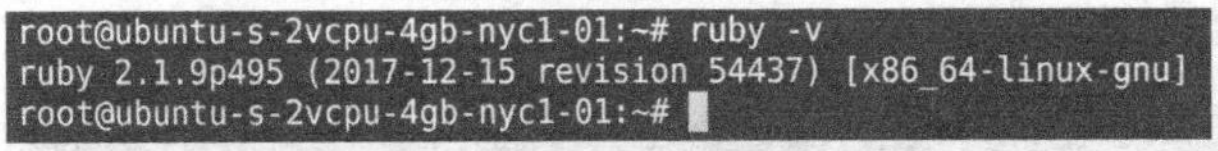

图 10-6

（3）使用如下命令来安装 Travis CLI：

```
gem install travis -v 1.8.8 --no-rdoc --no-ri
```

（4）最后，使用如下命令确认 Travis CLI 已安装完成：

```
travis version
1.8.8
```

10.2.3 在 macOS 上安装

使用如下命令安装 Xcode 命令行工具：

```
xcode-select --install
```

如果已安装 Xcode 命令行工具，读者将在终端中看到图 10-7 所示的信息。

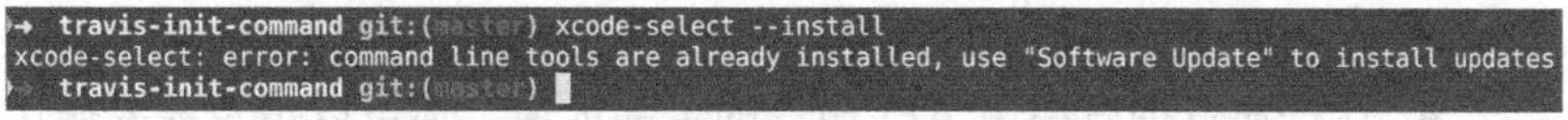

图 10-7

Ruby 已经预装到现行的 macOS 操作系统中，因此只需执行图 10-8 所示的命令安装 Travis CLI 即可。

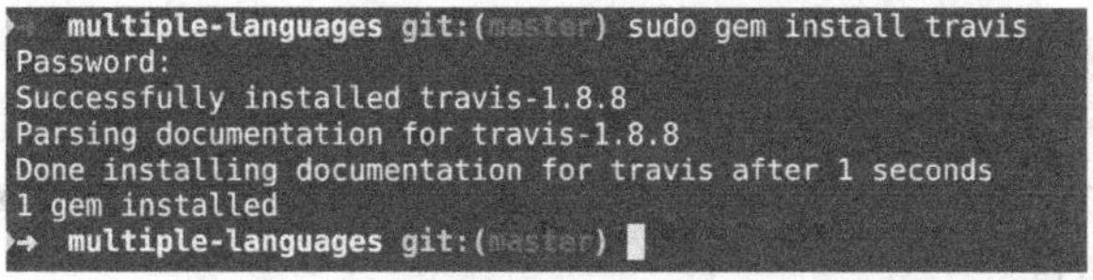

图 10-8

此处使用 sudo 的原因是示例中需要启用管理员权限来安装 Ruby 组。

如果在终端中看到图 10-9 所示的信息，则说明 Travis CLI 已安装完成。

图 10-9

示例中使用的 Travis CLI 版本为 1.8.8，但实际操作中的版本可能不同。

10.3 Travis CLI 命令

Travis CLI 功能齐全，它拥有 GitHub 中的 Travis API 以及以下 3 种不同形式的 CLI 命令。
- 非 API 命令：
  - 非 API 命令文档；
  - 这些命令包括 help 和 version，并不直接作用于 Travis API。
- 通用 API 命令：
  - 通用 API 命令文档；
  - 这些命令直接作用于 Travis API 并继承了非 API 命令的所有选项。
- 存储库命令：
  - 存储库命令文档；
  - 这些命令拥有通用 API 命令的全部选项，你可以指定需要操作的库的使用者或库的名称。

Travis CLI 库是使用 Ruby 编程语言编写的。如果想直接操作它，可在 GitHub 的 Ruby 库中了解更多内容。

本章中的示例将使用第 9 章中创建的 GitHub 账号 packtci 和 Travis CI 账号 packtci。

10.3.1 非 API 命令

非 API 命令包含 help 和 version 命令。这些命令不直接作用于 Travis API，但会输出 Travis CLI 相关的信息。

1．输出帮助信息

help 命令会展示特定命令所包含的参数和选项。

在图 10-10 中，展示了在命令行终端中执行 travis help 命令的输出。

如果想要得到关于特定命令（如 whoami）的帮助，直接在 travis help 命令后加上特定命令的名称再执行即可（如 travis help whoami）。

图 10-11 展示的是 Travis 中的 whoami 命令的详细信息。

2．输出版本信息

version 命令显示当前系统中的 Travis CLI 的客户端版本。图 10-12 所示的例子展示当前 Travis CLI 版本为 1.8.8。

10.3 Travis CLI 命令

```
→ multiple-languages git:(master) travis help
Usage: travis COMMAND ...

Available commands:
        accounts       displays accounts and their subscription status
        branches       displays the most recent build for each branch
        cache          lists or deletes repository caches
        cancel         cancels a job or build
        console        interactive shell
        disable        disables a project
        enable         enables a project
        encrypt        encrypts values for the .travis.yml
        encrypt-file   encrypts a file and adds decryption steps to .travis.yml
        endpoint       displays or changes the API endpoint
        env            show or modify build environment variables
        help           helps you out when in dire need of information
        history        displays a projects build history
        init           generates a .travis.yml and enables the project
        lint           display warnings for a .travis.yml
        login          authenticates against the API and stores the token
        logout         deletes the stored API token
        logs           streams test logs
        monitor        live monitor for what's going on
        open           opens a build or job in the browser
        pubkey         prints out a repository's public key
        raw            makes an (authenticated) API call and prints out the result
        report         generates a report useful for filing issues
        repos          lists repositories the user has certain permissions on
        requests       lists recent requests
        restart        restarts a build or job
        settings       access repository settings
        setup          sets up an addon or deploy target
        show           displays a build or job
        sshkey         checks, updates or deletes an SSH key
        status         checks status of the latest build
        sync           triggers a new sync with GitHub
        token          outputs the secret API token
        version        outputs the client version
        whatsup        lists most recent builds
        whoami         outputs the current user

run `/usr/local/bin/travis help COMMAND` for more infos
→ multiple-languages git:(master)
```

图 10-10

```
→ multiple-languages git:(master) travis help whoami
Outputs the current user.
Usage: travis whoami [OPTIONS]
    -h, --help                       Display help
    -i, --[no-]interactive           be interactive and colorful
    -E, --[no-]explode               don't rescue exceptions
        --skip-version-check         don't check if travis client is up to date
        --skip-completion-check      don't check if auto-completion is set up
    -e, --api-endpoint URL           Travis API server to talk to
    -I, --[no-]insecure              do not verify SSL certificate of API endpoint
        --pro                        short-cut for --api-endpoint 'https://api.travis-ci.com/'
        --org                        short-cut for --api-endpoint 'https://api.travis-ci.org/'
        --staging                    talks to staging system
    -t, --token [ACCESS_TOKEN]       access token to use
        --debug                      show API requests
        --debug-http                 show HTTP(S) exchange
    -X, --enterprise [NAME]          use enterprise setup (optionally takes name for multiple setups)
        --adapter ADAPTER            Faraday adapter to use for HTTP requests
→ multiple-languages git:(master)
```

图 10-11

```
→ multiple-languages git:(master) travis version
1.8.8
→ multiple-languages git:(master)
```

图 10-12

10.3.2 API 命令

API 命令直接作用于 Travis API，有些命令需要合适的访问令牌。可以使用 travis login 命令得到访问令牌。

1. 登录 Travis CI

为了使用 Travis API，login 命令通常是要使用的第一个命令，因为它会通过 Travis API 进行身份验证。

login 命令会要求输入用户名和密码，但并不会把这些数据直接提交给 Travis CI。它使用用户名和密码生成一个 GitHub API 令牌并将令牌提交给 Travis API，然后运行一系列检查程序以确保是本人。相应地，它会给出一个 Travis API 的访问令牌，最后 Travis 客户端会再次删除 GitHub API 令牌。一旦成功执行 travis login 命令，这些步骤就会在后台执行。

图 10-13 显示的是执行 travis accounts 命令时，Travis 发现我们需要登录的情况。

图 10-14 中，执行 travis login 命令并提供 GitHub 用户名和密码。

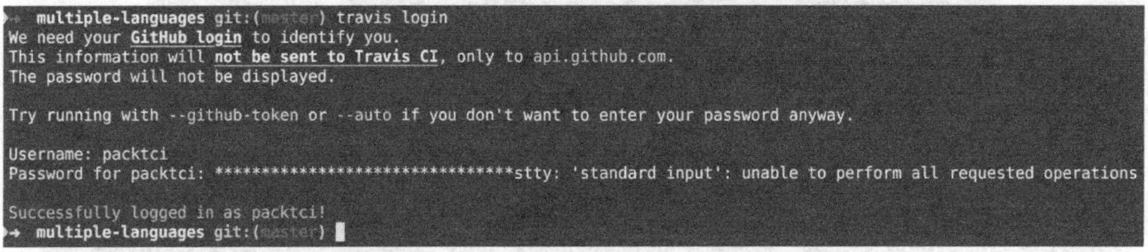

图 10-13

图 10-14

现在已成功登录 Travis CI，Travis CI 提供了一个访问令牌。

2. 显示当前的访问令牌

token 命令能显示当前的访问令牌。图 10-15 中的访问令牌出于安全目的已被遮住。

3. 登出 Travis CI

logout 命令会使你登出 Travis CI 并移除你的访问令牌。

在图 10-16 中，在执行 travis logout 命令后，travis token 命令显示我们需要重新登录。

10.3 Travis CLI 命令

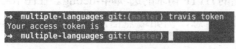

图 10-15　　　　　　　图 10-16

要重新得到一个访问令牌，我们要重新登录到 Travis CI。在图 10-17 中，我们重新登录到了 Travis CI 并得到了另一个访问令牌，这样就可以向 Travis API 下达发出命令。

图 10-17

4. 显示账号信息

accounts 命令用于列出所有你能够为其设置存储库的账号。在前文执行此命令时，Travis 提醒我们需要登录到 Travis 来执行这一命令。在图 10-18 中，Travis 显示我们已经订阅了 Travis 中 4 个不同的存储库。

显示 Travis 命令的帮助信息

图 10-18

执行如下命令可找到 Travis 中特定命令的所有选项：

```
travis help
```

在图 10-19 中，对 accounts 命令执行 help 命令。

图 10-19

示例显示，有一个用于调试向 Travis API 发出的 HTTP 请求的选项叫--debug。在图 10-20 中，我们得到了关于向 Travis 发出的请求的额外信息，例如端点信息 GET "accounts/" {:all=>true}和其他信息等。

```
→ multiple-languages git:(master) travis accounts --debug
** Loading "                                          "
** GET "accounts/" {:all=>true}
**   took 0.13 seconds
packtci (Packtci): subscribed, 4 repositories
** Storing "/Users/jean-marcelbelmont/.travis/config.yml"
→ multiple-languages git:(master)
```

图 10-20

5. 交互式控制台会话

console 命令会将我们带到交互式 Ruby 会话中，并将所有实体导入全局名称空间中，请确保已通过 Travis 进行身份验证并且设置正确。按下 Tab 键并在控制台会话中实现图 10-21 所示的自动完成功能。

```
→ multiple-languages git:(master) travis console
>> User.current
=> #<User: packtci>
>> _.
_.__binding__                 _.instance_exec                 _.pretty_print_instance_variables  _.tap
_.__id__                      _.instance_of?                  _.private_methods                  _.to_a
_.__send__                    _.instance_variable_defined?    _.protected_methods                _.to_c
_.class                       _.instance_variable_get         _.pry                              _.to_enum
_.clone                       _.instance_variable_set         _.psych_to_yaml                    _.to_f
_.define_singleton_method     _.instance_variables            _.public_method                    _.to_h
_.display                     _.is_a?                         _.public_methods                   _.to_i
_.dup                         _.itself                        _.public_send                      _.to_json
_.enum_for                    _.kind_of?                      _.rationalize                      _.to_r
_.eql?                        _.method                        _.remove_instance_variable         _.to_s
_.equal?                      _.methods                       _.respond_to?                      _.to_yaml
_.extend                      _.nil?                          _.send                             _.to_yaml_properties
_.freeze                      _.object_id                     _.singleton_class                  _.trust
_.frozen?                     _.pretty_inspect                _.singleton_method                 _.untaint
_.hash                        _.pretty_print                  _.singleton_methods                _.untrust
_.inspect                     _.pretty_print_cycle            _.taint                            _.untrusted?
_.instance_eval               _.pretty_print_inspect          _.tainted?
>> _.
```

图 10-21

图 10-21 中显示当前登录用户是 packtci。

6. 输出 API 端点信息

endpoint 命令输出正在使用的 API 端点。在图 10-22 中，示例使用了 Travis API 的免费开源版本。

Travis Pro 版本使用 https://api.travis-ci.com 上列出的端点。

7. 在所有 CI 构建正在运行时进行实时监控

monitor 命令会对已登录账号的所有 CI 构建进行实时监控。在图 10-23 中，结果显示目前并没有活动在 Travis CI 中进行。

图 10-22

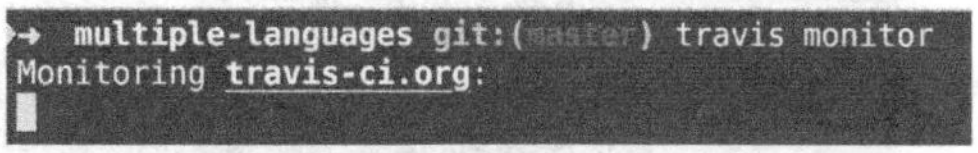

图 10-23

为 puppeteer-headless-chrome-travis-yml-script 存储库运行一个单元测试，并将此更改提交到 GitHub 版本控制系统。在图 10-24 中，已提交了一个更改到存储库。

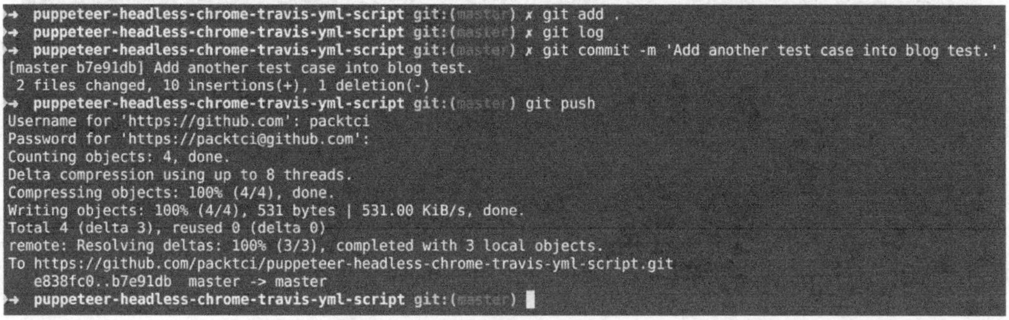

图 10-24

现在，回到 Travis 监视器运行的终端会话，可以看到一个构建已经启动并被通过，如图 10-25 所示。

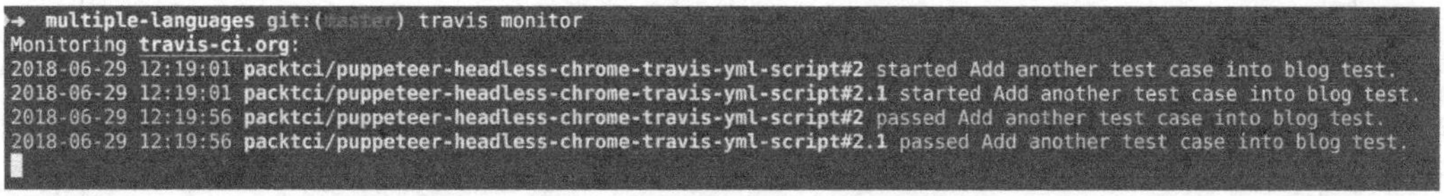

图 10-25

此处我们设置了一个构建作业 2.1。由于我们没有在扩展名为.travis.yml 的文件中指定其他构建作业，Travis CI 将所有的构建作业合并为一个。

8. 发起 Travis API 调用

使用 travis raw RESOURCE 命令来启用 API 调用。请牢记在 Travis CLI 中使用 travis help 命令来获知如何使用特定命令这一点。在图 10-26 中，对 raw 命令执行 help 命令。

```
 multiple-languages git:(master) travis help raw
Makes an (authenticated) API call and prints out the result.
Usage: travis raw RESOURCE [OPTIONS]
    -h, --help                         Display help
    -i, --[no-]interactive             be interactive and colorful
    -E, --[no-]explode                 don't rescue exceptions
        --skip-version-check           don't check if travis client is up to date
        --skip-completion-check        don't check if auto-completion is set up
    -e, --api-endpoint URL             Travis API server to talk to
    -I, --[no-]insecure                do not verify SSL certificate of API endpoint
        --pro                          short-cut for --api-endpoint 'https://api.travis-ci.com/'
        --org                          short-cut for --api-endpoint 'https://api.travis-ci.org/'
        --staging                      talks to staging system
    -t, --token [ACCESS_TOKEN]         access token to use
        --debug                        show API requests
        --debug-http                   show HTTP(S) exchange
    -X, --enterprise [NAME]            use enterprise setup (optionally takes name for multiple setups)
        --adapter ADAPTER              Faraday adapter to use for HTTP requests
        --[no-]json                    display as json
 multiple-languages git:(master)
```

图 10-26

了解如何执行 raw 命令后,向 Travis API 中的以下端点发出请求:

`GET /config`

请确保已经登录并将 Travis CI 授权为 GitHub 的第三方应用。在图 10-27 中,为 GitHub 账号 packtci 授权了 Travis CI。

图 10-27

可以在 Travis CI 的官方网站上查看 Travis CI 的 API 文档。在图 10-28 中，对 /config 端点提交了 GET 请求并在 raw 命令中使用如下两种选项：
- --json；
- --debug。

图 10-28

在不远的将来，Travis API 打算抛弃第 2 版 API 并只支持第 3 版 API。我们可以使用 API Explorer 来对第 3 版 API 发起 REST 调用：

```
GET /owner/{owner.login}
```

在图 10-29 中，使用 API Explorer 对如下端点发起 REST 调用。

图 10-29

然后在图 10-30 所示的输入文本框输入相应的资源。

用 curl 调用第 3 版 REST API

使用 travis token 命令来把访问令牌复制到系统剪贴板：

```
travis token
```

执行 travis endpoint 命令并复制链接：

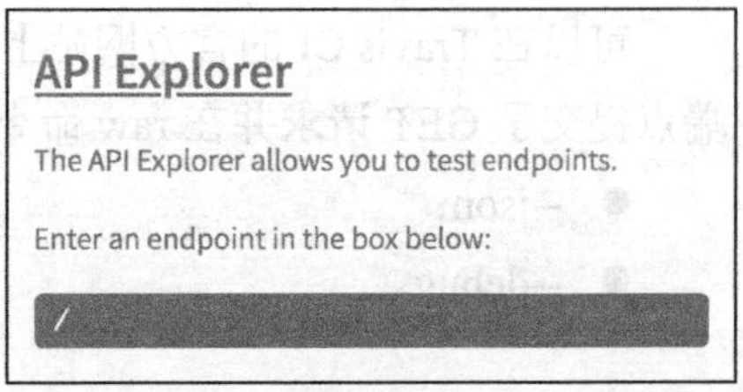

图 10-30

```
travis endpoint
API endpoint: https://api.travis-ci.org/
```

通过如下方式来发起 curl 请求：

```
curl -X GET \
 -H "Content-Type: application/json" \
 -H "Travis-API-Version: 3" \
 -H "Authorization: token $(travis token)" \
https://api.travis-ci.org/repos
```

在此 curl 请求中使用了 travis token 命令，此命令将为这个特定的 HTTP 头返回一个有效的令牌。这个 HTTP 请求将返回一个 JSON 响应净荷。用此加载项来复制特定的存储库 ID，以此来提交如下的 REST 请求，借此找到 functional-summer 存储库的所有环境变量：

```
curl -X GET \
 -H "Content-Type: application/json" \
 -H "Travis-API-Version: 3" \
 -H "Authorization: token $(travis token)" \
https://api.travis-ci.org/repo/19721247/env_vars
```

在此 GET 请求中，我们从 functional-summer 存储库得到了所有的环境变量和如下的 JSON 响应：

```
{
  "@type": "env_vars",
  "@href": "/repo/19721247/env_vars",
  "@representation": "standard",
  "env_vars": [

  ]
}
```

提出 POST 请求，向 functional-summer 存储库添加一个环境变量：

```
curl -X POST \
  -H "Content-Type: application/json" \
  -H "Travis-API-Version: 3" \
  -H "Authorization: token $(travis token)" \
  -d '{ "env_var.name": "MOVIE", "env_var.value": "ROCKY", "env_var.public": false }' \
  https://api.travis-ci.org/repo/19721247/env_vars
```

对环境变量提出 GET 请求时,可以看到,名为 MOVIE 的环境变量已被设置好:

```
curl -X GET \
 -H "Content-Type: application/json" \
 -H "Travis-API-Version: 3" \
 -H "Authorization: token $(travis token)" \
 https://api.travis-ci.org/repo/19721247/env_vars
{
"@type": "env_vars",
"@href": "/repo/19721247/env_vars",
"@representation": "standard",
"env_vars": [
{
"@type": "env_var",
"@href": "/repo/19721247/env_var/1f64fa82-2cad-4270-abdc-13d70fa8faeb",
"@representation": "standard",
"@permissions": {
"read": true,
"write": true
},
"id": "1f64fa82-2cad-4270-abdc-13d70fa8faeb",
"name": "MOVIE",
"public": false
}
]
}
```

9. 输出重要的系统配置信息

如图 10-31 所示,report 命令输出所有重要的系统配置信息。

10. 列出当前登录用户可访问的所有存储库

repos 命令将列出所有正在运行或未运行的存储库并提供一系列可用的选项。在图 10-32 中,使用-m 选项为 GitHub 账号 packtci 匹配所有的存储库。

```
→ multiple-languages git:(master) travis report
System
Ruby:                     Ruby 2.4.1-p111
Operating System:         Mac OS X 10.13.5
RubyGems:                 RubyGems 2.7.7

CLI
Version:                  1.8.8
Plugins:                  none
Auto-Completion:          no
Last Version Check:       2018-06-29 14:37:52 -0400

Session
API Endpoint:             https://api.travis-ci.org/
Logged In:                as "packtci"
Verify SSL:               yes
Enterprise:               no

Endpoints
org:                      https://api.travis-ci.org/ (access token, current)
pro:                      https://api.travis-ci.com/ (access token)

For issues with the command line tool, please visit https://github.com/travis-ci/travis.rb/issues.
For Travis CI in general, go to https://github.com/travis-ci/travis-ci/issues or email support@travis-ci.com.
→ multiple-languages git:(master)
```

图 10-31

```
→ multiple-languages git:(master) travis repos -m 'packtci/*'
packtci/docker-travis-ci-example (active: yes, admin: yes, push: yes, pull: yes)
Description: A travis ci yml script with a dockerfile example

packtci/functional-summer (active: yes, admin: yes, push: yes, pull: yes)
Description: A repository that calculates an average

packtci/multiple-languages (active: yes, admin: yes, push: yes, pull: yes)
Description: A repo with multiple languages in travis yml script

packtci/puppeteer-headless-chrome-travis-yml-script (active: yes, admin: yes, push: yes, pull: yes)
Description: A repo with a headless chrome travis yml script example
→ multiple-languages git:(master)
```

图 10-32

11. 使用 Travis CI 为 GitHub 中所有新的或过时的存储库启用同步

sync 命令帮助你升级 GitHub 中用户的新的或修改过的存储库的信息。示例中，添加了另一个名为 functional-patterns 的存储库。在图 10-33 中，使用 sync 命令来使 Travis CI 找到新的存储库，然后使用 repos 命令来确保该存储库出现在我们可访问的存储库列表中。

```
→ multiple-languages git:(master) travis sync
synchronizing: . done
→ multiple-languages git:(master) travis repos -m 'packtci/*'
packtci/docker-travis-ci-example (active: yes, admin: yes, push: yes, pull: yes)
Description: A travis ci yml script with a dockerfile example
                                                                    添加的新存储库
packtci/functional-patterns (active: no, admin: yes, push: yes, pull: yes)
Description: A library exploring functional patterns

packtci/functional-summer (active: yes, admin: yes, push: yes, pull: yes)
Description: A repository that calculates an average

packtci/multiple-languages (active: yes, admin: yes, push: yes, pull: yes)
Description: A repo with multiple languages in travis yml script

packtci/puppeteer-headless-chrome-travis-yml-script (active: yes, admin: yes, push: yes, pull: yes)
Description: A repo with a headless chrome travis yml script example
```

图 10-33

在第 9 章中，我们单击 **Sync account** 按钮来同步账号中所有的存储库信息，sync 命令可以取代这一步骤。

12．Travis YML 脚本——lint 命令

lint 命令非常有用，它可以检查 Travis YML 脚本是否使用了正确的语法。下面的示例为在前文添加到 GitHub 的 functional-patterns 存储库中创建了一个 Travis YML 脚本。添加如下条目至.travis.yml 脚本中：

```
language: blah

node_js: 8.11
```

现在执行 travis lint 命令来检查语法。在图 10-34 中，Travis 显示我们使用了 blah 的非法赋值并且它会默认变成 ruby。

```
→ functional-patterns git:(master) ✗ travis lint .travis.yml
Warnings for
[x] in language section: illegal value blah, defaulting to ruby
[x] specified node_js, but setting is not relevant for ruby
→ functional-patterns git:(master) ✗
```

图 10-34

修正语言条目为使用 Node.js 并再次执行 travis lint 命令，如图 10-35 所示。

```
→ functional-patterns git:(master) ✗ travis lint .travis.yml
Hooray, .travis.yml looks valid :)
→ functional-patterns git:(master) ✗
```

图 10-35

lint 命令显示现在已在.travis.yml 脚本中有可用的语法。

13．为组织或个人获取当前的构建信息

whatsup 命令显示最近在 Travis 中出现的活动。执行 travis whatsup 命令会显示 Travis CI 中的最近的活动，如图 10-36 所示。

```
→ functional-patterns git:(master) travis whatsup
packtci/puppeteer-headless-chrome-travis-yml-script passed: #2
packtci/docker-travis-ci-example passed: #3
packtci/multiple-languages passed: #2
packtci/functional-summer passed: #1
→ functional-patterns git:(master)
```

图 10-36

在 Travis 账号中只有一个用户 packtci，但你可以在一个 Travis CI 账号下拥有多个用户。因此，使用 whatsup 命令来查看单个用户的存储库会更加有用。如同前文提到的，我们可以使用 help 命令来找到特定命令的更多选项。作为作业，请你使用 help 命令来找到更多选项，借此查看个人的存储库。

14．查找当前登录用户的信息

whoami 命令对于查找 Travis CI 账号中的当前已登录用户非常有用，如图 10-37 所示。

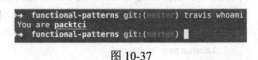

图 10-37

显而易见，whoami 命令结果显示为 packtci。

10.3.3 存储库命令

存储库命令有 API 命令拥有的所有选项，此外，你还可以使用--repo owner/name 选项来指定你想使用的特定存储库。

1．在 Git 版本控制中显示每个分支的最新构建信息

branches 命令可以在 Git 版本控制中显示每个分支的最新构建信息，如图 10-38 所示。

图 10-38

实际执行此命令时，可能会显示更多的分支。

2．列出所有存储库的缓存信息

cache 命令可以列出存储库里所有的缓存信息，如图 10-39 所示。

图 10-39

3．删除指定存储库的缓存信息

如果使用-d、--delete 选项，cache 命令还可以删除存储库中的缓存信息，如图 10-40 所示。

我们会收到一条警告信息，它询问我们是否确认删除缓存信息。

10.3 Travis CLI 命令

图 10-40

4. 在 Travis CI 中启用一个存储库

enable 命令将会启用当前 GitHub 存储库的 Travis CI 服务，如图 10-41 所示。

在第 9 章中，我们需要单击 Travis 网页客户端的滑块来启用存储库，而 enable 命令能够取代这一手动步骤来启用 Travis CI 中的存储库。

5. 在 Travis CI 中禁用一个存储库

disable 命令将会禁用当前 GitHub 存储库的 Travis CI 服务，如图 10-42 所示。

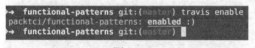

图 10-41

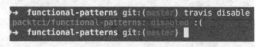

图 10-42

6. 在 Travis CI 中取消最新的构建

可以使用以下命令启用 functional-patterns 存储库：

```
travis enable
```

可以使用如下命令将一次提交推送到存储库：

```
git commit --amend --no-edit
```

先前的 git 命令能让我们重新使用先前用过的 git commit 命令，但还需要输入下列命令：

```
git push -f
```

我们查看一下 Travis CI 中存储库的当前状态，如图 10-43 所示。Travis CI 中构建的正式创建可能要花费一段时间。

在图 10-43 中，我们使用 travis whatsup 命令查看了构建的当前状态。可以看到，packtci/functional-patterns 编号为 1 的作业已经开始。输入 travis cancel 命令并提供参数 1。由于这是当前正在运行的构建，因此这一步并非完全必要，我们可以直接输入 travis cancel 命令。执行 travis whatsup 命令时，输出显示构建已被取消。

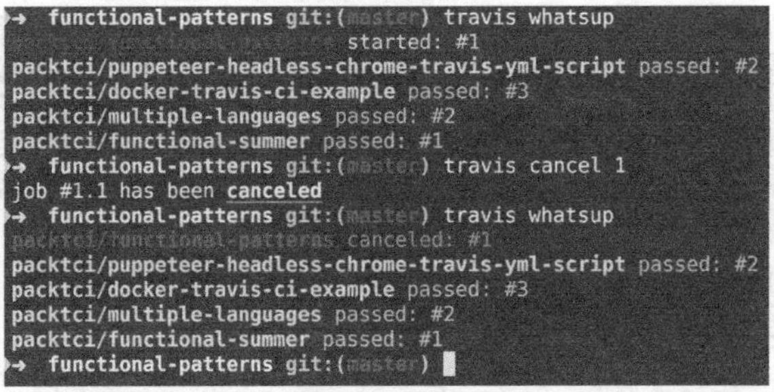

图 10-43

7. 加密环境变量或部署密钥

如果不想将机密数据公开，可以使用 encrypt 命令加密存储在环境变量和/或部署密钥中的机密数据，如图 10-44 所示。

图 10-44

在 Travis CI 中添加环境变量

我们将图 10-44 所示的条目添加到.travis.yml 脚本的 env 代码块中。读者可以在 Travis CI 的官方文档中了解更多有关使用 Travis CI 中的环境变量的信息。总体来说，可以通过在.travis.yml 脚本中添加名为 env 的代码块来添加环境变量。

在下面的示例中，我已经添加了一个样本片段到.travis.yml 脚本：

```
env:
    DB_URL=http://localhost:8078
    global:
        secure:
"DeeYuU76cFvBIZTDTTE+o+lApUl5lY9JZ97pGOixyJ7MCCVQD26m+3iGLCcos0TbvjfAjE+IKT
KZ96CLJkf6DNTeetl3+/VDp91Oa2891meWSgL6ZoDLwG8pCvLxaIg2tAkC26hIT64YKmzEim6OR
QhLdUVUC1oz9BV8ygrcwtTo4Y9C0h7hMuYnrpcSlKsG9B8GfDdi7OSda4Ypn4aFOZ4/N3mQh/bM
Y7h6ai+tcAGzdCAzeoc1i0dw+xwIJ0P2Fg2KOy/d1CqoVBimWyHDxDoaXgmaaBeGIBTXM6birP0
9MHUs2REpEB9b8Z1Q+DzcA+u5EucLrqsm8BYHmyuPhAnUMqYdD4eHPQApQybY+kJP18qf/9/tFT
yD5mH3Slk60ykc/bFaNCi7i4yAe7O8TI/Qyq3LPkHd1XEFDrHasmWwp/4k3m2p5ydDqsyyteJBH
MO/wMDR7gb6T6jVVVmDn0bmurb4CTmiSuzslBS9N5C9QRd5k4XFUbpqTAHm+GtNYOOzRFTTyVH3
wSKBj8xhjPLGZzCXeUxuW72deJ+ofxpTgKs7DM9pcfUShk+Ngykgy6VGhPcuMSTNXQv2w7Hw5/Z
OZJt36ndUNXT0Mc9othq4bCVZBhRiDGoZuz9FSfXIK/kDKm2TjuVhmqZ7T//Y4AfNyQ/spaf8gj
FZvW2u1Cg="
```

[172]

通过使用 global 代码块和将图 10-44 所示条目粘贴进该代码块，我们添加了一个名为 DB_URL 的公共环境变量和一个全局变量。

如果读者愿意，也可以使用--add 选项来自动添加条目。但这样操作的话，.travis.yml 脚本中的所有注释和间距都会消失，因此在执行--add 选项时要格外注意。

8. 加密文件

encrypt-file 命令会使用对称加密（AES-256）来加密一整个文件并将密钥存储在一个文件中。下面的示例中创建了一个名为 secret.txt 的文件并为其添加了如下条目：

```
SECRET_VALUE=ABCDE12345
CLIENT_ID=rocky123
CLIENT_SECRET=abc222222!
```

现在加密该机密文件，如图 10-45 所示。

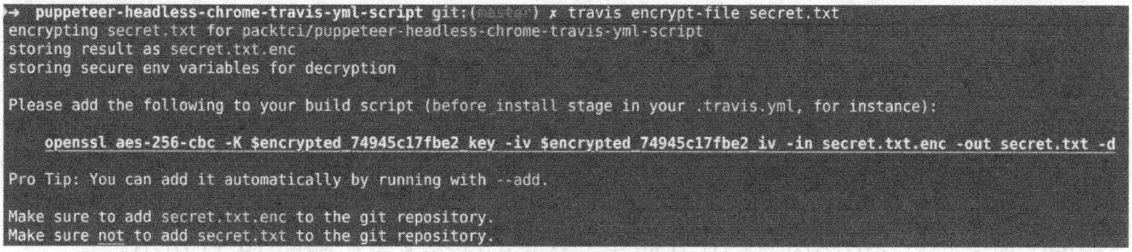

图 10-45

现在将以下条目添加到.travis.yml 脚本中：

```
before_install:
    - openssl aes-256-cbc -K $encrypted_74945c17fbe2_key -iv $encrypted_74945c17fbe2_iv -in secret.txt.enc -out secret.txt -d
```

它稍后可以用于解密机密文件中的信息。

9. 列出环境变量

env 命令可以列出所有存储库的环境变量，如图 10-46 所示。

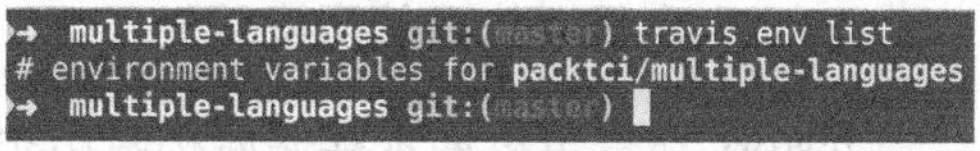

图 10-46

示例中没有为此存储库设置环境变量。

10．设置环境变量

env 命令也可以为存储库设置环境变量，如图 10-47 所示。

```
→ multiple-languages git:(master) travis env set API_URL http://localhost:8078
[+] setting environment variable $API_URL
→ multiple-languages git:(master) travis env list
# environment variables for packtci/multiple-languages
API_URL=[secure]
→ multiple-languages git:(master) 
```

图 10-47

图 10-47 所示的示例中设置了 API_URL 的环境变量，它现在可作为 multiple-languages 存储库的环境变量使用。

11．删除环境变量

env 命令也可以从存储库中移除环境变量，如图 10-48 所示。

```
→ multiple-languages git:(master) travis env unset API_URL
[x] removing environment variable $API_URL
→ multiple-languages git:(master) travis env list
# environment variables for packtci/multiple-languages
→ multiple-languages git:(master) 
```

图 10-48

正如我们所想，travis env 命令显示，目前 multiple-languages 存储库中并未设置环境变量。

12．清除所有的环境变量

env 命令也可以清除所有已在存储库中设置的环境变量，如图 10-49 所示。

```
→ multiple-languages git:(master) travis env set API_URL http://localhost:8078
[+] setting environment variable $API_URL
→ multiple-languages git:(master) travis env set MONGO_URL http://mongo:27017
[+] setting environment variable $MONGO_URL
→ multiple-languages git:(master) travis env list
# environment variables for packtci/multiple-languages
API_URL=[secure]
MONGO_URL=[secure]
→ multiple-languages git:(master) travis env clear
DANGER ZONE: Clear out all env variables for packtci/multiple-languages? |no| yes
[x] removing environment variable $API_URL
[x] removing environment variable $MONGO_URL
→ multiple-languages git:(master) travis env list
# environment variables for packtci/multiple-languages
→ multiple-languages git:(master) 
```

图 10-49

13．列出最近构建的历史信息

history 命令可以展示存储库构建历史，如图 10-50 所示。

```
→ multiple-languages git:(master) travis history
#2 passed:      master Add go and node, tests and a travis yml script.
#1 passed:      master Add go and node, tests and a travis yml script.
→ multiple-languages git:(master) 
```

图 10-50

history 命令默认只显示最近 10 个构建，但我们可以使用--limit 选项来减少或增加显示的构建数量。

14．在项目中初始化 Travis CI

通过生成一个.travis.yml 脚本，init 命令可以帮助我们在项目中设置 Travis CI。示例中已经在 GitHub 中设置了一个新的名为 travis-init-command 的项目。我们可以在此项目的存储库中使用 travis init 命令来设置好 Go 语言环境，如图 10-51 所示。

具体步骤如下。

（1）使用 sync 命令，让 Travis CI 识别到该新存储库。

（2）在 Travis CI 中启用该新存储库。

图 10-51

（3）使用 Go 语言创建一个.travis.yml 脚本。请注意，此时它尚未被识别，因此要使用 Go 再试一次，结果显示成功。

（4）输出新文件的内容。它已经设置语言为 Go 并使用了 Go 语言的两种版本。

15．输出 CI 构建日志信息

logs 命令会输出存储库中 Travis CI 日志的内容。默认地，它会输出最新构建的第一个作业。在下列示例中，在已创建的最近存储库中执行 travis logs 命令。不过下列代码并不会通过 CI 构建，因为存储库中没有可用的 Go 文件：

```
travis logs

displaying logs for packtci/travis-init-command#1.1
Worker information
hostname: fb102913-2cd8-41fb-b69b-7e8488a0aa0a@1.production-1-worker-org-
03-packet
version: v3.8.2
https://github.com/travis-ci/worker/tree/c370f713bb4195cce20cdc6ce3e62f26b8
cf3961
instance: 22589e2 travisci/ci-garnet:packer-1512502276-986baf0 (via amqp)
startup: 1.083854718s
Build system information
```

```
Build language: go
Build group: stable
Build dist: trusty
Build id: 399102978
Job id: 399102980
Runtime kernel version: 4.4.0-112-generic
...
The command "go get -v ./..." failed and exited with 1 during .

Your build has been stopped.
```

此构建失败了，如前文所述，这是因为目前没有可用的 Go 文件。可以指定特定的构建编号或分支来执行 travis logs 命令。可执行 travis help logs 命令获取更多选项。

16．为项目开启 Travis 网页交互界面

open 命令会开启 Travis CI 网页客户端的存储库：

travis open

在 travis-init-command 存储库中执行 travis open 命令将会自动转到链接 https://travis-ci/。如果不想按照默认方式将链接打开为特定的项目视图，也可以使用--print 选项来输出 URL。执行 travis help open 命令来查看更多选项。

17．为存储库输出公共 SSH 密钥信息

pubkey 命令将会输出存储库的公共 SSH 密钥，如图 10-52 所示。

图 10-52

出于安全，示例中移除了公共 SSH 密钥信息。你也可以使用不同的形式来显示密钥。例如，如果你使用--pem 选项，密钥将会以图 10-53 所示形式显示。

执行 travis help pubkey 命令来显示此命令的更多选项，如图 10-54 所示。

18．在 Travis CI 中重启最近的 CI 构建

restart 命令会重启最近的构建，如图 10-55 所示。

```
➜  travis-init-command git:(master) travis pubkey --pem
Public key for packtci/travis-init-command:

-----BEGIN PUBLIC KEY-----
MIICIjANBgkqhkiG9w0BAQEFAAOCAg8AMIICCgKCAgEApluUoAeIx9qR4d+1UQj+
rmL0HiZPD4ZZzET99ksgNoGPcVZEC0z7F9IOT8vOBlb/3IQE0s2s7xQRSimzikRl
UL0rtdM7XxQS+UXnlxI/TW/20JTGs+9Ds7mibxqUH9Y4zRqN7/5fa32H49sbruU+
mEjoK3rrUQnjJTjrnWmV76x+YdJ5vYYpq54tVCBrqSBJ4qqMIFpAiTb49cTitmI8
XYmv96cbAcp+0Ukc8f6gzqPHXJDsHl47ekyuy6sp2i3hgdVQtUilguBgPkxmfLKI
APRDD1sFsuBabChBTEVfOxYjRio4QW1jInfPcBYU8TF6ljZXfB+Yv1ZdqB+oeLyI
qalDRU1vUZjlfTrdDDmUo07Upl0C6NuCxA2p7F/+yMbnrAyzb58YtQsaURjkbXQ0
uZaqcYTOzRm8XwawrEeUOHgJtpUa99Cygj507PMG1gq1UCy8ZRLh5crFn5aSvMPf
6ztzz57ha2cCToDnpEHcfFoK3Vzc9+43KA1vnSAKOULBqEEt5Qp/l8JKesSTOi7z
VMDWrBE+K1B+wLWd7+4rjrBBGkzjNSITVFlW3lqtNA6qdvYkoTldDSRSWmBvnPmu
VKEQI9aWv+XqLkBS720Ka/ZLsDp6du+wClhYhxvoHrzlsXCAj2Gr8rtgNFJ+cMm2
RtVtx1FcGsec3WFUXp8urv8CAwEAAQ==
-----END PUBLIC KEY-----

➜  travis-init-command git:(master) ▌
```

图 10-53

```
➜  travis-init-command git:(master) travis help pubkey
Prints out a repository's public key.
Usage: travis pubkey [OPTIONS]
    -h, --help                       Display help
    -i, --[no-]interactive           be interactive and colorful
    -E, --[no-]explode               don't rescue exceptions
        --skip-version-check         don't check if travis client is up to date
        --skip-completion-check      don't check if auto-completion is set up
    -e, --api-endpoint URL           Travis API server to talk to
    -I, --[no-]insecure              do not verify SSL certificate of API endpoint
        --pro                        short-cut for --api-endpoint 'https://api.travis-ci.com/'
        --com                        short-cut for --api-endpoint 'https://api.travis-ci.com/'
        --org                        short-cut for --api-endpoint 'https://api.travis-ci.org/'
        --staging                    talks to staging system
    -t, --token [ACCESS_TOKEN]       access token to use
        --debug                      show API requests
        --debug-http                 show HTTP(S) exchange
    -X, --enterprise [NAME]          use enterprise setup (optionally takes name for multiple setups)
        --adapter ADAPTER            Faraday adapter to use for HTTP requests
    -r, --repo SLUG                  repository to use (will try to detect from current git clone)
    -R, --store-repo SLUG            like --repo, but remembers value for current directory
    -p, --pem                        encode in format used by pem
    -f, --fingerprint                display fingerprint
➜  travis-init-command git:(master) ▌
```

图 10-54

19. 输出当前 Travis CI 中的构建请求

requests 命令将会列出 Travis CI 收到的所有构建请求。示例中，在为 travis-init-command 存储库设置的构建上执行 travis requests 命令，如图 10-56 所示。

```
➜  travis-init-command git:(master) travis restart
build #1 has been restarted
```

图 10-55

```
➜  travis-init-command git:(master) travis requests
push to master approved (validation pending)
  6609c39 - Add Travis CI to the project.
  received at: 2018-07-02 08:18:16
```

图 10-56

构建仍然显示失败，这是因为存储库中还没有任何可用的 Go 文件。

20. 输出特定的存储库设置

settings 命令会显示存储库的设置，如图 10-57 所示。

```
→ multiple-languages git:(master) travis settings
Settings for packtci/multiple-languages:
    [-] builds_only_with_travis_yml    Only run builds with a .travis.yml
    [+] build_pushes                   Build pushes
    [+] build_pull_requests            Build pull requests
    0 maximum_number_of_builds         Maximum number of concurrent builds
→ multiple-languages git:(master)
```

图 10-57

此处的减号（-）表示该项未启用，加号（+）表示已启用。

travis settings 命令也可以用来启用、禁用和设置相关设置，如图 10-58 所示。

```
→ multiple-languages git:(master) travis settings --enable builds_only_with_travis_yml
Settings for packtci/multiple-languages:
    [+] builds_only_with_travis_yml    Only run builds with a .travis.yml
→ multiple-languages git:(master) travis settings maximum_number_of_builds --set 1
Settings for packtci/multiple-languages:
    1 maximum_number_of_builds         Maximum number of concurrent builds
→ multiple-languages git:(master) travis settings
Settings for packtci/multiple-languages:
    [+] builds_only_with_travis_yml    Only run builds with a .travis.yml
    [+] build_pushes                   Build pushes
    [+] build_pull_requests            Build pull requests
    1 maximum_number_of_builds         Maximum number of concurrent builds
→ multiple-languages git:(master)
```

图 10-58

21. 配置 Travis CI 插件

setup 命令会帮助我们配置 Travis 插件，如图 10-59 所示。

```
→ multiple-languages git:(master) travis setup sauce_connect
Sauce Labs user: jbelmont
Sauce Labs access key: ********
Encrypt access key? |yes| yes
```

图 10-59

读者可以在 Travis CLI 用户文档中查看更多可用的 Travis 插件。

22. 显示当前 CI 构建的通用信息

show 命令默认显示最近运行的 CI 构建的通用信息，如图 10-60 所示。

```
→ multiple-languages git:(master) travis show
Job #2.1:    Add go and node, tests and a travis yml script.
State:       passed
Type:        push
Branch:      master
Compare URL: https://github.com/packtci/multiple-languages/compare/6ef2a990401f...8e6d3ca20e01
Duration:    38 sec
Started:     2018-07-02 08:59:33
Finished:    2018-07-02 09:00:11
Allow Failure: false
Config:      os: linux, env: NODE_VERSION="6"
→ multiple-languages git:(master) travis show 1
Job #1.1:    Add go and node, tests and a travis yml script.
State:       passed
Type:        push
Branch:      master
Compare URL: https://github.com/packtci/multiple-languages/compare/fb4329d77f2e...6ef2a990401f
Duration:    1 min 2 sec
Started:     2018-06-23 11:23:07
Finished:    2018-06-23 11:24:09
Allow Failure: false
Config:      os: linux, env: NODE_VERSION="6"
→ multiple-languages git:(master)
```

图 10-60

第一条 show 命令显示了最近的构建。在第二条 show 命令的执行过程中，示例提供了特定的构建编号。

23. 在 Travis CI 中列出 SSH 密钥

sshkey 命令会检查是否设置了自定义的 SSH 密钥：

`travis sshkey`

 此命令只在 Travis Pro 版本中工作，如果没有 SSH 密钥，会报告未安装自定义的 SSH 密钥。

24. 为当前构建显示状态信息

status 命令会输出一条关于项目最新构建的状态信息，如图 10-61 所示。

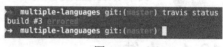

图 10-61

10.3.4 Travis Pro 和 Travis Enterprise 版本的 Travis CI 选项

默认地，通用 API 命令使用 api.travis-ci.org 端点。Travis Pro 拥有一些常规 Travis 账号没有的额外功能，例如使用 travis sshkey 命令等。读者可以在用户文档中了解更多信息。

1. 在 Travis Pro 版本上显示信息的选项

如果将 --pro 选项与通用 API 命令一起使用，则将通过 https://api.travis-ci.com/ 访问 Travis Pro 端点。例如，使用 --pro 选项发出以下请求，将启用 Travis Pro API，如图 10-62 所示。

图 10-62

注意，此处的 Travis Pro 主用户为 travis-ci.com。

2．在 Travis Enterprise 版本上显示信息的选项

如果已安装 Travis Enterprise 版本，则可以使用--enterprise 选项，以便在企业域所在的位置进行访问，如图 10-63 所示。

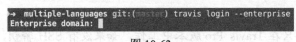

图 10-63

 我未安装 Travis Enterprise，如果读者已安装，可在此处输入自己的域名。

10.4 小结

本章讨论了如何在 Windows、macOS 和 Linux 上安装 Ruby 和 Ruby 组件 Travis CLI，详细介绍了 Travis CLI 命令、命令的多种使用方法以及每种命令带有的相关选项，展示了如何通过 curl REST 客户端直接使用 Travis API，并了解了一些 Travis Pro 版本和 Travis Enterprise 版本中的特性。

第 11 章中将讨论更加先进的注销赋值和调试 Travis CI 的技术。

10.5 问题

1. 根据 Travis 文档，在 Windows 上安装 Ruby 的推荐方式是什么？
2. 要查看已安装的 Travis 的当前版本，你应当使用什么命令？
3. 要查看 Travis CLI 的帮助信息，你应当使用什么命令？
4. 如何使用 Travis CLI 中的通用 API 命令得到访问令牌？
5. 使用第 3 版 Travis API，你需要使用什么 HTTP 头？
6. 如何输出系统配置信息？
7. 哪条命令能够检查 Travis YML 脚本的语法？
8. 哪条命令能帮助你在项目中设置 Travis？

第 11 章
Travis CI UI 日志记录与调试

本章将对 Travis 作业日志和日志中的各个部分进行综述。本章解释如何通过多种方式来调试 Travis 构建作业（包括使用 Docker 进行本地构建和在调试模式下运行构建），讨论多种得到作业 ID 的方式、如何在公共存储库中启用调试模式、如何在调试模式下使用 Travis API 来开始一个新的构建，阐述如何使用 tmate 这一终端多路复用器、如何在 Travis 网页客户端中记录环境变量，最后阐释如何在 Travis CI 中使用 Heroku 来进行部署和调试部署错误。

本章涵盖以下内容：
- 网页客户端概述；
- 使用 Docker 进行本地构建调试；
- 在调试模式下运行构建；
- Travis Web UI 日志；
- Travis CI 部署概述与调试。

11.1 技术要求

本章要求对基本的 Unix 编程技能和脚本编辑知识有一定了解。因为要使用 curl 作为 REST 客户端来对 Travis API 提出请求，所以了解如何使用 RESTful API 也会很有帮助。此外，本章中要使用 Docker 来运行本地构建，所以了解 Docker 和容器也会很有帮助。

11.2 Travis Web 客户端概述

在第 9 章中，我们简要浏览了 Travis CI 的网页仪表盘。在本节中，我们再来看看用户界面的各个不同部分。

11.2.1 主控仪表盘概述

Travis CI 网页客户端中有几个必须要了解的部分，如图 11-1 所示。

图 11-1

在左边的框中，可以分别单击想要查看的存储库。此外，考虑到你或你的组织可能拥有许多不同的存储库，也可以通过搜索存储库的名字来找到该存储库。框中还显示了项目中运行的最后一个构建、它是否被通过以及运行时长和完成时间等构建的详细信息。

在右边的框中，可以找到 Travis 网页客户端的主要导航组件。此处有几个不同的导航标签页，例如 **Current** 标签页（当访问存储库时，该默认标签页为开启状态）。单击 **Branches** 标签页，会看到包括拉取请求在内的所有不同的分支中已被触发的构建。让我们推送一个新分支并在 multiple-languages 存储库中创建一个拉取请求。如图 11-2 所示，可以看到，一个新构建正在运行。

如图 11-3 所示，Travis CI 为刚刚推送的名叫 add-test-case 的新分支自动创建了一个新构建。

我们开启的任意拉取请求都会触发 Travis CI 中的新构建。

此外，当把一个拉取请求合并到另一个分支时，新的 CI 构建也会在 Travis CI 中被触发,如图 11-4 所示。

图 11-2

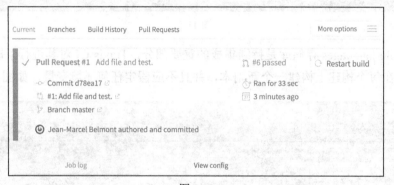

图 11-3

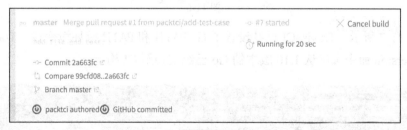

图 11-4

11.2.2 作业日志概述

Travis CI 中的作业日志从构建的系统配置信息开始。

如图 11-5 所示,构建语言被设置为 go,构建操作系统为 Ubuntu 14.04(Trusty)。

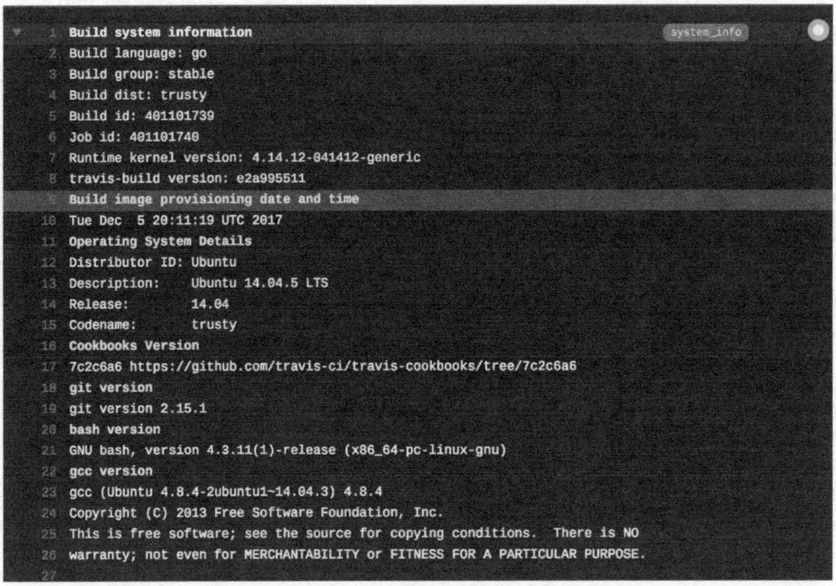

```
  1  Build system information                          system_info
  2  Build language: go
  3  Build group: stable
  4  Build dist: trusty
  5  Build id: 401101739
  6  Job id: 401101740
  7  Runtime kernel version: 4.14.12-041412-generic
  8  travis-build version: e2a995511
  9  Build image provisioning date and time
 10  Tue Dec  5 20:11:19 UTC 2017
 11  Operating System Details
 12  Distributor ID: Ubuntu
 13  Description:    Ubuntu 14.04.5 LTS
 14  Release:        14.04
 15  Codename:       trusty
 16  Cookbooks Version
 17  7c2c6a6 https://github.com/travis-ci/travis-cookbooks/tree/7c2c6a6
 18  git version
 19  git version 2.15.1
 20  bash version
 21  GNU bash, version 4.3.11(1)-release (x86_64-pc-linux-gnu)
 22  gcc version
 23  gcc (Ubuntu 4.8.4-2ubuntu1~14.04.3) 4.8.4
 24  Copyright (C) 2013 Free Software Foundation, Inc.
 25  This is free software; see the source for copying conditions.  There is NO
 26  warranty; not even for MERCHANTABILITY or FITNESS FOR A PARTICULAR PURPOSE.
 27
```

图 11-5

multiple-languages 存储库是持续集成的重要部分，Travis CI 对其进行了即时复制。CI 构建应在每个构建上构建一个新副本，并且不应假定任何环境变量，如图 11-6 所示。

```
403  $ git clone --depth=50 --branch=master https://github.com/packtci/multiple-languages.git packtci/multiple-    git.checkout   0.29s
     languages
404  Cloning into 'packtci/multiple-languages'...
405  remote: Counting objects: 25, done.
406  remote: Compressing objects: 100% (22/22), done.
407  remote: Total 25 (delta 6), reused 17 (delta 3), pack-reused 0
408  Unpacking objects: 100% (25/25), done.
409
410  $ cd packtci/multiple-languages
411  $ git checkout -qf 2a663fc233d3ae3986fd99efc518369ded92ba94
```

图 11-6

如图 11-7 所示，Travis CI 已经设置了 GOPATH 和 PATH 等环境变量。Travis CI 会执行 go version 命令来确认 1.10 版本的 Go 已经安装至 CI 构建。

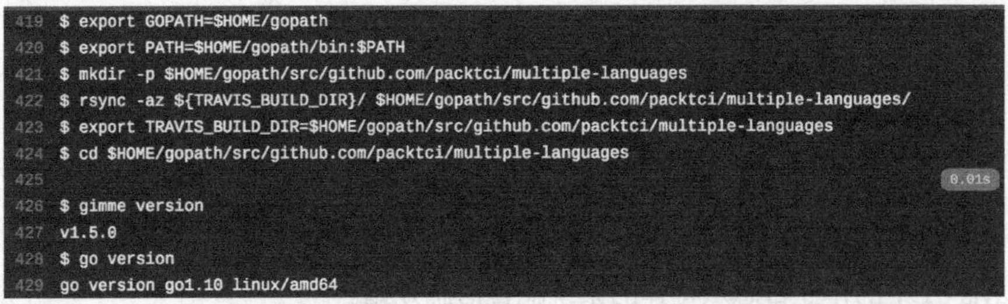

```
419  $ export GOPATH=$HOME/gopath
420  $ export PATH=$HOME/gopath/bin:$PATH
421  $ mkdir -p $HOME/gopath/src/github.com/packtci/multiple-languages
422  $ rsync -az ${TRAVIS_BUILD_DIR}/ $HOME/gopath/src/github.com/packtci/multiple-languages/
423  $ export TRAVIS_BUILD_DIR=$HOME/gopath/src/github.com/packtci/multiple-languages
424  $ cd $HOME/gopath/src/github.com/packtci/multiple-languages
425                                                                                                          0.01s
426  $ gimme version
427  v1.5.0
428  $ go version
429  go version go1.10 linux/amd64
```

图 11-7

在 CI 构建的这一步中，示例将 Node.js 安装为第二编程语言。该步骤并非必要，但请注意，Travis CI 中有一个位于右侧的构建标记，名为 before_install，这是本书在第 9 章中讨论过的一个构建步骤。同时请注意 before_install 和 install 这两个生命周期事件的右侧显示有时间戳，该时间戳显示这两个步骤的实际运行时间为 2.55 秒和 2.88 秒，如图 11-8 所示。

图 11-8

如图 11-9 所示，脚本的构建生命周期没有构建标记，因为这是 CI 构建的主体部分。

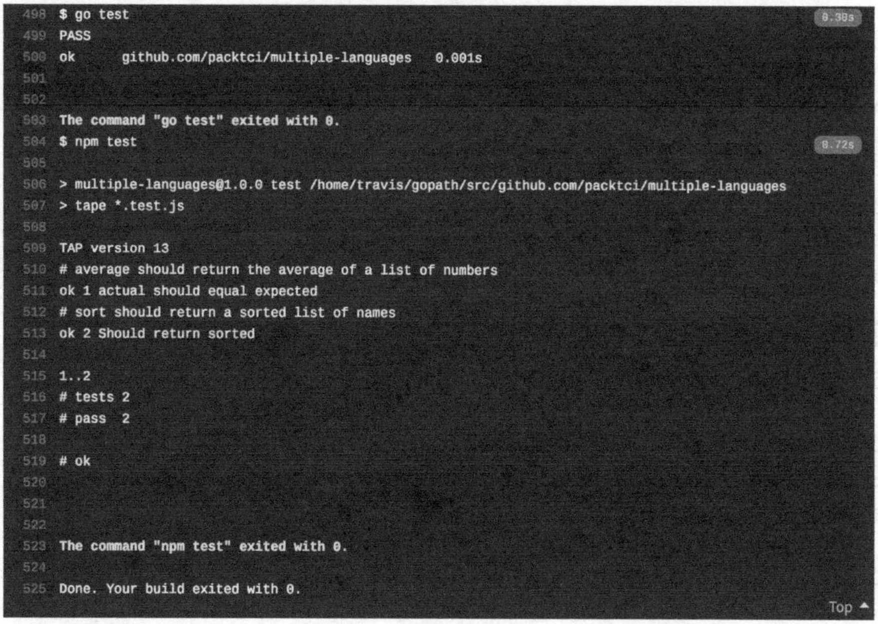

图 11-9

after_success 和 after_script 这类生命周期事件都会有一个构建标记和一个时间戳。

11.3　用 Docker 在本地调试构建

通过拉取在文档链接中的 Docker 镜像，你可以在本地调试一个构建并在 Docker 镜像中进行本地检修。

（1）拉取 Go Docker 镜像。

`docker pull travisci/ci-garnet:packer-1512502276-986baf0`

注意，此处执行 docker pull 命令是为了拉取 Docker 镜像。

（2）开启 Docker 交互式会话，如图 11-10 所示。

```
~ docker run --name travis-debug -dit travisci/ci-garnet:packer-1512502276-986baf0 /sbin/init
f088669a10d42da9c10be963fa48bf4a7b9a282bd56d854b85763a4de1d4630b
→ ~
```

图 11-10

如图 11-10 所示，在分离模式（detached mode）中我们已经执行过一个交互式 shell 会话。

（3）在正在运行的容器中打开一个登录 shell：

`docker exec -it travis-debug bash -l`

此命令使用 Bash shell 来在正在运行的 Docker 容器中开启一个交互式会话。

（4）切换到 Travis 账号：

`su - travis`

通过此命令，我们切换到了 Travis 用户而不是默认的根用户。

（5）将 multiple-languages Git 存储库克隆到主目录中：

```
git clone --depth=50 --branch=master
https://github.com/packtci/multiple-languages
cd multiple-languages
```

此命令将 multiple-languages 存储库克隆到本地 Docker 容器中，然后直接转到该目录。

（6）切换至想要本地测试的 Git 提交。

执行 git log 命令，找到想要签出到本地的提交。大多数情况下我们会签出位于最顶层的 Git 提交。

```
git log
git checkout 2a663fc233d3ae3986fd99efc510369ded92ba94
```

在这一步中，我们要确保仅测试与我们想要测试的变更对应的项。

(7）安装依赖库及第二编程语言：

```
NODE_VERSION="6"
nvm install $NODE_VERSION
npm install
```

在该步骤中，我们使用**节点版本管理器**（node version manager，nvm）将 Node.js 安装为第二编程语言，然后执行 npm install 命令来安装所有的依赖库。

（8）运行脚本构建步骤。

在图 11-11 中，执行 go test 和 npm test 命令来在本地 Docker 容器中模拟脚本构建生命周期事件。

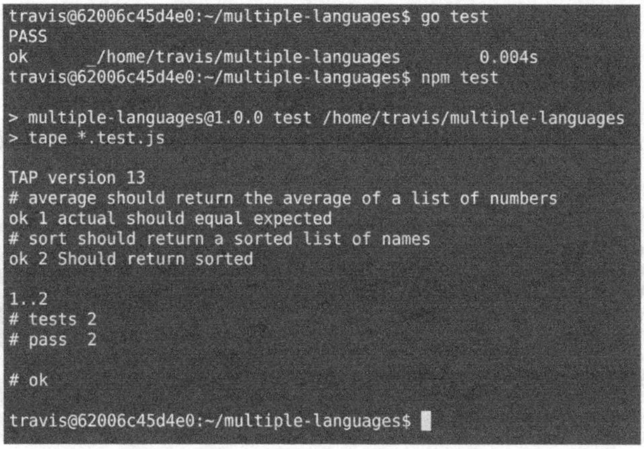

图 11-11

11.4 在调试模式下运行构建

另一项调试构建时间问题的技术是在 Travis CI 中运行调试构建。要开启公共存储库中的此特性，需要发送邮件至 support@travis-ci.com；私有存储库的此项功能默认为开启。这样设置的原因是，任何人都可以查看包含 SSH 访问路径的日志，然后便能连接到虚拟机并有可能读取到机密的环境信息，如客户端 ID、客户端机密等。

11.4.1 从配置页面获取 API 令牌

要在调试模式下通过 API 重启作业，需要向作业的调试端点发送 POST 请求。需要通过添加 Travis CI 令牌到授权头来授权此请求。公共存储库的 API 令牌可以在 Travis CI 配置页面找到。

读者需要访问一个链接，例如 https://travis-ci.org/profile/packtci，然后在配置页面复制自己的 API 令牌，如图 11-12 所示。

读者需要通过自己的 API 令牌使用 REST 客户端，以此来访问调试端点。

图 11-12

使用 Travis CLI 获取令牌

执行如下命令可以使用 Travis CLI 获取令牌：

```
travis token
```

11.4.2 从构建日志获取作业 ID

展开 Build system information 选项并找到 Job id 标签，以此来获取作业 ID。图 11-13 中箭头指向 Job id 标签。

图 11-13

11.4.3 从视图配置按钮的链接中获取作业 ID

单击 **View config**，链接会改变，读者可以直接从链接中复制作业 ID。在图 11-14 中，单击 **View config** 即可。

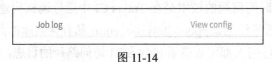

图 11-14

11.4.4 通过直达 /build 端点的 API 请求获取作业 ID

你也可以在 Travis API 中请求 /build 端点来获取作业 ID。要发起 REST 请求，你需要提出 GET 请求并提供有效的访问令牌。此处是使用 curl REST 客户端的示例。

```
curl -s -X GET \
  -H "Content-Type: application/json" \
  -H "Accept: application/json" \
  -H "Travis-API-Version: 3" \
  -H "Authorization: token $(travis token)" \
  -d '{ "quiet": true }' \
  https://api.travis-ci.org/builds
```

这将取回所有与该存储库相关联的构建，这些构建可能变成一个巨大的 JSON 净荷。可以使用 jq 命令行 JSON 处理程序来过滤作业 ID 信息。在图 11-15 中，同样的 REST 请求将 JSON 净荷输入可用的 jq 命令行实用程序中来过滤与构建相对应的作业 ID。

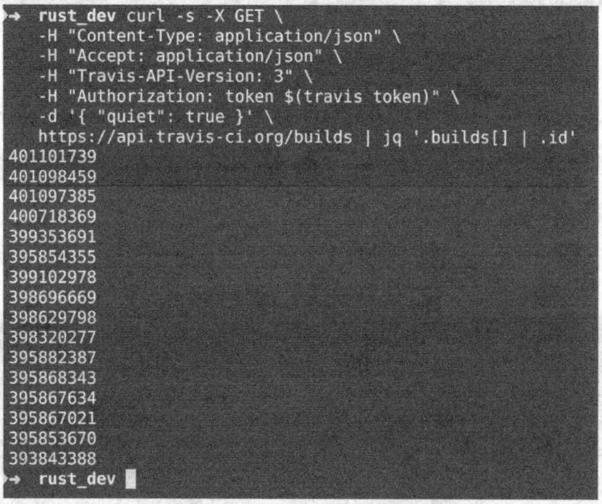

图 11-15

11.4.5 在调试模式下调用 API 来开始构建作业

只要拥有合法的访问令牌，就可以使用任何 REST 客户端来调用 Travis API。

图 11-16 提供了一个示例，对作业 ID 为 401101740 的调试端点进行 REST 调用。

图 11-16 中添加了 Authorization HTTP 头，并通过 Bash 字符串插值来使用 Travis CLI 输出访问令牌：

```
Authorization: token $(travis token)
```

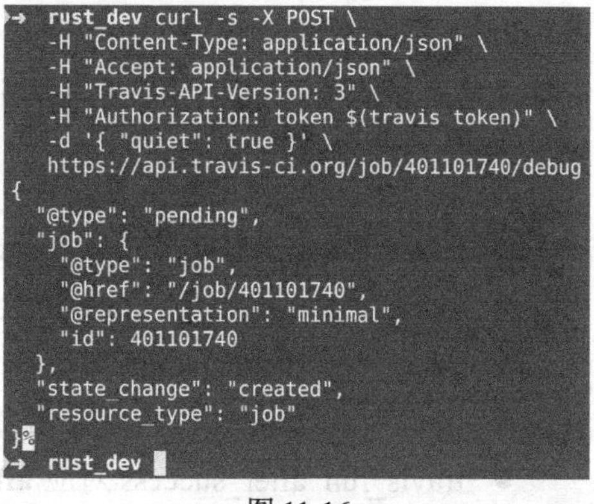

图 11-16

示例还使用了公共 Travis 端点：https://api.travis-ci.org/。

11.4.6 在调试模式下启用 SSH 会话

返回 Travis 网页 UI 查看当前作业日志，会看到图 11-17 所示的界面。

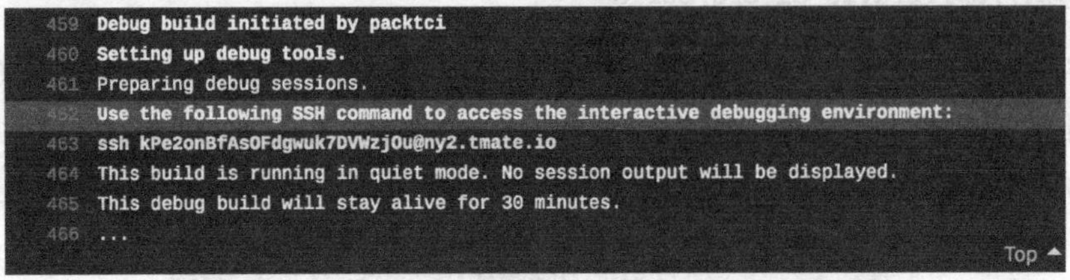

图 11-17

直接前往命令提示符窗口或终端会话并输入 ssh 命令，以此来开启当前构建的交互式调试会话，如图 11-18 所示。

图 11-18

调试模式的 SSH 会话只会持续 30 分钟，之后需要提出另一个 API 请求来开启另一个调试会话，如图 11-19 所示。

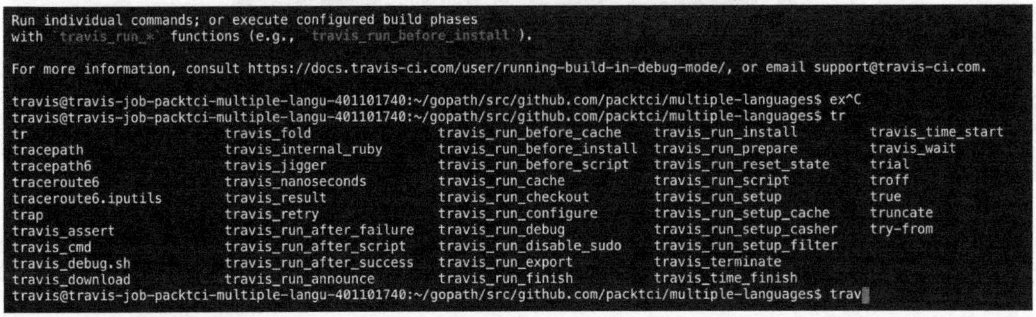

图 11-19

11.4.7 Travis 调试模式中的便捷 Bash 函数

下面是可用的便捷函数清单。

- travis_run_before_install 对应 **before_install** 生命周期事件。
- travis_run_install 对应 **install** 生命周期事件。
- travis_run_before_script 对应 **before_script** 生命周期事件。
- travis_run_script 对应 **script** 生命周期事件。
- travis_run_after_success 对应 **after_success** 生命周期事件。

11.4 在调试模式下运行构建

- travis_run_after_failure 对应 **after_failure** 生命周期事件。
- travis_run_after_script 对应 **after_script** 生命周期事件。

图 11-20 所示为运行 travis_run_before_install 函数。

```
travis@travis-job-packtci-multiple-langu-401101740:~/gopath/src/github.com/packtci/multiple-languages$ travis_run_before_install
$ nvm install $NODE_VERSION
Downloading and installing node v6.14.3...
Downloading https://nodejs.org/dist/v6.14.3/node-v6.14.3-linux-x64.tar.xz...
############################################################ 100.0%
Computing checksum with sha256sum
Checksums matched!
Now using node v6.14.3 (npm v3.10.10)
travis@travis-job-packtci-multiple-langu-401101740:~/gopath/src/github.com/packtci/multiple-languages$
```

图 11-20

图 11-20 中运行的是在 before_install 生命周期事件中指定的内容，该内容在 multiple-languages 存储库中有如下条目：

```
before_install:
  - nvm install $NODE_VERSION
```

现在运行 travis_run_install 便捷 Bash 函数，这将安装在 Travis install 生命周期事件中指定的依赖库，如图 11-21 所示。

```
travis@travis-job-packtci-multiple-langu-401101740:~/gopath/src/github.com/packtci/multiple-languages$ travis_run_install
$ npm install
multiple-languages@1.0.0 /home/travis/gopath/src/github.com/packtci/multiple-languages
└─┬ tape@4.9.1
  ├── deep-equal@1.0.1
  ├── defined@1.0.0
  ├─┬ for-each@0.3.3
  │ └── is-callable@1.1.4
  ├── function-bind@1.1.1
  ├── glob@7.1.2
  │ └── fs.realpath@1.0.0
  ├─┬ inflight@1.0.6
  │ └── wrappy@1.0.2
  ├─┬ minimatch@3.0.4
  │ └─┬ brace-expansion@1.1.11
  │   ├── balanced-match@1.0.0
  │   └── concat-map@0.0.1
  ├── once@1.4.0
  ├── path-is-absolute@1.0.1
  ├── has@1.0.3
  ├── inherits@2.0.3
  ├── minimist@1.2.0
  ├── object-inspect@1.6.0
  ├─┬ resolve@1.7.1
  │ └── path-parse@1.0.5
  ├── resumer@0.0.0
  ├─┬ string.prototype.trim@1.1.2
  │ ├── define-properties@1.1.2
  │ ├── foreach@2.0.5
  │ └── object-keys@1.0.12
  ├─┬ es-abstract@1.12.0
  │ ├── es-to-primitive@1.1.1
  │ ├── is-date-object@1.0.1
  │ ├── is-symbol@1.0.1
  │ └── is-regex@1.0.4
  └── through@2.3.8
travis@travis-job-packtci-multiple-langu-401101740:~/gopath/src/github.com/packtci/multiple-languages$
```

图 11-21

在 multiple-languages 存储库 Travis YML 脚本中的 install 生命周期事件有如下条目。

```
install:
    - npm install
```

上述条目正是运行 travis_run_install 便捷函数时，程序中运行的条目。

现在运行便捷函数，这将运行 Travis script 生命周期事件中被指定的所有脚本，如图 11-22 所示。

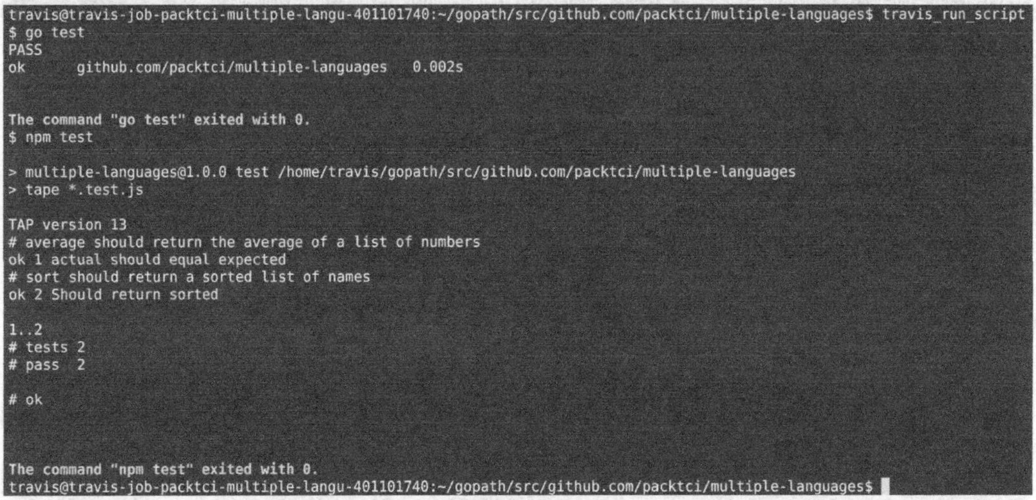

图 11-22

在 multiple-languages 存储库的 Travis YML 脚本的 script 生命周期事件中有如下条目。

```
script:
    - go test
    - npm test
```

如果指定了其他的生命周期事件，也可以使用其他的便捷功能。

11.4.8　tmate shell 会话操作

SSH 程序会话使用一整套多路复用器（tmux），这是一种叫作 tmate 的终端多路复用器程序。使用它可以打开 Windows 操作系统，浏览历史记录并使用其他更多功能。

- 按 Ctrl+B+[键可以在命令历史中上下滚动查看，如图 11-23 所示。
- 要退出历史浏览模式按 Q 键。

图 11-23

- 按 Ctrl+B+C 键可以创建新的工作窗口。
- 按 Ctrl+B+*[0..9]*键，可以切换至已创建的任意新窗口。例如按 Ctrl+B+0、Ctrl+B+1 键等来切换至不同的窗口。

11.5 Travis Web UI 日志

你可以注销 Travis CI 中的某些环境变量，但注意不要错误地注销了日志中的机密信息。

Travis CI 用来保护特定的环境变量的步骤

默认地，Travis CI 会隐藏令牌和环境变量等变量并在原有位置显示字符串[secure]。前往构建#3，将看到图 11-24 所示的内容。

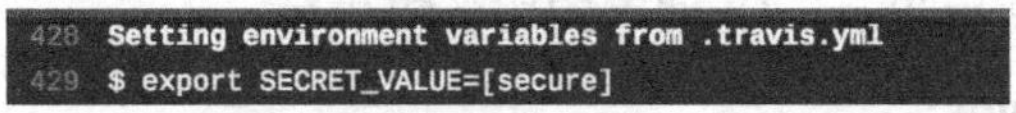

```
428  Setting environment variables from .travis.yml
429  $ export SECRET_VALUE=[secure]
```

图 11-24

在第 10 章中，我们添加了如下加密过的环境变量到存储库中：

`travis encrypt SECRET_VALUE=SuperSecret12345 --add`

这条命令向 Travis YML 脚本中添加了如下内容：

```
env:
    global:
        secure:
WLiuzi0CTx/ta5zuoU5K2LeZgzrAhWATUjngx++Azz7Tw4+XqbxeHZ/6ITymE1YLDRMxdIh8hIt
vkoNCbPmJ6q1To6bdirloWZq2rlZ5BPGYfVY3cuoUuxTAz1uhhfnngkqd76eJfB4lBUfOIVNAg2
rpI7QFAQr1aiIKxjthiTms57fR4dusEi/efVO90I7yzFtyxEa0tLTgW9x+dPSt2ApmJ0EP9tftk
7M7Uw/F2Gm1/AzWpM1Blklm/iEHF3ZY6Ij/V+ZG2SCpfrF88m50a8nJF1a+KttZz/TTbwqA58dX
NokxcD30HB468/oaGMTJxYLFmG3QMfbXuP2wUkuinIEWQxGBEDh3uw11ZhypCGVNvE6vbRpdIIz
ywcVcX95G1px+Dgcil+c8AebO1wbW1DXMuWNQHC7JjdQspvLUtsLeyyei3LKshTY7LktvhJEG/+
sgd5sejeqnzFmLmC9TdbCazLMFWzqh1+SBcmQtFNVuqAGBlMF1T1154zFnZl7mixetVeBziuS7x
GG3XXm0BsYIQnkcJYxNGv8JrFMSoqBTdQV4C20UyyXAw8s+51u6dGziiMPSUK4KUSVPJ3hyeNiG
hLTBsJn4bnTPiJ5i1VdyNM8RD8X2EJRImT3uvGvuFqHraCBrBuZVaW4RtbGX0JYYtMMMr/P84jK
rNC3iFD8=
```

在 Travis 作业日志中会使用字符串[secure]来代替这个环境变量。

11.6 Travis CI 部署概述与调试

第 3 章中讨论了软件部署，此处再次强调，部署后的软件才是终端用户会使用的终端产品。通常，部署工作会在 CI/CD 流水线成功完成后才会进行。请记住，CI/CD 流水线可以包含一个提交阶段，在该阶段中将构建任意二进制文件，并运行一个单元测试套件；然后是第二阶段，在此阶段中可以运行集成测试；随后是一个由负载测试和/或安全测试组成的第三阶段；最后是由一系列验收测试组成的第四阶段。只有当 CI/CD 流水线的所有阶段都成功完成，流水线部署才会被启用。

Travis CI 中的部署相对简单。可以使用 Travis CI 的终端 Travis CLI 来设置一些部署工具。

11.6.1 支持 Travis CI 的服务提供商

下面是一些支持使用 Travis CI 部署的服务提供商：
- AWS CodeDeploy；
- AWS Elastic Beanstalk；
- AWS Lambda；
- Amazon S3；
- Azure Web App；
- Bluemix Cloud Foundry；
- Chef Supermarket；
- Cloud Foundry；
- GitHub Pages；
- GitHub Releases；
- Google App Engine；
- Google Cloud Storage；
- Google Firebase；
- Heroku；
- OpenShift；
- npm；
- Surge.sh。

查阅 Travis 用户文档，可以获取完整的服务提供商清单。

11.6.2 在 Travis CI 中设置 Heroku

可以使用 Travis CLI 在 multiple-languages 存储库中设置 Heroku。

首先，需要下载并安装 Heroku CLI，然后确保已使用 Heroku CLI 登录到 Heroku。登录后将自动获取一个可用的访问令牌，使用 heroku auth:token 命令输出访问令牌，如图 11-25 所示。

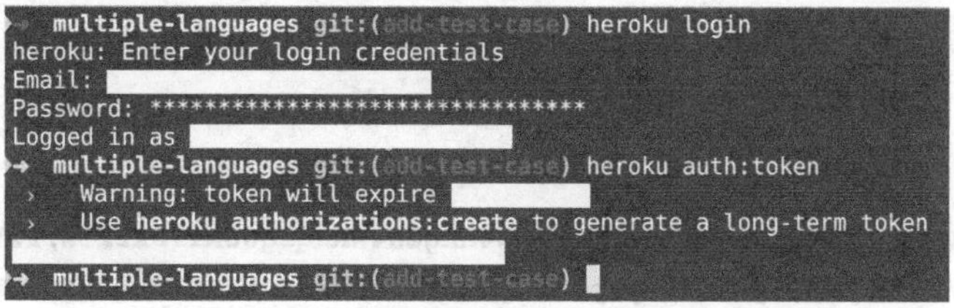

图 11-25

然后只需使用 travis setup 命令来完成设置，如图 11-26 所示。

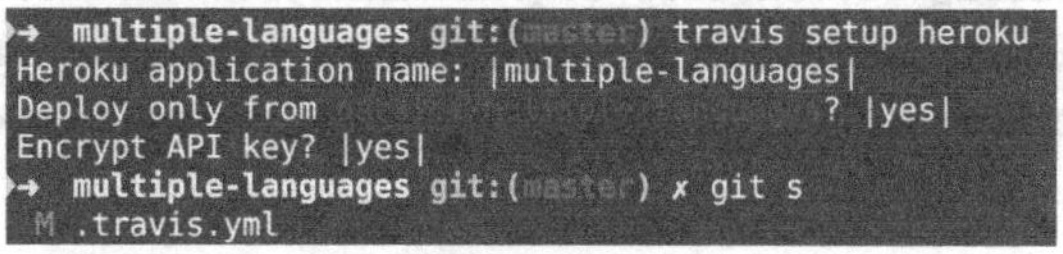

图 11-26

此处无须提供访问令牌，因为我们已经登录 Heroku，travis setup 命令会自动抓取访问令牌。

travis setup 命令使用 Heroku 供应商信息自动更新了 Travis YML 脚本，现在示例的 Travis YML 脚本如下：

```
language: go

go:
 - '1.10'

env:
 - NODE_VERSION="6"

before_install:
```

```
  - nvm install $NODE_VERSION

install:
  - npm install

script:
  - go test
  - npm test

deploy:
  provider: heroku
  api_key:
    secure:
ueVMBom+3LHS4xhXXi9hbPR8FIIS/z01Z7NW4hngea4WRHq3gU8AY70xz25w/FshMPtaHeCUdZ9
0eDDvLF5/hwI+9zup/XI4gONiTTOpxpiY3EyHkpP2frra0sdSQhYBHETsq4hEQxODE83ClQjx2jC
KM3LOTdzI6wrKXpI5UtoD73yIa7AbKCxl8IXGIeNePImyLe6Wl7ovfxqlzcXz5c6Tu6uIqO2Vwk
vILrQKB41Id6VQN1MpfY1kQMASuRwaiJQ8HCmi0NP8A067v0s83OM9bNVK+KXDTLsVyrovnpidU
nVS/Gk2QDNz0Or5xEIM2iXCsQDoa8jGNSCNfPcXq3aYtl2hjgDSVnz28EoxYRBmx365UxzwRVps
gdf1b+sCfd9FBJge7xZqTCGwimoBJvrQH0qvgYzQ855EvmtEyBU5t0JRmU8x/Z74KryO24YHD/h
SY0a1REPCnZqjBkBS5FHQprIJm5XQabwU/IOqPMdM1KvMYj34N+dxK0X92sf0TLSAv3/62oquQ7
Lkhjl4nAsEa05v+kQNMQdLemYFBZi8/Qf6a4YQPNmLXmKwis1FLTzicccwPE8qJ2H3wPQRQUUZV
YQxgjUkh5ni6ikqCkxmZRnNJgCbTWhw3ip1xaWjmm6jtvMhiWiUr6vDgIbvbty120ySBIe3k2P5
ARW77fOA=

  app: multiple-languages
  on:
    repo: packtci/multiple-languages
```

11.6.3 调试 Travis YML 脚本中的错误

查看 multiple-languages 项目的构建 8.1，如图 11-27 所示，可以看到它因错误而退出，这是因为 Heroku 中实际上并没有名为 multiple-languages 的应用。

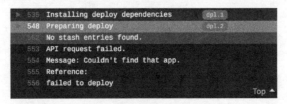

图 11-27

如图 11-28 所示，在 Heroku 中创建一个名为 multiple-languages 的应用即可。

图 11-28

使用 travis restart 命令重启该构建,如图 11-29 所示。

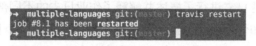

图 11-29

再次查看构建 8.1 的作业日志,如图 11-30 所示。

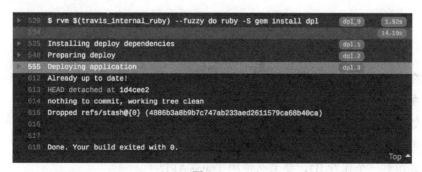

图 11-30

此时查看 Heroku 仪表盘,可以看到该应用已被成功部署到 Heroku 中,如图 11-31 所示。

图 11-31

11.7 小结

本章对 Travis 作业日志进行了概述并解释了作业日志的不同部分，使用了 Docker 本地运行构建并讲解了如何使用 Travis API 在调试模式下启用一个构建，浏览了作业日志中 Travis CI 用来保护机密和密钥的步骤，最后探讨了如何使用 Travis CLI 在 Travis CI 中配置应用，以及如何调试构建错误并在 Travis CI 中进行正确的部署。

第 12 章中将解释如何在软件项目中安装 CircleCI CLI 并介绍 CircleCI UI 的基础知识。

11.8 问题

1. 在 GitHub 中合并拉取请求时，另一个构建是否会开始？
2. 在脚本生命周期中运行任意脚本时，Travis 作业日志是否会显示标签？
3. 如何在 Travis CI 中本地调试一个构建？
4. 可以在公共存储库使用构建调试模式吗？
5. 要得到一个作业 ID，要怎么使用 Travis API？
6. 在调试模式下运行一个构建时，可以在 before_install 生命周期中使用的便捷函数是什么？
7. 要设置诸如 Heroku 之类的插件来进行部署，需要使用什么 Travis CLI 命令？

第 12 章
CircleCI 的安装与基础

第 11 章展示了如何在本地调试 Travis CI 项目，并对 Travis CI 的 Web 界面做了更详细的介绍，还谈到了如何在 Travis CI 中进行日志记录。本章将介绍如何设置 CircleCI，说明如何创建 Bitbucket 账号，并将详细介绍如何在新的 CircleCI 账号上设置 GitHub 和 Bitbucket。我们将在 Bitbucket 中创建一个简单的 Java 项目，并为其运行 CircleCI 构建。我们还将讨论如何浏览 Bitbucket UI。最后，我们将创建新的 GitHub 存储库并讨论 CircleCI YML 脚本，该脚本将通过 Docker 镜像安装 Go 语言并运行单元测试。

本章涵盖以下内容：
- CircleCI 简介；
- 比较 CircleCI 和 Jenkins；
- 使用 CircleCI 的先决条件；
- 在 GitHub 中设置 CircleCI；
- 在 Bitbucket 中设置 CircleCI；
- CircleCI 配置概述。

12.1 技术要求

本章需要读者具有一些基本的编程能力，并将使用一些将要讨论到的持续集成与持续交付的概念。尝试自己创建一个 Bitbucket 账号和一个 CircleCI 账号将会很有帮助。你可以按照 12.4 节中的步骤进行操作。我们使用 Maven 创建一个基础的 Java 应用，这有助于理解一些 Java 的基本编程概念。不过只要你了解任意一种编程语言，就应该可以继续学习。具有基本的 Git 和 Unix 知识将非常有帮助。

12.2 CircleCI 简介

CircleCI 是用于**持续集成**构建的托管和自动化解决方案。CircleCI 使用了一种在应用程序内的采用 YAML 语法的配置文件，例如在第 9 章～第 11 章中讨论过的 Travis YML 脚本。CircleCI 托管在云上，它的优势在于可以在其他环境中快速设置并在不同的操作系统中使用，而且不必像 Jenkins 那样担心设置和安装。因此，设置 CircleCI 的速度要比 Jenkins 快。

12.3 比较 CircleCI 和 Jenkins

Jenkins 是自包含且开源的自动化服务器，它是可定制的，且需要在组织级别进行设置和配置。在第 5 章，我们花了一些时间在 Windows、Linux 和 macOS 上安装 Jenkins，还根据需要配置 Jenkins。虽然这对于在运营、DevOps 等方面拥有专门团队的软件公司来说非常有用，但对于开源项目没有那么好。在开源项目中，常常只有单独的开发者为其个人项目设置环境。

CircleCI 的设计遵循开源开发且易于使用的原则，它可以在 GitHub 和 Bitbucket 平台上通过用很短的时间创建项目来进行设置。虽然 CircleCI 不如 Jenkins 那样可定制，但它具有快速设置的明显优势。不同于 Jenkins，CircleCI 使用了在应用内的采用 YAML 语法的配置文件，并且可以在 GitHub 和 Bitbucket 平台上使用。

12.4 使用 CircleCI 的先决条件

为了使用 CircleCI，需要创建一个 GitHub 账号或者一个 Bitbucket 账号。

12.4.1 创建 GitHub 账号

9.3.1 节中已详细讨论了如何创建 GitHub 账号。

12.4.2 创建 Bitbucket 账号

我们将创建一个 Bitbucket 账号，并再次用 packtci 作为用户名，如图 12-1 所示。单击 **Continue** 按钮后，将跳转到图 12-2 所示的页面。

12.4 使用 CircleCI 的先决条件

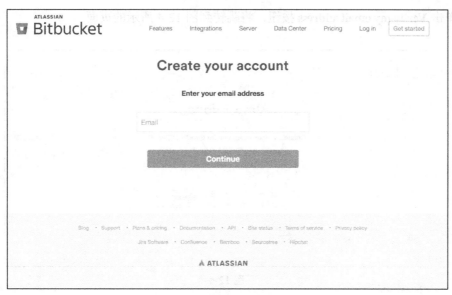

图 12-1

需要输入全名和密码,并且上一个页面中提供的电子邮件地址已经设置好。单击 **Continue** 按钮,将收到 Bitbucket 新账号的验证邮件,如图 12-3 所示。

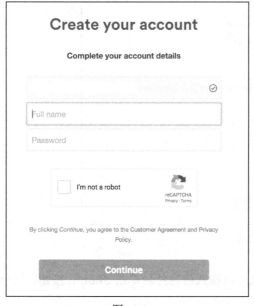

图 12-2

图 12-3

单击 **Verify my email address** 按钮，将跳转到图 12-4 所示的页面。

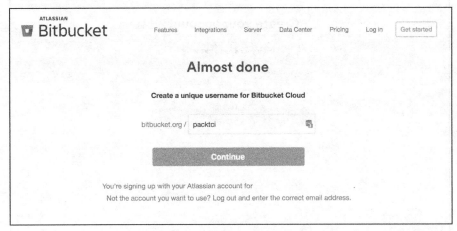

图 12-4

必须为 Bitbucket 新账号提供唯一的用户名，不能使用任何现有的用户名。单击 **Continue** 按钮，跳转到图 12-5 所示的页面。

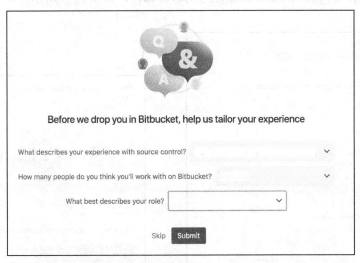

图 12-5

可以通过单击 **Skip** 按钮跳过本步骤，也可以输入信息然后单击 **Submit** 按钮，跳转到图 12-6 所示的页面。

12.4 使用 CircleCI 的先决条件

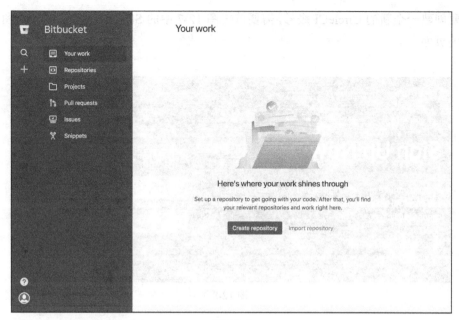

图 12-6

12.4.3 创建 CircleCI 账号

要使用 CircleCI，需要先创建一个 CircleCI 账号，并且可以使用 GitHub 的登录凭据或 Bitbucket 的登录凭据。

访问 CircleCI 官方网站，首页如图 12-7 所示。

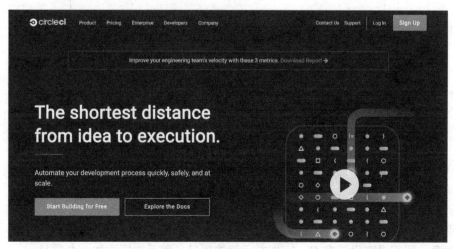

图 12-7

要创建一个新的 CircleCI 账号,需要单击图 12-7 中的 **Sign Up** 按钮,跳转到图 12-8 所示的页面。

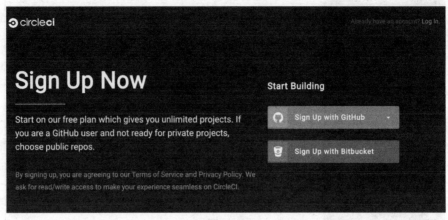

图 12-8

可以选择任意一个注册,我们在此处选择 **Sign Up with Bitbucket**。单击该按钮,跳转到图 12-9 所示的页面。

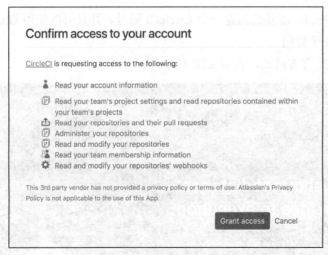

图 12-9

单击 **Grant access**,跳转到图 12-10 所示的页面。
注意,我们没有设置在 CircleCI 中运行的项目,稍后需要添加一个项目。

12.4 使用 CircleCI 的先决条件

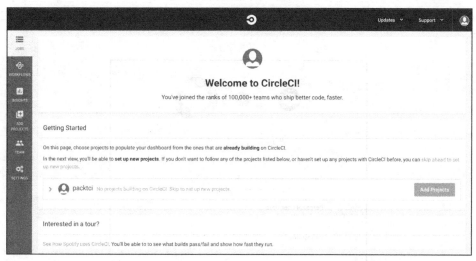

图 12-10

即使注册了新的 Bitbucket 账号，我们仍然可以将 GitHub 账号连接到新的 CircleCI 账号。单击图 12-11 右上角的用户头像，然后单击 **User settings** 即可。

单击 **User settings** 后，将跳转到显示 **Account Integrations** 的页面。需要单击 **Connect** 按钮将 GitHub 账号连接到 CircleCI，如图 12-12 所示。

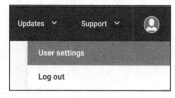

图 12-11

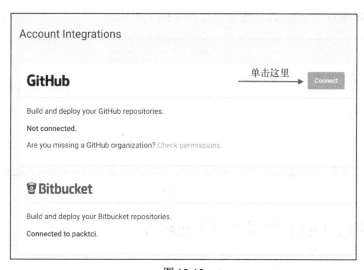

图 12-12

单击 **Connect** 按钮后，将跳转到一个 **Authorize CircleCI** 应用页面，如图 12-13 所示。

图 12-13

单击 **Authorize circleci**，跳转到 CircleCI 的仪表盘页面，现在有两个 packtci 账号，分别对应 GitHub 账号和 Bitbucket 账号，如图 12-14 所示。

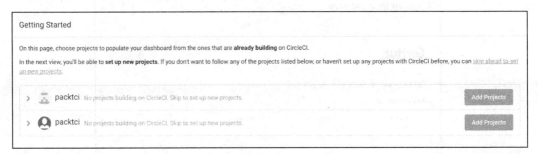

图 12-14

12.5 在 GitHub 中设置 CircleCI

让我们使用 GitHub 账号 packtci 和 GitHub 项目 functional-summer 在 CircleCI 中添加

一个新项目。首先单击 GitHub 账号对应的 **Add Projects** 按钮，仪表盘页面显示如图 12-15 所示。

图 12-15

单击 **Add Projects** 后跳转到图 12-16 所示的页面。

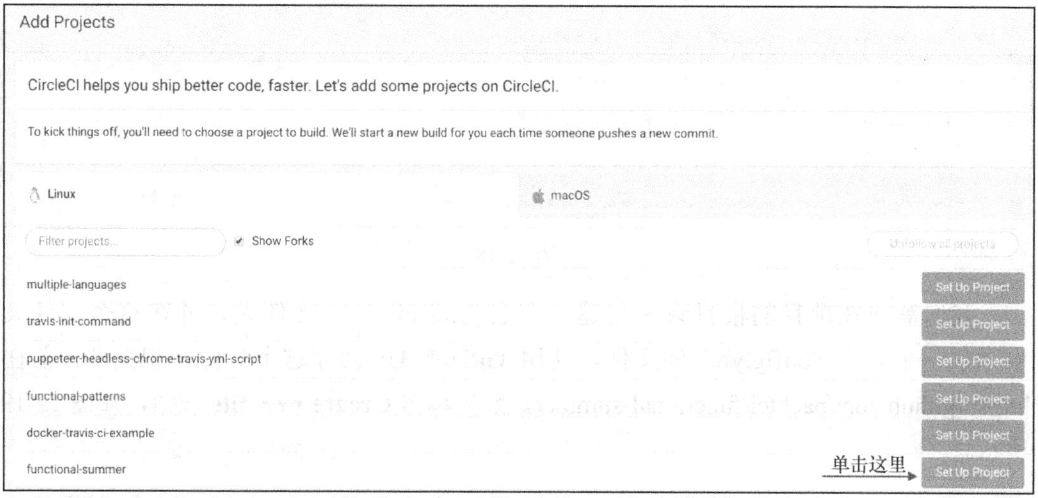

图 12-16

单击 GitHub 存储库 functional-summer 对应的 **Set Up Project** 按钮，跳转到图 12-17 所示的页面。

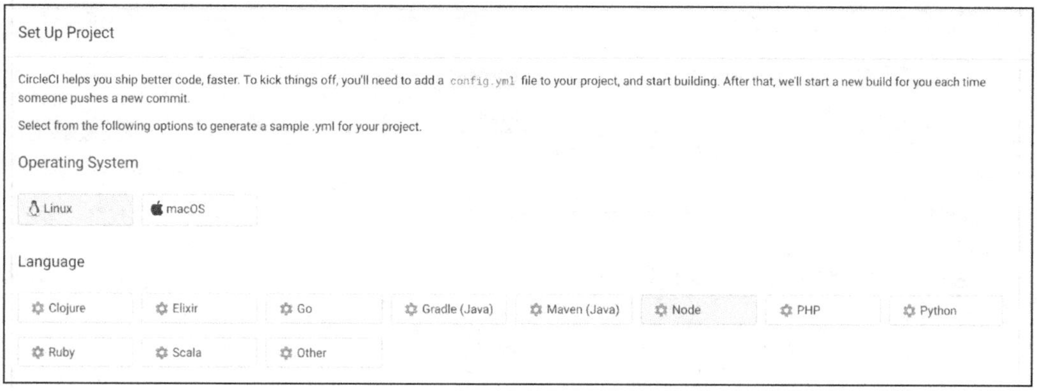

图 12-17

CircleCI 自动选择 **Node** 作为语言，因为这个存储库中有一个 package.json 文件和一些 JavaScript 文件。但这还没有结束，如果向下滚动页面，将注意到接下来的步骤，完成这些步骤后才能让 CircleCI 开始在项目中运行，如图 12-18 所示。

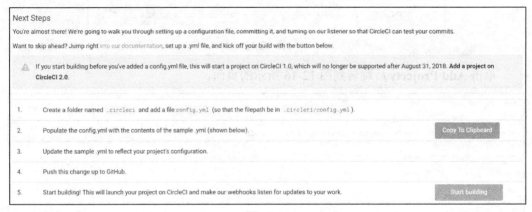

图 12-18

我们需要在项目的根目录中创建一个名为 .circleci 的文件夹，并在这个文件夹中添加一个名为 config.yml 的文件。使用 GitHub UI 创建这个文件夹和文件。前往 https://github.com/packtci/functional-summer，然后单击 **Create new file** 按钮，如图 12-19 所示。

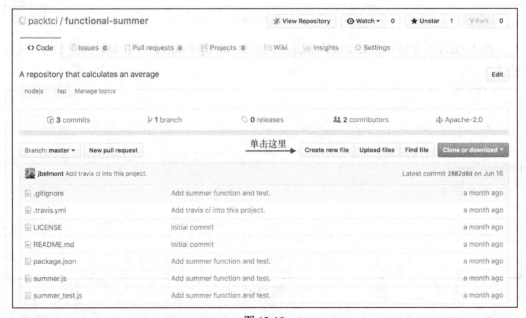

图 12-19

12.5 在 GitHub 中设置 CircleCI

单击 Create new file 按钮后，将跳转到 GitHub UI 中的图 12-20 所示的页面。

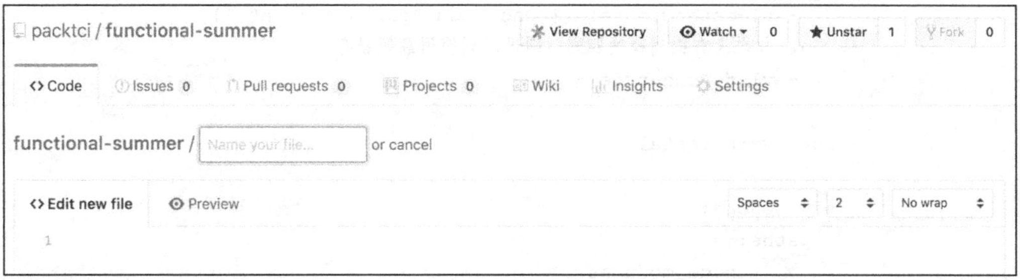

图 12-20

输入文件夹的名称.circleci，然后输入/字符，再命名文件 config.yml。完成这些操作后显示如图 12-21 所示。

图 12-21

现在我们需要为 config.yml 文件输入内容，而.circleci 为我们提供了一个示例文件 config.yml，我们可以将示例文件中的值用于新的 CircleCI 项目：

```
# JavaScript 节点 CircleCI 2.0 配置文件
#
# 查看 https://circleci.com/docs/2.0/language-javascript/获得更多细节
#
version: 2
jobs:
 build:
    docker:
    # 在这里指定需要的版本
    - image: circleci/node:7.10

    # 如果需要，在这里指定服务依赖
    # CircleCI 维护一个预构建的镜像库
    # 文件在 https://circleci.com/docs/2.0/circleci-images/
    # - image: circleci/mongo:3.4.4

    working_directory: ~/repo

    steps:
      - checkout

      # 下载和缓存依赖
```

[209]

```
      - restore_cache:
          keys:
          - v1-dependencies-{{ checksum "package.json" }}
          # 如果没有找到精确匹配，则退回到使用最新缓存
          - v1-dependencies-

      - run: yarn install

      - save_cache:
          paths:
              - node_modules
          key: v1-dependencies-{{ checksum "package.json" }}

      # 运行测试
      - run: yarn testSetup Circle CI in Atlassian Bitbucket
```

稍后我们将更详细地解释这方面的内容，现在我们直接将其复制并粘贴到 GitHub UI 的编辑器中，然后单击 **Commit new file** 按钮，如图 12-22 所示。

图 12-22

最后一步，回到 CircleCI 中的 **Add Projects** 页面，然后单击 **Start building** 按钮，在 CircleCI 中启动我们新配置的项目，如图 12-23 所示。

图 12-23

此处还使用 CircleCI 设置了一个 Webhook，以便 CircleCI 监听我们提交给 GitHub 的所有代码更改。

单击 **Start building** 按钮后跳转至我们的第一个构建作业，该作业带有使用了 CircleCI 的 functional-summer 存储库，如图 12-24 所示。

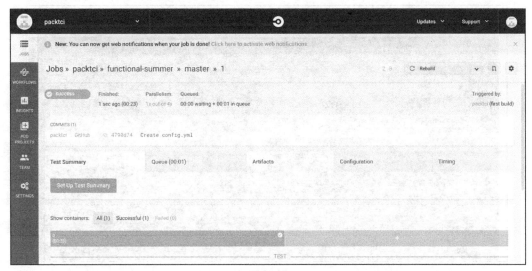

图 12-24

如果向下滚动页面，可在 CircleCI 应用中看到构建的每个步骤，如图 12-25 所示。

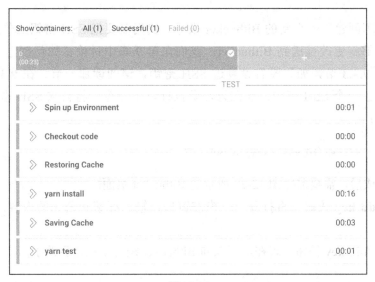

图 12-25

我们将在后续的章节中对此进行更详细的说明，且可以展开每个步骤，以显示该步骤的详情。例如，单击 **yarn test**，将看到图 12-26 所示的详细信息。

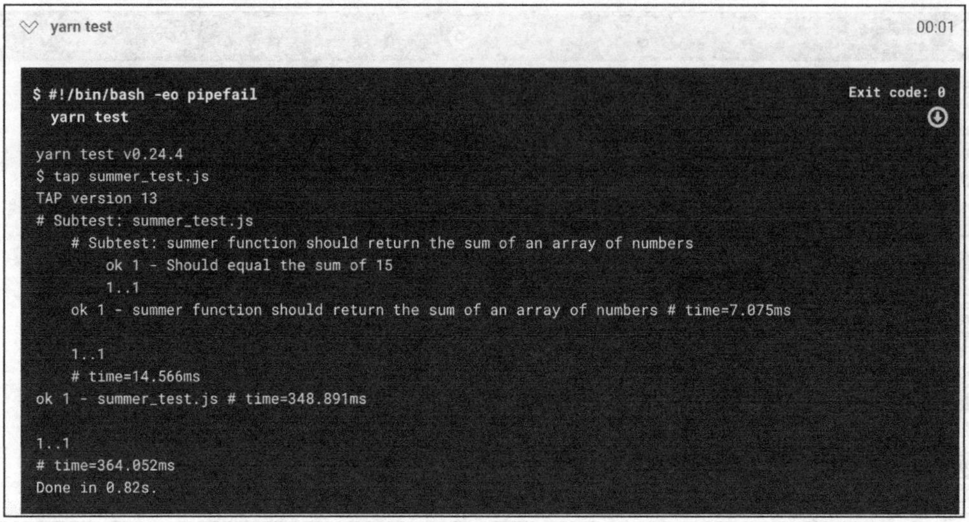

图 12-26

12.6　在 Bitbucket 中设置 CircleCI

由于刚刚创建了一个新的 Bitbucket 账号，我们需要把 SSH 密钥上传到 Bitbucket 中，以便能够将更改推送到 Bitbucket。我们在第 9 章中讨论了如何创建 SSH 密钥，相关内容在 9.3.3 节，如果没有设置过 SSH 密钥，请阅读那一节。在 9.3.3 节中，我们已经创建了一个 SSH 密钥，现在只需要执行以下命令，将公共 SSH 密钥复制到系统剪贴板中：

```
pbcopy < ~/.ssh/id_rsa_example.pub
```

复制完成后，需要前往图 12-27 所示的 Bitbucket 页面。

单击 **Add key** 按钮，将打开一个模态窗口，输入标签和公钥的内容，如图 12-28 所示。

再单击 **Add key** 按钮，现在就可以向 Bitbucket 账号中推送更改了。

12.6 在 Bitbucket 中设置 CircleCI

图 12-27

图 12-28

用 CircleCI 构建在 Bitbucket 中创建 Java 项目

单击左侧导航窗格中的加号按钮（见图 12-29），在 Bitbucket 中创建一个名为 java-summer 的新 Java 项目。

图 12-29

然后单击 **Repository**，如图 12-30 所示。

接下来，我们将创建一个新的存储库。首先提供一个 **Repository name**，然后将 **Version control system** 设置为 **Git**，最后单击 **Create repository** 按钮，如图 12-31 所示。

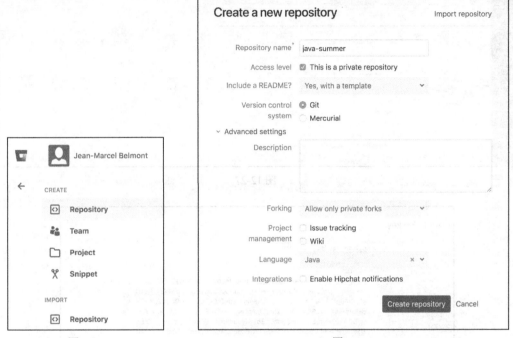

图 12-30　　　　　　　　　　　　　　　图 12-31

注意，此处我们单击了可选的 **Advanced settings** 下拉列表，并将 **Language** 一项设置为 **Java**。单击 **Create repository** 按钮，我们将跳转到图 12-32 所示的页面。

我们将使用 Maven 构建工具创建一个新的 Java 项目，该项目有一个 src 目录，下有 main 和 test 两个子目录。第 7 章中详细解释了如何安装和使用 Maven 构建工具，如果读者没有安装 Maven 而且不知道如何使用它，请重新阅读第 7 章中的相关内容。

为了使用 Maven 创建新的 Java 项目，我们将发出以下命令：

```
mvn archetype:generate -DgroupId=com.packci.app -DartifactId=java-summer -DarchetypeArtifactId=maven-archetype-quickstart -DinteractiveMode=false
```

首先，我们将通过在 shell 会话中发出以下命令来克隆存储库：

```
git clone git@bitbucket.org:packtci/java-summer.git java-summer-proj
```

12.6 在 Bitbucket 中设置 CircleCI

图 12-32

然后，复制这个克隆存储库中的隐藏目录.git 下的内容，并将其粘贴到我们用 Maven 构建工具创建的新 java-summer 文件夹中。假定我们有正确的路径结构，则可以发出以下命令：

```
mv java-summer-proj/.git java-summer
```

接下来，我们可以删除 java-summer-proj 文件夹，然后通过 cd 命令进入 java-summer 文件夹。我们使用 Java 编写的配置示例可以在 CircleCI 文档的 language-java 中找到。我们将创建一个名为.circleci 的文件夹，然后创建一个名为 config.yml 的文件。

提交更改，并使用以下命令将其推送到 Bitbucket：

```
git push
```

现在查看 CircleCI 应用，可以通过单击应用的左上方切换到 Bitbucket 用户账号 packtci，如图 12-33 所示。

接下来，单击左侧导航窗格中的 **ADD PROJECTS**，如图 12-34 所示。

图 12-33

图 12-34

单击 **Set Up Project** 按钮,使 CircleCI 了解 Bitbucket 中的 java-summer 存储库,如图 12-35 所示。

图 12-35

然后将跳转到 **Set Up Project** 页面。我们需要选择操作系统,CircleCI 中的默认选项为 Linux。接着选择构建语言,在我们的例子中是 Java。为了清晰地描述,图 12-36 再次展示了此页面。

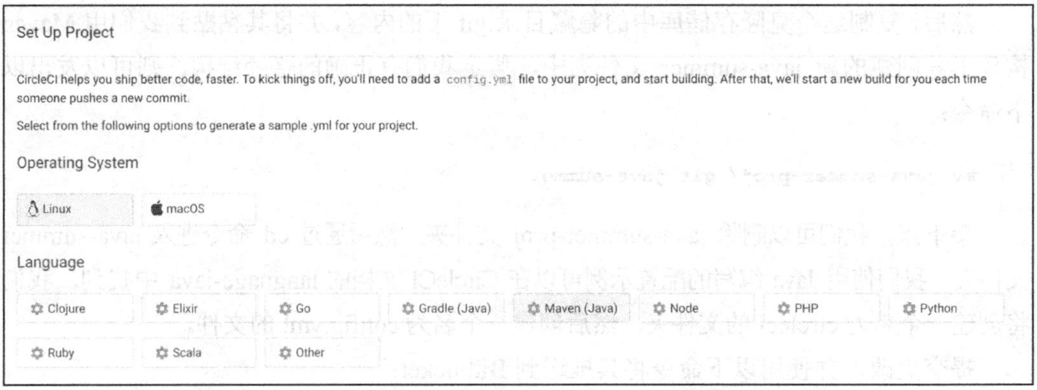

图 12-36

然后,将 CircleCI 为我们提供的示例配置文件复制到 .circleci/config.yml 文件中:

```
# Java Maven CircleCI 2.0 配置文件
#
# 查看 https://circleci.com/docs/2.0/language-java/获得更多细节
#
version: 2
jobs:
  build:
    docker:
      # 在这里指定需要的版本
      - image: circleci/openjdk:8-jdk
      # 如果需要,在这里指定服务依赖
```

12.6 在 Bitbucket 中设置 CircleCI

```
    # CircleCI 维护一个预构建的镜像库
    # 文件在 https://circleci.com/docs/2.0/circleci-images/
    # - image: circleci/postgres:9.4

working_directory: ~/repo

environment:
    # 自定义 JVM 最大堆限制
    MAVEN_OPTS: -Xmx3200m
steps:
    - checkout

    # 下载和缓存依赖
    - restore_cache:
        keys:
        - v1-dependencies-{{ checksum "pom.xml" }}
        # 如果没有找到精确匹配，则退回到使用最新缓存
        - v1-dependencies-

    - run: mvn dependency:go-offline

    - save_cache:
        paths:
            - ~/.m2
        key: v1-dependencies-{{ checksum "pom.xml" }}
    # 运行测试
    - run: mvn integration-test
```

接下来，我们将提交更改并将其推送到 Bitbucket 版本控制系统中，然后滚动到 **Next Steps** 部分，单击 **Start building** 按钮，如图 12-37 所示。

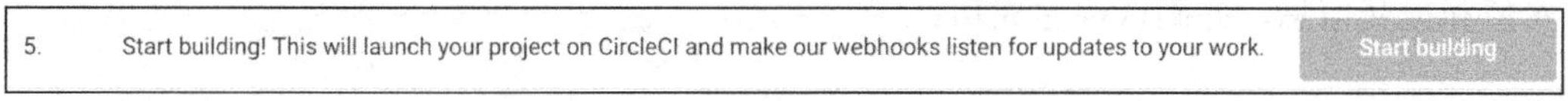

图 12-37

这将触发我们对 java-summer 项目的第一次构建，并使 Webhook 对存储库开始工作。单击 **JOBS**，如图 12-38 所示，可以看到被触发的新构建。

现在，为了测试 Webhook 是否正在监听 Bitbucket 中的代码更改，让我们对 java-summer 文件做一次更改，使它实际拥有一个计算数组值的总和的函数，并使用 JUnit 添加一个单元测试用例。

图 12-38

让我们在应用文件中添加一个如上所述的静态函数：

```
public static int average(int[] numbers) {
    int sum = 0;
    for (int i = 0; i < numbers.length; i++) {
        sum += numbers[i];
    }
    return sum;
}
```

然后让我们用 JUnit 添加一个测试用例，测试这个平均函数：

```
public void testaverage() {
    App myApp = new App();
    int[] numbers = {
            1, 2, 3, 4, 5
    };
    assertEquals(15, myApp.average(numbers));
}
```

我们可以使用 mvn package 命令在本地测试更改，确保没有问题后，再提交我们的更改，并将这些更改推送到 Bitbucket 版本控制系统。由于我们对主分支进行代码更改，现在我们应该注意到了一个由 CircleCI 自动触发的构建。

如果我们回到 CircleCI 的 Web 应用程序，就可以看到一个新的构建被触发而且通过了，如图 12-39 所示。

图 12-39

注意，在图 12-39 中，CircleCI 显示第二个构建被触发了。它还显示了提交 SHA 哈希值和提交信息，并确认构建成功。

12.7 CircleCI 配置概述

和 Travis CI 一样，CircleCI 使用 YAML 作为其配置语言，YAML 是一种数据序列化语言。

12.7.1 CircleCI 配置概念概述

我们将在后面几章中讨论更多 CircleCI 中的概念和配置选项，但作为一个概述，让我们先来看一个基本的 config.yml 文件，并解释其中的一些概念。我们会用 GitHub 用户 packtci 在 GitHub 中创建新的存储库。我们也会使用 Go 语言编写一个解析模板的函数。然后，我们将编写一个解析模板文本的测试用例，然后创建一个 CircleCI config.yml 文件。我们将把这些代码更改推送到 GitHub，然后用 CircleCI 建立这个新的项目。

12.7.2　向新存储库中添加源文件

我们在新的存储库中添加了一个名为 template.go 的文件，下面是要测试的函数：

```go
func parseTemplate(soldier Soldier, tmpl string) *bytes.Buffer {
    var buff = new(bytes.Buffer)
    t := template.New("A template file")
    t, err := t.Parse(tmpl)
    if err != nil {
        log.Fatal("Parse: ", err)
        return buff
    }
    err = t.Execute(buff, soldier)
    if err != nil {
        log.Fatal("Execute: ", err)
        return buff
    }
    return buff
}
```

我们添加了下面的单元测试用例来测试 template_test.go 文件中的 parse-Template 函数：

```go
func TestParseTemplate(t *testing.T) {
    newSoldier := Soldier{
        Name: "Luke Cage",
        Rank: "SGT",
        TimeInService: 4,
    }
    txt := parseTemplate(newSoldier, templateText)
    expectedTxt := `
Name is Luke Cage
Rank is SGT
Time in service is 4
`
```

```
    if txt.String() != expectedTxt {
        t.Error("The text returned should match")
    }
}
```

然后,我们将以下 CircleCI YML 脚本添加到存储库中:

```
version: 2

jobs:
  build:
    docker:
      - image: circleci/golang:1.9
    working_directory: /go/src/github.com/packtci/go-template-example-with-circle-ci
    steps:
      - checkout
      - run:
          name: "Print go version"
          command: go version
      - run:
          name: "Run Unit Tests"
          command: go test
```

在 CircleCI YML 脚本中,首先要添加的是 version 字段。这是必须添加的字段,目前第 1 版语法仍然受支持,但很快就会被弃用,所以建议使用第 2 版的 CircleCI YML 语法。

在这个 config.yml 文件中,下一个是 jobs 字段,它由一个或多个命名作业组成。在我们的例子中,有一个名为 build 的作业,如果我们不使用 workflows 字段,则需要此构建作业。后续章节将更详细地讨论这一点。

接着,是一个名为 docker 的字段,它有一个 Go 语言的语言镜像。我们也可以用一个服务镜像来运行特定的服务,这部分内容将在后续章节中进行讨论。

然后,是一个名为 steps 的字段,它定义了我们要在 CircleCI 构建中运行的步骤。注意,在 steps 中有 3 个字段条目,它们是一个 checkout 和两个 run 命令。run 命令有一个 name 和一个 command,但也可以省略 name 只给出一个 command。

12.7.3 新存储库的 CircleCI 构建作业

图 12-40 显示 CircleCI 构建已通过。

图 12-40

图 12-41 所示为构建作业中的步骤。

注意，这里有一个额外的步骤，叫作 **Spin up Environment**。这一步创建了一个新的构建环境。对我们的构建来说，它创建了一个 Go 语言的 Docker 镜像，然后设置了一些 CircleCI 特定的环境变量。

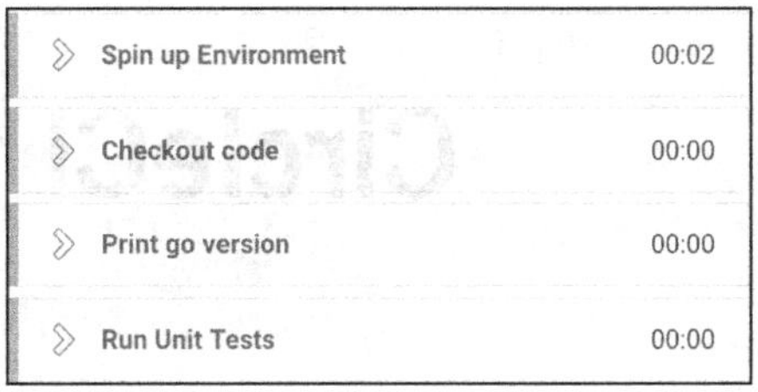

图 12-41

12.8 小结

本章介绍了 CircleCI 和 Jenkins 之间的差异，以及使用 CircleCI 的先决条件。我们创建了一个新的 Bitbucket 账号，并介绍了 Bitbucket UI 的基本知识，解释在哪里上传 SSH 密钥以便在 Bitbucket 中访问存储库。然后，我们在 GitHub 和 Bitbucket 中设置了 CircleCI，并介绍了 CircleCI Web 应用的部分内容和操作方法。最后，我们概述了 CircleCI YAML 配置的语法。在第 13 章中，我们将详细讨论 CircleCI 命令，以及 CircleCI 中一些更高级的主题，如工作流。

12.9 问题

1．Jenkins 和 CircleCI 的主要区别是什么？
2．CircleCI 能在 Bitbucket 和 GitHub 中工作吗？
3．如何在 CircleCI 中设置存储库？
4．如何查看 CircleCI 中的构建作业？
5．我们在 Bitbucket 的 java-summer 存储库中使用了哪个构建工具？
6．应该使用第 1 版 CircleCI 语法吗？
7．我们会在 CircleCI 的 config.yml 文件中什么字段里输入我们的构建语言？

第 13 章
CircleCI 命令行命令与自动化

在第 12 章中，我们谈到了如何在 Bitbucket 和 GitHub 中设置 CircleCI，展示了如何操作 Bitbucket UI，并介绍了 CircleCI Web UI 的基础知识。在本章中，我们将介绍如何在 macOS/Linux 上安装 CircleCI CLI，并展示如何从 CLI 获得每夜构建（nightly build）。本章将详细介绍 CircleCI CLI 的每个命令，解释 CircleCI 中的工作流如何运转。本章还将展示如何通过设置顺序作业使用更复杂的工作流。最后，本章将介绍 CircleCI API，并展示如何在使用 HTTP 请求时用命令实用程序 jq 转换 JSON。

本章涵盖以下内容：
- CircleCI CLI 的安装；
- CircleCI CLI 命令；
- 在 CircleCI 中使用工作流。
- 使用 CircleCI API。

13.1 技术要求

本章需要读者具有一些基本的 Unix 编程技能，而且我们将在前文谈到的一些**持续集成**和**持续交付**概念的基础上进行构建。熟悉 RESTful API 会对理解很有帮助，因为本章将使用 curl 作为 REST 客户端。

13.2 CircleCI CLI 的安装

安装 CircleCI CLI 的第一个先决条件是安装好 Docker。要在操作系统上安装 Docker，需要访问 Docker 商店网站，单击适合你的操作系统和云服务的 **Docker CE** 链接。按照网站上的安装说明进行操作。

13.2 CircleCI CLI 的安装

执行图 13-1 所示的命令,检查 Windows 命令提示符或 macOS/Linux 终端应用上的 Docker 版本,确保已安装 Docker。

图 13-1

图 13-1 显示 Docker 已安装,版本为 18。

13.2.1 在 macOS / Linux 上安装 CircleCI CLI

我们需要执行以下命令来安装 CircleCI:

```
curl -o /usr/local/bin/circleci
https://circle-downloads.s3.amazonaws.com/releases/build_agent_wrapper/circ
leci && chmod +x /usr/local/bin/circleci
```

 读者需要在终端应用的 shell 会话中执行以上命令。

13.2.2 通过 GitHub 安装 CircleCI CLI 的每夜构建版本

我们可以在 GitHub 的 **Releases** 页面安装 CircleCI CLI 的每夜构建版本,需要查看 **Assets** 部分,如图 13-2 所示。

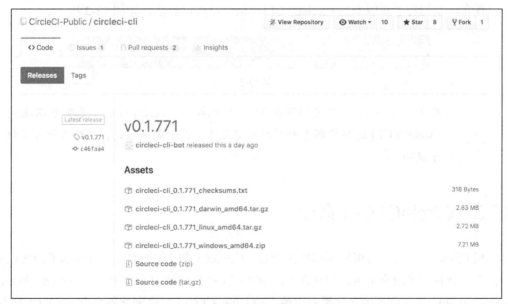

图 13-2

由于将在 macOS 上运行本地 CLI，因此这里选择 circleci-cli_0.1.771_darwin_amd64.tar.gz。

在终端 shell 会话中执行以下命令：

```
# 进入下载文件夹
cd ~/Downloads

# 解压缩资产
tar -xvzf circleci-cli_0.1.771_darwin_amd64.tar.gz

# 进入未压缩目录
cd circleci-cli_0.1.771_darwin_amd64

# 将 CircleCI 二进制文件移动到 /usr/local/bin 文件夹中
mv circleci /usr/local/bin/circleci-beta

# 确保二进制文件是可执行的
chmod +x /usr/local/bin/circleci-beta

# 检查二进制版本，以确保它工作
circleci-beta help
```

现在，我们有了新版本的 CircleCI CLI，这一点可以验证，如图 13-3 所示。

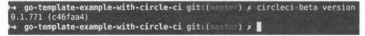

图 13-3

我们已经将这个二进制可执行文件命名为 circleci-beta，现在可以运行 CircleCI CLI 的稳定版本和每夜构建版本。这不是必须的，此处只是为了便于说明。

13.3　CircleCI CLI 命令

就 CircleCI 中实际可用的所有特性而言，CircleCI CLI 的特性不如 Travis CI CLI 齐全。将来会有更多命令可用，但现在 CircleCI CLI 中只能使用 6 个命令：version、help、config、build、step 和 tests（如果我们使用的 CircleCI CLI 二进制文件来自 CircleCI 官方文档的 AWS 发行版本）。我们将同时使用稳定构建版本和拥有更多命令的每夜构建版本。

我们已在 13.2.2 节中进行了安装。稳定版本的命令为 circleci，每夜构建版本的命令为 circleci-beta。

在图 13-4 中，我们执行 circleci help 命令，该命令能显示可用命令，并简要叙述每个命令的作用。

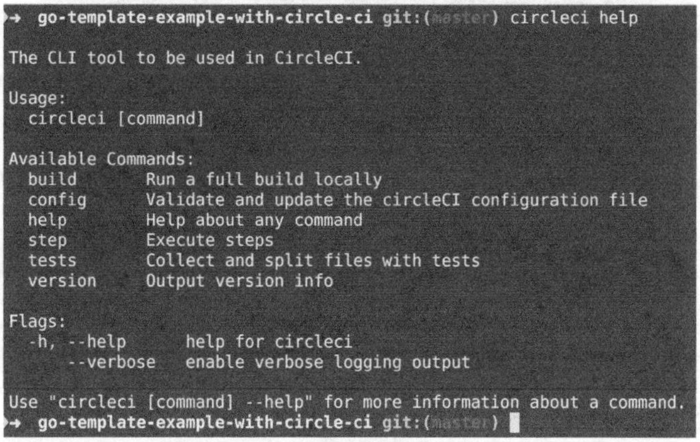

图 13-4

13.3.1 version 命令

version 命令会输出当前安装在本地系统上的 CLI 的版本，如图 13-5 所示。

我们还可以将标志/选项传递给 CLI 中的每个命令，可通过执行--help 标志来找到命令可采用的选项，如图 13-6 所示。

图 13-5 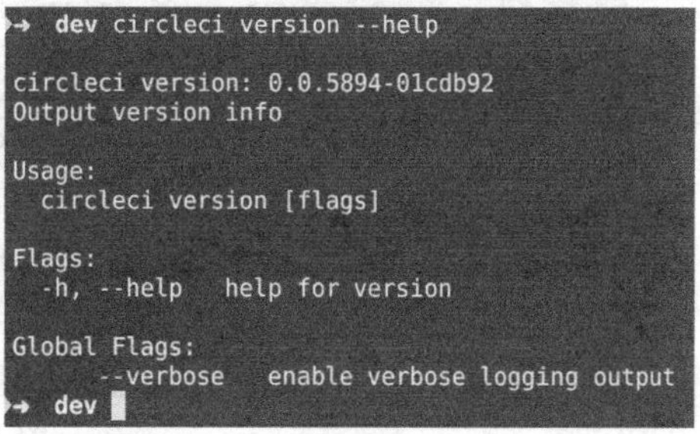   图 13-6

我们只能传递给 version 命令一个选项，即-h，或-- help，因为它们是非常简单的命令。

13.3.2 help 命令

help 命令可以用来显示所有的 CLI 命令，也可以用来解释每个命令的工作方式，并显示每个命令可采用的所有标志/选项，如图 13-7 所示。

图 13-7

此处我们使用 help 命令列出了 help 命令自己的帮助信息。

13.3.3 config 命令

config 命令会验证并更新用于 CircleCI 配置的 YML 脚本，如图 13-8 所示。

图 13-8

此处的 config 命令还带有 validate 命令，用于验证 YML 配置脚本。

让我们验证一下 functional-summer 存储库中的配置脚本，如图 13-9 所示。

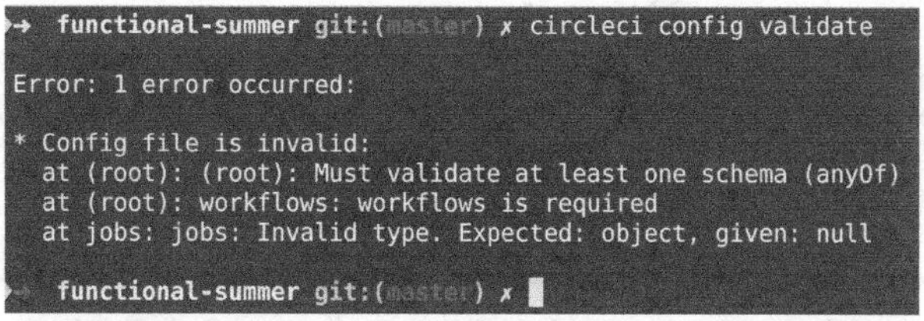

图 13-9

再次查看配置脚本：

```
version: 2
jobs:
build:
    docker:
        # 在这里指定需要的版本
        - image: circleci/node:7.10
    working_directory: ~/repo
    steps:
        - checkout
        - restore_cache:
            keys:
                - v1-dependencies-{{ checksum "package.json" }}
                - v1-dependencies-
        - run: yarn install
        - save_cache:
            paths:
                - node_modules
            key: v1-dependencies-{{ checksum "package.json" }}
        # 运行测试
        - run: yarn test
```

实际上，这个 YML 配置脚本中有一处非常细微的错误，使 CircleCI 认为脚本中没有作业。要解决此问题，只需要缩进 build 字段，如图 13-10 所示。

```
version: 2
jobs:
    build:
        ...
```

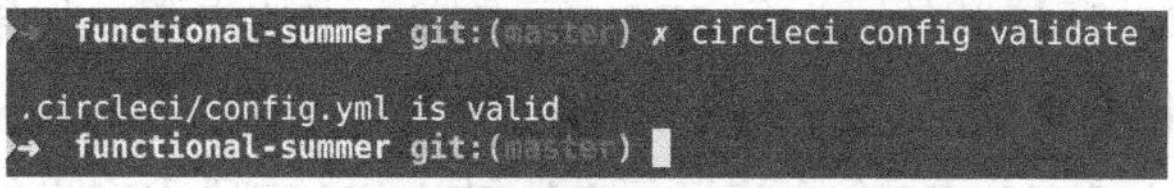

图 13-10

执行 validate 命令时，报告显示 YML 配置脚本是有效的。

13.3.4　build 命令

build 命令可以帮助我们在本地机器上运行 CircleCI 构建，而且带有多个选项，如图 13-11 所示。

```
→ dev circleci help build

Run a full build locally

Usage:
  circleci build [flags]

Flags:
      --branch string         Git branch
      --checkout-key string   Git Checkout key (default "~/.ssh/id_rsa")
  -c, --config string         config file (default ".circleci/config.yml")
  -e, --env -e VAR=VAL        Set environment variables, e.g. -e VAR=VAL
  -h, --help                  help for build
      --index int             node index of parallelism
      --job string            job to be executed (default "build")
      --node-total int        total number of parallel nodes (default 1)
      --repo-url string       Git Url
      --revision string       Git Revision
      --skip-checkout         use local path as-is (default true)
  -v, --volume stringSlice    Volume bind-mounting

Global Flags:
      --verbose   enable verbose logging output
→ dev
```

图 13-11

让我们运行在第 12 章中创建的 GitHub 存储库 go-template-example-with-circle-ci，然后在本地系统上执行 circleci build 命令。

在执行 circleci build 命令之前，请确保已进入存储库所在的目录，因为该命令需要读取.circleci 文件夹内的 config.yml 文件，如图 13-12 所示。

```
→ functional-summer git:(master) circleci build

====>> Spin up Environment
Build-agent version 0.0.5895-01cdb92 (2018-05-29T20:07:10+0000)
```

图 13-12

build 命令从启动环境开始，运行 YML 配置脚本中的步骤。如果未拉取 YML 配置脚本中指定的语言镜像，那么 circleci build 命令将为我们拉取 Docker 镜像。

默认情况下，circleci build 命令将运行 jobs 内 build 字段中定义的步骤，因此，要运行其他作业，需要使用--job string 字符串选项。

下面是 GitHub 项目 go-template-example-with-circle-ci 目前带有的 config.yml 脚本：

```yaml
version: 2
jobs:
    build:
        docker:
            - image: circleci/golang:1.9
        working_directory: /go/src/github.com/packtci/go-template-example-with-circle-ci

        steps:
            - checkout
            - run:
                name: "Print go version"
                command: go version
            - run:
                name: "Run Unit Tests"
                command: go test
```

要使用其他作业，可以使用--job string 选项。假设此处还有另一个作业：

```yaml
...
   build:
      ...
   integration:
     docker:
        - image: cypress/base:8
            environment:
                TERM: xterm
     steps:
        - checkout
        - run: npm install
        - run:
            name: "Run Integration Tests"
            command: $(npm bin)/cypress run
```

验证 YML 配置脚本，以确保它仍然有效，如图 13-13 所示。

```
→ go-template-example-with-circle-ci git:(master) x circleci config validate
.circleci/config.yml is valid
→ go-template-example-with-circle-ci git:(master) x 
```

图 13-13

现在我们知道了 YML 配置脚本仍然有效，就可以使用 build 命令和--job string 标志来运行新作业，如图 13-14 所示。

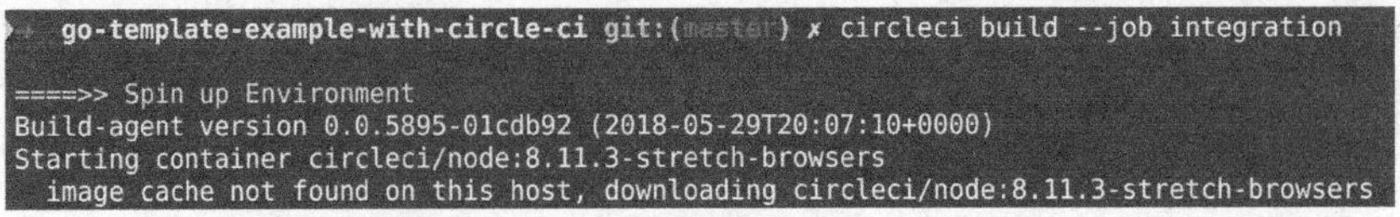

图 13-14

 因为我们没有将特定的 Docker 镜像拉取到本地计算机，所以此处 CLI 正在下载 Docker 镜像。

13.3.5 step 命令

使用 step 命令将运行我们定义的 YML 配置脚本中的特定步骤。目前，它只有一个子命令 halt，用于停止当前执行。

下面是 step 命令的执行示例。

```
circleci step halt
```

13.3.6 configure 命令

configure 命令仅适用于 CircleCI 的每夜构建版本，它可以帮助我们配置凭据和要命中的 API 端点，如图 13-15 所示。

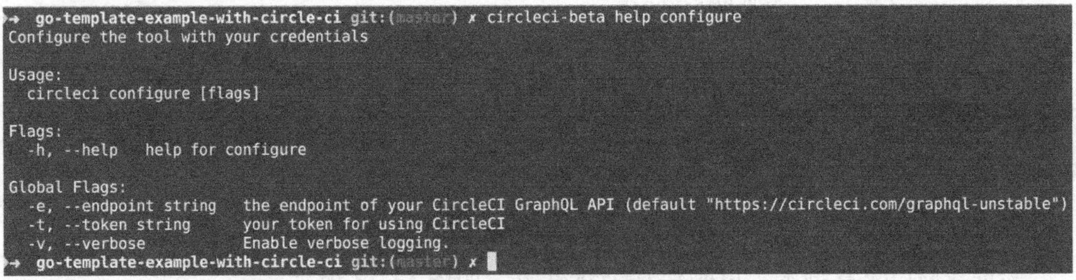

图 13-15

不带任何标志直接执行 configure 命令会将其设置为交互模式，然后设置我们的 API 令牌和要访问的 API 端点。

13.3　CircleCI CLI 命令

1. 使用 CircleCI 设置 API 令牌

单击 CircleCI Web 应用右上角的用户头像，如图 13-16 所示。

单击 **User settings**，将跳转至账号 API 页面，如图 13-17 所示。

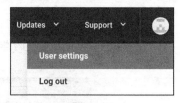

图 13-16

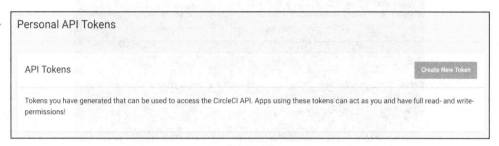

图 13-17

接下来，单击 **Create New Token** 按钮，将弹出一个图 13-18 所示的模态窗口。

此处我们输入 PacktCI 作为令牌名，然后单击 **Add API Token** 按钮，这将生成一个新的 API 令牌。由于只能使用一次 API 令牌，因此需要将其复制到一个安全的地方。

图 13-18

2. 在交互模式下设置 API 令牌和 API 端点

我们将在一个终端会话中执行 circleci-beta configure 命令，并设置我们的凭据和 API 端点，如图 13-9 所示。

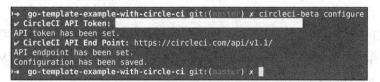

图 13-19

此处我们设置了 API 令牌，但是出于安全目的隐藏了该值。然后我们将 API 端点设置为 https://circleci.com/api/v1.1/。

 configure 命令仅在每夜构建版本中可用，稳定版本中无法使用该命令。

13.3.7 tests 命令

tests 命令使用测试来收集和分割文件，如图 13-20 所示。

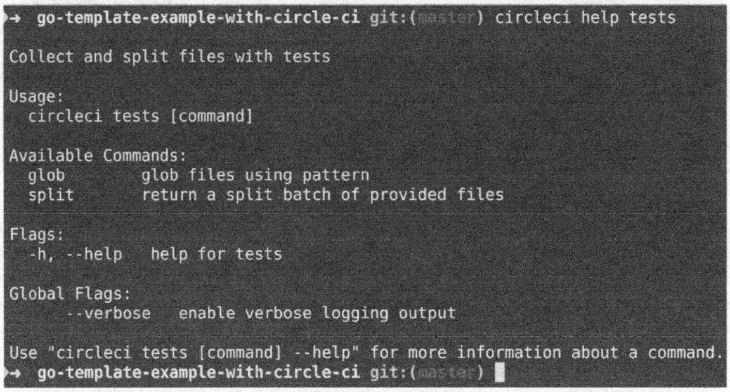

```
→ go-template-example-with-circle-ci git:(master) circleci help tests
Collect and split files with tests
Usage:
  circleci tests [command]

Available Commands:
  glob        glob files using pattern
  split       return a split batch of provided files

Flags:
  -h, --help   help for tests

Global Flags:
      --verbose   enable verbose logging output

Use "circleci tests [command] --help" for more information about a command.
→ go-template-example-with-circle-ci git:(master)
```

图 13-20

让我们用 glob 子命令找到 GitHub 存储库 go-template-example-with-circle-ci 中所有的 Go 语言测试文件，如图 13-21 所示。

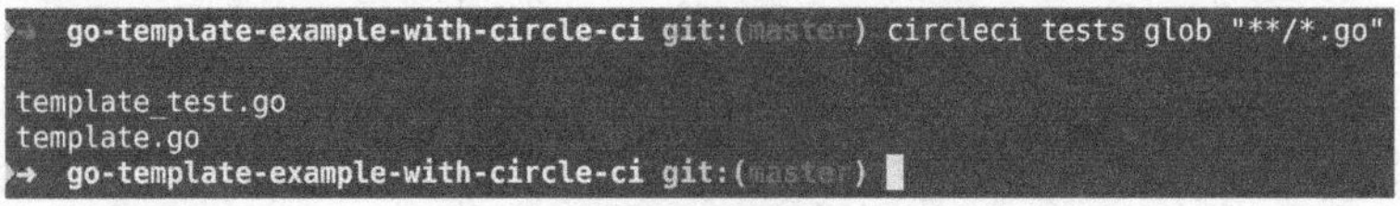

```
→ go-template-example-with-circle-ci git:(master) circleci tests glob "**/*.go"
template_test.go
template.go
→ go-template-example-with-circle-ci git:(master)
```

图 13-21

13.4 在 CircleCI 中使用工作流

CircleCI 中的工作流（workflow）是运行并行 build 作业的一种方式，可用于定义作业的集合并指定作业顺序。在 go-template-example-with-circle-ci 存储库的 YML 配置脚本中添加一个 workflows 字段。

```
version: 2
jobs:
    build:
        ...
    integration:
        ...
workflows:
```

```
version: 2
build_and_integration:
    jobs:
        - build
        - integration
```

在这个工作流中，我们创建了两个并行的作业，分别叫作 build 和 integration。它们互相独立，有助于加快构建过程。

13.4.1　CircleCI Web UI 中的实际工作流

单击 CircleCI Web UI 左侧导航窗格中的 **Workflows**，可以看到工作流。然后，单击一个特定的项目，在本例中为 go-template-example-with-circle-ci，如图 13-22 所示。

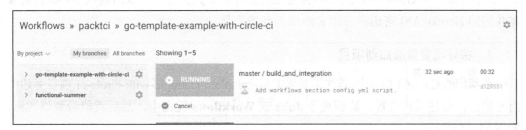

图 13-22

单击 **RUNNING** 以显示正在运行的工作流，将看到图 13-23 所示的页面。

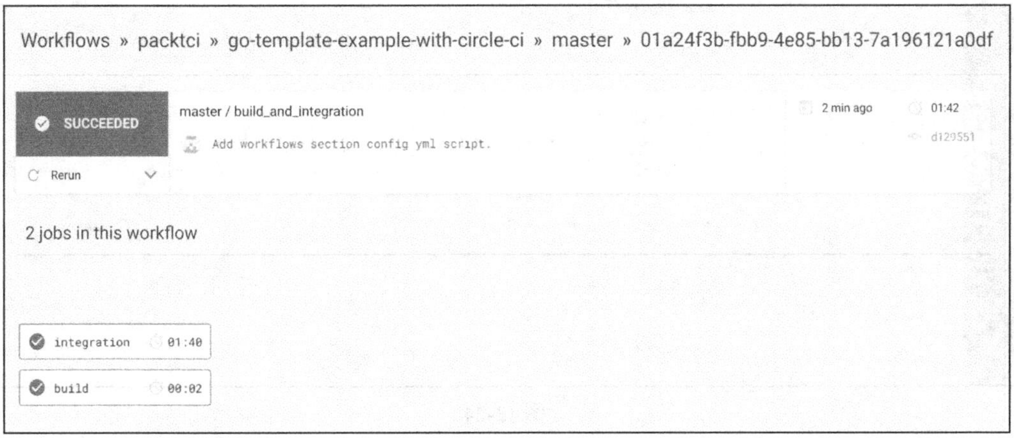

图 13-23

build 作业在 2 秒内运行，但 integration 作业运行时间相对长。最好像工作流展示的那样，将这两个作业分开，因为它们并不相互依赖。

13.4.2 顺序工作流示例

先前展示的工作流示例包含两个彼此独立运行的作业，我们还可以使用需要完成其他作业才能运行的作业。假设我们有一个验收测试套件，该套件仅在构建运行时运行，而且仅在验收测试套件通过时才能部署我们的应用程序。

在示例中，我们使用 cypress.io 运行端到端测试，这是一个端到端的 JavaScript 测试库。假设我们的验收测试通过了 CI 构建，则可以将应用程序部署到 Heroku。在 11.6.2 节中，我们讨论了 Heroku 的设置，如果读者需要获得关于 Heroku 安装和设置的更多信息，或者了解在 Heroku 中创建可部署的应用程序的相关内容，可以阅读该节。我们需要将我们的 Heroku API 密钥和应用名添加为环境变量。

1. 将环境变量添加到项目

在我们的 CircleCI 项目中，首先需要单击 go-template-example-with-circle-ci 项目旁边的齿轮图标，前往项目设置。确保处于 **Jobs** 或 **Workflows** 视图中，然后就能看到该图标，如图 13-24 所示。

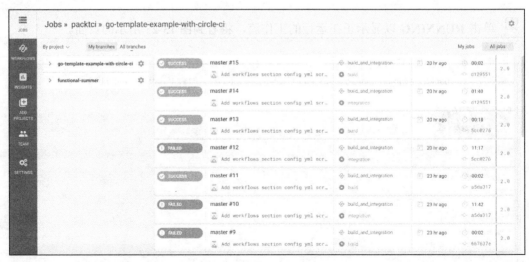

图 13-24

单击齿轮图标，跳转到 **PROJECT SETTINGS** 页面，然后单击 **Environment Variables**，

看到的页面将如图 13-25 所示。

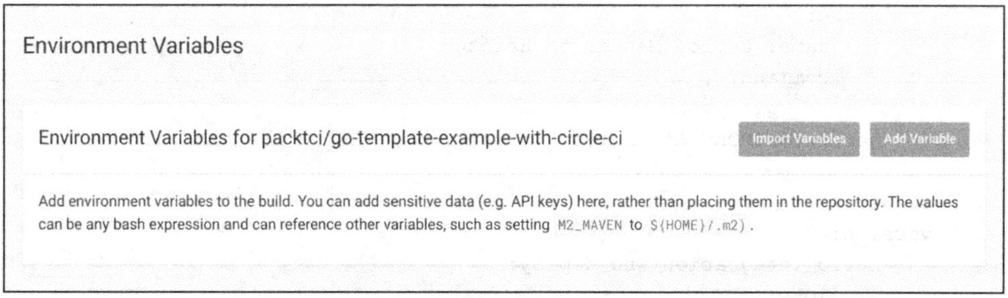

图 13-25

单击 **Add Variable** 按钮会弹出一个图 13-26 所示的模态窗口,将两个环境变量添加到项目中,如图 13-26 所示。

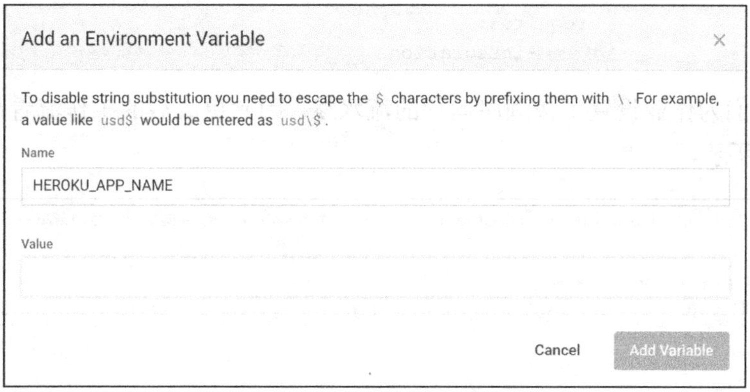

图 13-26

为了安全起见,此处已经删除了项目的应用名称和 API 令牌的内容,但只要单击 **Add Variable** 按钮,项目中就有了可以使用的环境变量。现在,我们有两个可使用的环境变量,即 HEROKU_API_KEY 和 HEROKU_APP_NAME。这些环境变量可以在我们的.circleci/config.yml 脚本中使用。

2. 更新的工作流部分和 YML 配置脚本

现在,我们的 YML 配置脚本具有一个 deploy 的 jobs 部分,并且更新了 workflows 字段,具体如下:

```
...
deploy:
    docker:
        - image: buildpack-deps:trusty
```

```
    steps:
        - checkout
        - run:
            name: Deploy Master to Heroku
            command: |
                git push
https://heroku:$HEROKU_API_KEY@git.heroku.com/$HEROKU_APP_NAME.git master

workflows:
    version: 2
        build_integration_and_deploy:
            jobs:
                - build
                - integration:
                    requires:
                        - build
                - deploy:
                    requires:
                        -integration
```

由于我们为作业设置了按顺序运行的流水线，因此更改后的工作流看起来有变化，如图 13-27 所示。

图 13-27

在图 13-27 中，首先运行 **build** 作业，然后是 **integration** 作业，最后是 **deploy** 作业。

13.5 使用 CircleCI API

要开始使用 API，你需要添加 API 令牌。我们已经在 13.3.6 节中设置了一个 API 令牌，如果读者有需要可以阅读那一节。

13.5.1 测试 CircleCI API 连接

使用 curl 命令和 API 令牌来测试我们是否具有良好的 CircleCI API 连接，如图 13-28 所示。

```
→ ~ curl -X GET \
--header "Accept: application/json" \
"https://circleci.com/api/v1.1/me?circle-token=$CIRCLECI_API_TOKEN_GITHUB"
{"enrolled_betas":[],"in_beta_program":false,"selected_email":"marcelbelmont+1@gmail.com","avatar_url":"https://avatars3.githubusercontent.com/u/40322425?v=4
","trial_end":"2018-08-04T18:24:11.355Z","admin":false,"basic_email_prefs":"smart","sign_in_count":2,"github_oauth_scopes":["user:email","repo"],"analytics_i
d":"ff6c7208-0c90-43e2-b71d-7755fc8885ec","name":null,"gravatar_id":null,"first_vcs_authorized_client_id":"1527432998464","days_left_in_trial":5,"parallelism
":1,"student":false,"bitbucket_authorized":true,"github_id":40322425,"bitbucket":{"id":{"e52ece0d-6c8c-4422-8313-94d59fbc1017}","login":null,"dev_admin":fal
se,"all_emails":["marcelbelmont+1@gmail.com","marcelbelmont+3@gmail.com"],"created_at":"2018-07-21T18:24:11.355Z","plan":null,"heroku_api_key":null,"identiti
es":{"github":{"avatar_url":"https://avatars3.githubusercontent.com/u/40322425?v=4","external_id":40322425,"id":40322425,"name":null,"user":true,"domain":"g
ithub.com","type":"github","authorized":true,"provider_id":"bcc68be8-ef10-4dd6-9b76-34f19e0db930","login":"packtci"},"bitbucket":{"avatar_url":"https://bitb
ucket.org/account/packtci/avatar/","external_id":"e52ece0d-6c8c-4422-8313-94d59fbc1017","id":"e52ece0d-6c8c-4422-8313-94d59fbc1017","name":"Jean-Marcel B
elmont","user":true,"domain":"bitbucket.org","type":"bitbucket","authorized":true,"provider_id":"752bbf0d-bea6-4c9c-9923-ce5936ca9be3","login":"packtci"}},
"projects":{"https://github.com/packtci/functional-summer":{"on_dashboard":true,"emails":"default"},"https://bitbucket.org/packtci/java-summer":{"on_dashboar
d":true,"emails":"default"},"https://github.com/packtci/go-template-example-with-circle-ci":{"on_dashboard":true,"emails":"default"}},"login":"packtci","orga
nization_prefs":{},"containers":1,"pusher_id":"3b04b2f60dcae08f877a6e67c74b815563c8cc38","num_projects_followed":3}}
→ ~
```

图 13-28

此处我们没有获得任何响应头或状态代码。要获得这些消息，需要在 curl 命令中使用 -i、-- include 选项。

13.5.2 用 CircleCI API 获取单个 Git 存储库的构建摘要

让我们使用 API 端点 GET /project/:vcs-type/:username/:project 来获取构建的摘要信息。

在图 13-29 中，我们使用 curl 命令使 REST 调用并使用 JSON 命令行实用程序 jq 来美化 JSON 输出。

```
→ go-template-example-with-circle-ci git:(master) curl -X GET \
--header "Accept: application/json" \
"https://circleci.com/api/v1.1/project/github/packtci/go-template-example-with-circle-ci?circle-token=$CIRCLECI_API_TOKEN_GITHUB" | jq
  % Total    % Received % Xferd  Average Speed   Time    Time     Time  Current
                                 Dload  Upload   Total   Spent    Left  Speed
100 15208  100 15208    0     0   8651      0  0:00:01  0:00:01 --:--:--  8650
[
  {
    "compare": "https://github.com/packtci/go-template-example-with-circle-ci/compare/7d7c87e2c35d...725e97cc7a24",
    "previous_successful_build": {
      "build_num": 4,
      "status": "success",
      "build_time_millis": 2938
    },
    "build_parameters": null,
    "oss": true,
    "all_commit_details_truncated": false,
    "committer_date": "2018-07-29T17:33:32-04:00",
```

图 13-29

13.5.3 用 jq 实用程序计算 CircleCI 构建的某些指标

通过 jq 实用程序，可以利用 CircleCI API 提供的信息来计算一些指标。如果想了解项目中已通过的所有构建，可以通过 jq 命令使用 jq 实用程序中的内置函数 map 和 select。

在图 13-30 中，我们获得了最近 30 个构建的构建摘要，仅显示实际通过的构建。

此处，我们使用两个不同的查询运行 jq 实用程序。

- 第一个查询是 jq 'map(select(.failed == false)) | length'，它会遍历对象数组，并过

滤掉顶层属性 failed 为 false 的对象。
- 第二个查询是 jq '. | length'，它只计算数组的长度，即 5。

```
➜ go-template-example-with-circle-ci git:(master) curl -X GET \
--header "Accept: application/json" \
"https://circleci.com/api/v1.1/project/github/packtci/go-template-example-with-circle-ci?circle-token=$CIRCLECI_API_TOKEN_GITHUB" | jq 'map(select(.failed == false))| length'
  % Total    % Received % Xferd  Average Speed   Time    Time     Time  Current
                                 Dload  Upload   Total   Spent    Left  Speed
100 15208  100 15208    0     0  37483      0 --:--:-- --:--:-- --:--:-- 37550
4
➜ go-template-example-with-circle-ci git:(master) curl -X GET \
--header "Accept: application/json" \
"https://circleci.com/api/v1.1/project/github/packtci/go-template-example-with-circle-ci?circle-token=$CIRCLECI_API_TOKEN_GITHUB" | jq '. | length'
  % Total    % Received % Xferd  Average Speed   Time    Time     Time  Current
                                 Dload  Upload   Total   Spent    Left  Speed
100 15208  100 15208    0     0  49160      0 --:--:-- --:--:-- --:--:-- 49216
5
➜ go-template-example-with-circle-ci git:(master)
```

图 13-30

我们执行第二条命令以确保第一条命令确实过滤掉了响应净荷中的某些条目。在这一点上，我们可以发现 GitHub 存储库 go-template-example-with-circle-ci 最近的 30 个构建中，确实有一个构建失败了。

13.6　小结

本章介绍了如何在 macOS/Linux 中安装 CircleCI CLI，并展示了如何安装一个每夜构建版本的 CLI。本章展示了如何在 CircleCI CLI 中使用每个命令，介绍了在 CircleCI CLI 的每夜构建版本中可用的一些命令功能，还解释了为什么工作流有用，如何在 CircleCI 中使用它们，最后介绍了如何使用 CircleCI API，以及如何通过使用 jq 实用程序来收集有用的指标。

13.7　问题

1. 安装 CircleCI CLI 的基本先决条件是什么？
2. 从哪里获取 CircleCI CLI 的每夜构建版本？
3. CLI 现有多少个 CLI 命令？
4. CLI 中的哪个命令可用于了解特定命令的作用和给定命令采用的选项？
5. 如何在 CircleCI 中运行并行作业？
6. 我们使用了哪个命令来验证 CircleCI YML 脚本？
7. CircleCI RESTful API 的端点是什么？

第 14 章
CircleCI UI 日志记录与调试

第 13 章深入介绍了 CircleCI CLI 命令，并展示了一些在 CircleCI 中自动执行任务的技术。本章将深入介绍作业日志，并详细地说明运行步骤。本章将解释工作流（workflow）的概念，并展示如何使用 CircleCI API 查找项目的最新版本。本章还将介绍如何通过在构建中使用缓存来调试慢速作业，以及使用一些故障排除技术来运行带有本地 YML 配置脚本的构建。

本章涵盖以下内容：
- 作业日志概述；
- 在 CircleCI 中调试慢速构建；
- 日志记录和故障排除技术。

14.1 技术要求

本章提及一些与 RESTful API 有关的概念，并使用 curl 程序进行 REST 调用，因此，读者最好了解什么是 API 以及如何使用 REST 客户端（如 curl）。初步了解 Unix 编程环境会有所帮助，了解什么是脚本和 Bash 环境也有助于学习。

14.2 作业日志概述

不同于 Travis CI 中的作业日志，CircleCI 每个作业中的每个步骤都在单独的 non-login shell 中运行，而且 CircleCI 为作业中的每个步骤设置了一些智能默认值。

14.2.1 用默认构建作业运行作业中的步骤

创建一个新的代码存储库，用于演示默认构建作业中的多个作业。将该存储库命名

为 circleci-jobs-example，而且构建工作会有多个运行声明。为方便说明，这里使用 Node.js
作为编程语言。将新项目添加至 CircleCI，使 CircleCI 可以识别到这个项目。在前面的
章节，已经使用 CircleCI Web UI 添加项目了，但这里使用 CircleCI API 将新项目添加至
CircleCI。

1. 通过 CircleCI API 向 CircleCI 添加项目

第 13 章讨论了如何使用 CircleCI API，阅读 13.5 节可以了解更多细节。如果已经阅读过 13.5 节，那么现在应该已经有了可使用的 API 令牌。为 CircleCI 上的新项目添加 API 端点需要做一次 POST HTTP 请求，其中要将 API 令牌作为查询的字符串参数加入。

使用 curl 作为 REST 客户端

本书一直使用 curl 作为 REST 客户端，目前读者应该已经很熟悉怎么使用它了。现在对端点 https://circleci.com/api/v1.1/project/:vcs-type/:username/:project/follow?circle-token=:token 做一次 POST 请求，如下所示：

```
curl -X POST
"https://circleci.com/api/v1.1/project/github/packtci/circleci-jobs-example
/follow?circle-token=$CIRCLECI_API_TOKEN_GITHUB"
```

此处我们使用一个在本地环境中设置的环境变量 CIRCLECI_API_TOKEN_GITHUB，并从 API 获得以下响应：

```
{
  "following" : true,
  "workflow" : false,
  "first_build" : {
    "compare" : null,
    "previous_successful_build" : null,
    "build_parameters" : null,
    "oss" : true,
    "committer_date" : null,
    "body" : null,
    "usage_queued_at" : "2018-08-04T21:36:26.982Z",
    "fail_reason" : null,
    "retry_of" : null,
    "reponame" : "circleci-jobs-example",
    "ssh_users" : [ ],
    "build_url" :
"https://circleci.com/gh/packtci/circleci-jobs-example/1",
    "parallel" : 1,
    "failed" : null,
```

```
        "branch" : "master",
        "username" : "packtci",
        "author_date" : null,
        "why" : "first-build",
        "user" : {
          "is_user" : true,
          "login" : "packtci",
          "avatar_url" :
"https://avatars3.githubusercontent.com/u/40322425?v=4",
          "name" : null,
          "vcs_type" : "github",
          "id" : 40322425
        },
        "vcs_revision" : "abc2ce258b44700400ec231c01529b3b6b8ecbba",
        "vcs_tag" : null,
        "build_num" : 1,
        "infrastructure_fail" : false,
        "committer_email" : null,
        "previous" : null,
        "status" : "not_running",
        "committer_name" : null,
        "retries" : null,
        "subject" : null,
        "vcs_type" : "github",
        "timedout" : false,
        "dont_build" : null,
        "lifecycle" : "not_running",
        "no_dependency_cache" : false,
        "stop_time" : null,
        "ssh_disabled" : true,
        "build_time_millis" : null,
        "picard" : null,
        "circle_yml" : {
          "string" : "version: 2\njobs:\n build:\n docker:\n - image:
circleci/node:8.11.3\n steps:\n - checkout\n - run:\n name: Install
Dependencies\n command: npm install\n - run:\n name: Run the Sort Test to
sort by first name\n command: $(npm bin)/tape sort_test.js\n - run:\n name:
Compute Standard Deviation\n command: $(npm bin)/tape
standard_deviation_test.js\n - run:\n name: Find the Text and Replace It\n
command: $(npm bin)/tape find_text_test.js\n - run: |\n echo \"Generate
Code Coverage\"\n npm test\n echo \"Show the coverage\"\n npm run
coverage\n "
        },
        "messages" : [ ],
```

```
    "is_first_green_build" : false,
    "job_name" : null,
    "start_time" : null,
    "canceler" : null,
    "platform" : "2.0",
    "outcome" : null,
    "vcs_url" : "https://github.com/packtci/circleci-jobs-example",
    "author_name" : null,
    "node" : null,
    "canceled" : false,
    "author_email" : null
  }
}
```

2. 从 JSON 响应中解析 build_url 属性

使用 cat 工具将终端会话中的 JSON 响应内容保存到一个新文件中，命名为 circleci-jobs-example-follow.json，如下所示：

```
cat > circleci-jobs-example-follow.json
# 从系统剪贴板粘贴 JSON 响应内容
# 按 Enter 键
# 最后按 Enter 键
```

现在使用 jq 实用程序，在 JSON 净荷中找到 build_url 属性：

```
cat circleci-jobs-example-follow.json | jq '.first_build.build_url'
```

此命令返回用于构建的 URL https://circleci.com/gh/packtci/circleci-jobs-example/1。现在可以打开浏览器并粘贴此 URL，也可以使用操作系统中的命令行实用程序。这里以 macOS 为例，使用 open 实用程序打开该 URL：

```
open https://circleci.com/gh/packtci/circleci-jobs-example/1
```

执行上面的命令后将在 macOS 中使用默认浏览器打开相应 URL。在 Linux 中，根据不同的 Linux 发行版，可能需要使用 xdg-open、gnome-open 或 kde-open。无论采用哪种方式，都可以很简单地在浏览器中打开相应 URL。

3. CircleCI Web UI 作业日志分析

当我们打开通过 API 所触发的新作业的 URL 时，CircleCI Web UI 的第一部分如图 14-1 所示。

14.2 作业日志概述

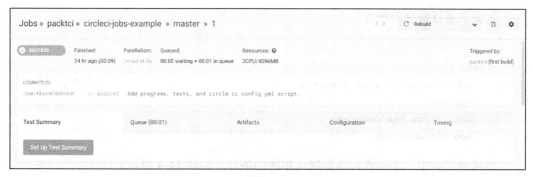

图 14-1

注意，页面顶部显示了一些基本信息，例如提交 SHA 哈希值、贡献者信息和其他背景信息。如果在作业日志中向下滚动，会看到作业的每个部分运行的步骤，如图 14-2 所示。

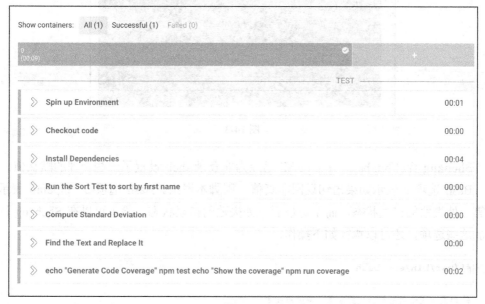

图 14-2

此构建用 9 秒完成，注意，这里每个步骤都有对应的折叠部分，单击每个折叠部分可以展开该步骤的详细信息。每个步骤的名称与 YML 配置脚本中的 name 字段对应。

多行命令的命名使用了完整命令的名称。

下面是多行命令的条目：

```
...
- run: |
    echo "Generate Code Coverage"
    npm test
    echo "Show the coverage"
    npm run coverage
```

如果展开其中一个步骤，将看到该步骤的条目，如图 14-3 所示。

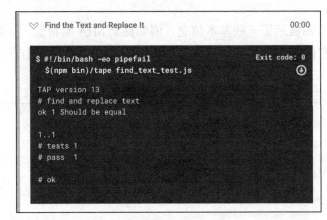

图 14-3

Shebang 行 #!/bin/bash -eo pipefail 已经为非登录 shell 设置了一些合理的默认值。

Bash 选项 -e 表示如果语句返回非真值，则脚本退出。Bash 选项 -o pipefail 表示使用第一处失败的错误状态，而不是最后一处失败的错误状态。除了可以在 Shebang 行中添加这些选项，还可以执行如下操作：

```
#!/usr/bin/env bash

# 如果试图使用未初始化的变量，则退出脚本
set -o nounset
# 如果语句返回非真值，则退出脚本
set -o errexit
# 使用流水线中第一处失败的错误状态，而不是最后一处失败的错误状态
set -o pipefail
```

如果查看另一个步骤，会看到它完成了同样的动作，如图 14-4 所示。

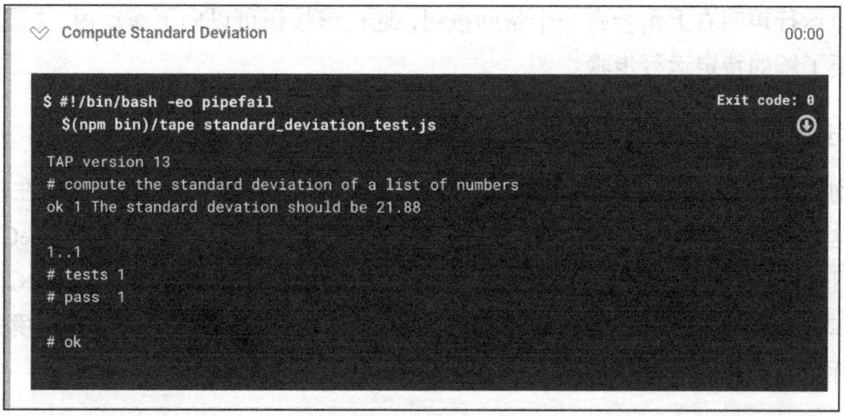

```
   Compute Standard Deviation                                    00:00

$ #!/bin/bash -eo pipefail                              Exit code: 0
  $(npm bin)/tape standard_deviation_test.js

TAP version 13
# compute the standard deviation of a list of numbers
ok 1 The standard devation should be 21.88

1..1
# tests 1
# pass  1

# ok
```

图 14-4

CircleCI 在作业的每个步骤中都执行上述操作，因为它可以帮助开发者解决编写 shell 脚本时出现的问题，且有助于在编写 shell 脚本时达到最佳实践。

此处有一个可能失败的命令示例，在使用 Unix 流水线时，该命令会在出现故障的构建位置报告错误：

```
docker ps -a | grep -v "busybox:latest" | awk '{ print $1 }' - | grep -v
"CONTAINER"
```

在该流水线中，我们列出所有正在运行、退出或因某种原因终止的容器，然后将其通过管道传输到 grep 工具，排除含有文本 busybox:latest 的所有条目，再将内容通过管道传输到 awk 中并输出第一列。最后，将产生的内容通过管道传输到 grep 并排除文本 CONTAINER。该流水线可能在其任意一条链上失败，但由于我们使用了选项 set -o pipefail，因此脚本将在返回非真值选项的第一个命令时失败。这么做很有用，因为默认的行为本来是报告流水线中的最后一项错误。

运行声明命令的另一要点是，它们默认使用 non-login shell 执行。这意味着你必须在执行命令的过程中显式地获取所有隐藏文件（如以"."开头的文件），否则可能会有环境变量未准备好的问题。

下面是一个示例：

```
# 此处读取一些需要的环境变量
source ~/project/.env

npm run security-tests
```

另外请注意，每个运行声明的右上角都会输出退出代码，如图 14-5 所示。

第 14 章　CircleCI UI 日志记录与调试

每个运行声明右上角会有一个帮助按钮，通过该按钮可以向下滚动内容至想要了解的特定运行步骤。

`Exit code: 0`

图 14-5

4．安全使用环境变量的最佳做法

请勿在.circleci/config YML 脚本文件中添加任何私密信息，否则可能会在作业日志上泄露这些信息，因为作业日志有可能被公开访问。如果开发人员能在 CircleCI 上访问你的项目，就能看到 config.yml 的全文，所以不如将机密或密钥存储在 CircleCI 应用的 **Project** 或 **Context** 设置中。因为使用配置文件运行脚本可能会暴露秘密的环境变量，所以在运行步骤中使用 set -o xtrace / set -x 要谨慎，以防暴露环境变量。

 所有的环境变量都使用 HashiCorp Vault 加密，加密方式为 AES256-GCM96，任何 CircleCI 员工都不可访问。

14.2.2　用工作流运行作业中的步骤

根据 CircleCI 文档中关于工作流的内容，工作流是定义作业集合及其运行顺序的一套规则。工作流使用一组简单的配置键来支持复杂的作业安排，以帮助用户更快地解决故障。

这里将使用工作流把作业更合理地划分为几个部分，并合理利用某些互相独立且可以单独运行的脚本。使用 CircleCI 中的工作流，可以加快构建过程。

现在，将互相依赖的步骤分解为独立的构建部分，然后将 3 个独立的步骤折叠为一个名为 test 的步骤。这些步骤在 YML 配置脚本中如下：

```
...
- run:
  name: Run the Sort Test to sort by first name
  command: $(npm bin)/tape sort_test.js
- run:
  name: Compute Standard Deviation
  command: $(npm bin)/tape standard_deviation_test.js
- run:
  name: Find the Text and Replace It
  command: $(npm bin)/tape find_text_test.js
- run: |
  echo "Generate Code Coverage"
  npm test
```

```
    echo "Show the coverage"
    npm run coverage
...
```

在最后一个步骤中,我们使用了命令 npm test,该命令引用了 package.json 文件中的命令:

```
"scripts": {
    "test": "nyc tape *_test.js",
    "coverage": "nyc report --reporter=cobertura"
}
```

以上命令会运行所有的测试,并使用 NYC 代码覆盖率工具来报告覆盖率。最后一条命令生成了 Cobertura XML 报告,稍后会用到它。现在,将这一系列步骤重写到 test 字段中,如下所示:

```
test:
    docker:
        - image: circleci/node:8.11.3
    steps:
        - checkout
        - run:
            name: Run Tests and Run Code Coverage with NYC
            command: |
                echo "Generate Code Coverage"
                npm test
                echo "Show the coverage"
                npm run coverage
```

 此处给被折叠的命令起了一个更合适的名称,另外,可以通过在命令输入区中使用管道(|)运算符来执行多行命令。

与第 13 章一样,我们添加一个 deploy 字段,将应用部署至 Heroku。如果读者不知道 Heroku 是什么,可阅读第 11 章,尤其是 11.6 节,了解更多详细信息。

在 YML 配置脚本中添加工作流

下面将 workflows 字段添加到 YML 配置脚本的底部,但也可以添加到 YML 配置脚本的开头。更新后的 YML 配置脚本如下:

```
...
workflows:
```

```
version: 2
build_test_and_deploy:
    jobs:
        - build
        - test:
            requires:
                - build
        - deploy:
            requires:
                - test
```

完成 YML 配置脚本的更新后,应使用 CircleCI CLI 确保 YML 配置脚本仍然有效,如图 14-6 所示。

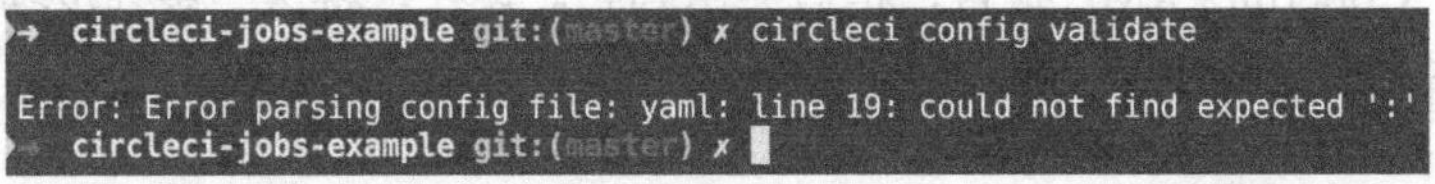

```
→ circleci-jobs-example git:(master) ✗ circleci config validate
Error: Error parsing config file: yaml: line 19: could not find expected ':'
  circleci-jobs-example git:(master) ✗
```

图 14-6

第 19 行的 YML 配置脚本中似乎有一个问题:

```
...
- run:
    name: Run Tests and Run Code Coverage with NYC
    command: |
    echo "Generate Code Coverage"
    npm test
    echo "Show the coverage"
    npm run coverage
```

这实际上是 YML 配置脚本中的一个小错误,由于我们没有正确缩进多行命令,CircleCI 不知道多行命令从什么位置开始。下面是改正后的 YML 配置脚本:

```
...
- run:
    name: Run Tests and Run Code Coverage with NYC
    command: |
      echo "Generate Code Coverage"
      npm test
      echo "Show the coverage"
      npm run coverage
```

再次运行 CircleCI CLI 验证,如图 14-7 所示。

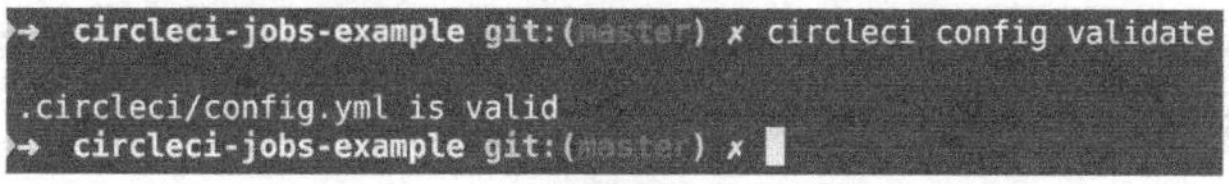

```
→ circleci-jobs-example git:(master) × circleci config validate
.circleci/config.yml is valid
→ circleci-jobs-example git:(master) ×
```

图 14-7

YML 配置脚本有效，于是我们就可以通过图 14-8 所示的命令将其提交到 Git 版本控制系统中。

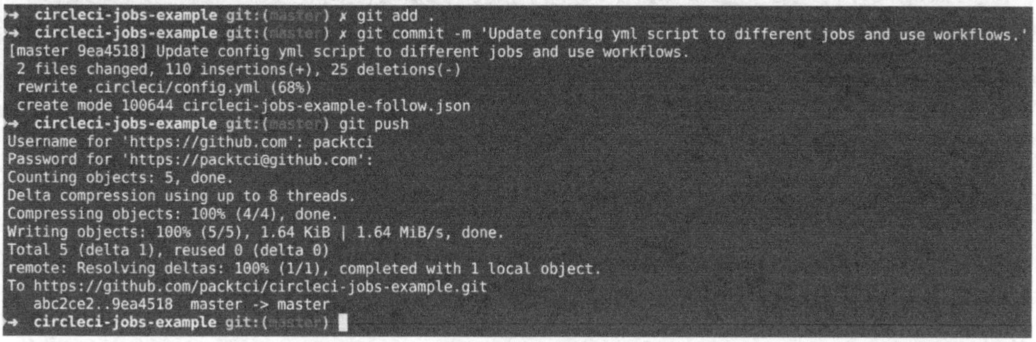

```
→ circleci-jobs-example git:(master) × git add .
→ circleci-jobs-example git:(master) × git commit -m 'Update config yml script to different jobs and use workflows.'
[master 9ea4518] Update config yml script to different jobs and use workflows.
 2 files changed, 110 insertions(+), 25 deletions(-)
 rewrite .circleci/config.yml (68%)
 create mode 100644 circleci-jobs-example-follow.json
→ circleci-jobs-example git:(master) git push
Username for 'https://github.com': packtci
Password for 'https://packtci@github.com':
Counting objects: 5, done.
Delta compression using up to 8 threads.
Compressing objects: 100% (4/4), done.
Writing objects: 100% (5/5), 1.64 KiB | 1.64 MiB/s, done.
Total 5 (delta 1), reused 0 (delta 0)
remote: Resolving deltas: 100% (1/1), completed with 1 local object.
To https://github.com/packtci/circleci-jobs-example.git
   abc2ce2..9ea4518  master -> master
→ circleci-jobs-example git:(master)
```

图 14-8

注意，这里可以为本次提交输入一个描述信息。为正在进行的工作添加一个特定标签（如 JIRA）是一个使用版本控制的好习惯，如下所示：

```
git commit -m '[PACKT-1005] Update config yml script to different jobs and use workflows.'
```

14.2.3　用 CircleCI API 查找最新的构建 URL

可以在 CircleCI Web 应用中单击 workflows 字段来找到最新的构建，但是现在先改用 CircleCI API 来做这件事。使用 jq 解析 JSON 响应净荷，就像之前对其他 API 端点所做的那样。

下面是一条命令，它将/recent-builds API 端点的输出信息通过管道传递到 jq，并从对象数组（将是最新的构建）中返回第一个 build_url，然后将其通过管道传递到系统剪贴板。在 https://circleci.com/docs/api/v1-reference/#recent- builds-project 文档中可以看到近期构建项目的 JSON 样式。

```
curl -X GET \
    --header "Accept: application/json" \
"https://circleci.com/api/v1.1/project/github/packtci/circleci-jobs-example
?circle-token=$CIRCLECI_API_TOKEN_GITHUB" | jq '.[0].build_url'
```

第 14 章　CircleCI UI 日志记录与调试

这将返回 https://circleci.com/gh/packtci/circleci-jobs-example/6 到终端。

现在跳转到该 URL 查看最近的构建，可以看到构建失败，如图 14-9 所示。

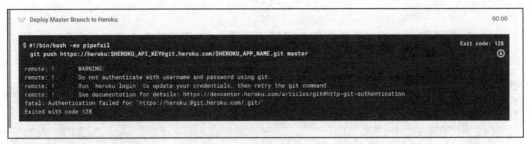

图 14-9

构建失败是因为我们没有设置好 YML 配置脚本会用到的环境变量，即 HEROKU_API_KEY 和 HEROKU_APP_NAME。在第 13 章中讨论了如何设置项目的环境变量，这里只需把项目环境变量复制过来即可。如果环境变量相同，CircleCI 可以轻松完成构建。

单击 **Import Variables** 按钮，如图 14-10 所示，然后输入要复制的项目。

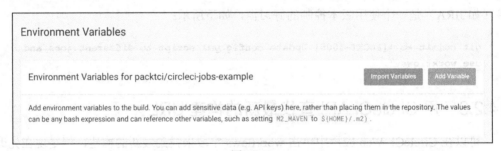

图 14-10

注意，图 14-11 中只选择了 HEROKU_API_KEY 环境变量，接下来要手动设置 HEROKU_APP_NAME，因为它和 circleci-jobs-example 项目是不同的，如图 14-12 所示。

设置好环境变量后，重新生成摘要，即在 API 端点 https://circleci.com/docs/api/v1-reference/#retry-build 返回新生成的摘要。使用 curl 调用端点，如下所示：

```
curl -X POST
https://circleci.com/api/v1.1/project/github/packtci/circleci-jobs-example/
6/retry\?circle-token\=$CIRCLECI_API_TOKEN_GITHUB | jq '.build_url'
```

Import an Environment Variable

You can import environment variables from any project that belong to packtci.

go-template-example-with-circle-ci

Name	Value	Select all
HEROKU_API_KEY	xxxx28da	☑
HEROKU_APP_NAME	xxxxmple	☐

图 14-11

Add an Environment Variable

To disable string substitution you need to escape the `$` characters by prefixing them with `\`. For example, a value like `usd$` would be entered as `usd\$`.

Name

HEROKU_APP_NAME

Value

circleci-jobs-example

图 14-12

现在可以确认，通过复制返回到标准输出的 build_url 值（也就是 https://circleci.com/gh/packtci/circleci-jobs-example/7），该构建已被修复，如图 14-13 所示。

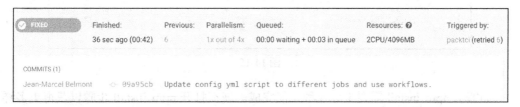

图 14-13

14.3 在 CircleCI 中调试慢速构建

由于种种原因，CircleCI 的构建速度可能很慢。现在来看一个 go-template-example-with-circle-ci 的工作流示例，如图 14-14 所示。

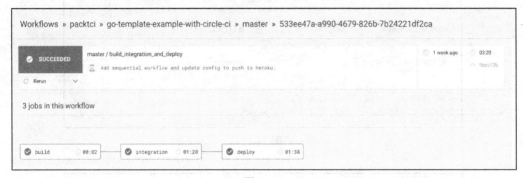

图 14-14

要注意的是，**integration** 作业大致要花 1 分钟才能完成，而 **deploy** 作业也大致要花 1 分钟才能完成，这使构建总共需要 3 分 20 秒才能完成。如果单击 **integration** 作业，则会在该作业中看到图 14-15 所示的步骤。

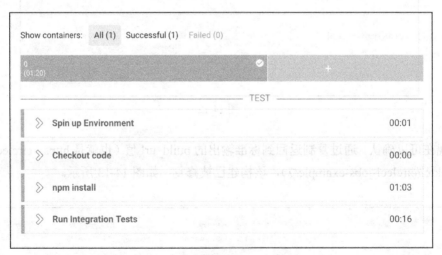

图 14-15

注意，npm install 需要 1 分 3 秒才能完成。现在打开 npm install 步骤以获得更多详细信息，如图 14-16 所示。

```
$ #!/bin/bash -eo pipefail                                    Exit code: 0
  npm install

> cypress@3.0.2 postinstall /root/project/node_modules/cypress
> node index.js --exec install

Installing Cypress (version: 3.0.2)

[22:22:57]  Downloading Cypress      [started]
[22:23:04]  Downloading Cypress      [completed]
[22:23:04]  Unzipping Cypress        [started]
[22:23:51]  Unzipping Cypress        [completed]
[22:23:51]  Finishing Installation   [started]
[22:23:51]  Finishing Installation   [completed]

You can now open Cypress by running: node_modules/.bin/cypress open

https://on.cypress.io/installing-cypress

added 197 packages from 167 contributors and audited 326 packages in 62.145s
found 2 low severity vulnerabilities
  run `npm audit fix` to fix them, or `npm audit` for details
```

图 14-16

这里唯一的依赖是 cypress.io，但是我们没有缓存此依赖，因此每次构建时都需要运行此步骤。CircleCI 可以通过两个字段 save_cache 和 restore_cache 缓存依赖节点。更新 YML 配置脚本，以使用此缓存策略进行集成构建：

```
integration:
  docker:
    - image: cypress/base:8
      environment:
        ## 这样可以在输出中使用颜色
        TERM: xterm
  steps:
    - checkout
    # 恢复依赖缓存的特殊步骤
    - restore_cache:
        key: v2-{{ checksum "package.json" }}
    - run: npm install
    # 保存依赖缓存的特殊步骤
    - save_cache:
        key: v2-{{ checksum "package.json" }}
        paths:
          - ~/.npm
          - ~/.cache
    - run:
        name: "Run Integration Tests"
        command: npm test
```

注意，这里将 restore_cache 步骤放置在 npm install 步骤之前，然后将 save_cache 步骤放置在 npm install 步骤之后。这里还在两个字段中都使用了 key 字段。键值是不可变的，而且使用前缀 v2 作为版本化缓存键值的方法，然后获取 package.json 文件的校验和。如果我们想使缓存的任何更改无效，可以简单地将缓存值加 1，例如改为 v3。注意，还有一个 paths 字段，它的路径指定为~/.npm 和~/.cache 目录。cypress 测试运行程序希望将二进制文件保存到这些目录中，否则它会报错。现在将修改后的内容提交到源码控制系统，并触发新的构建，然后查看作业日志。现在调用最近构建的 API 端点，复制 URL，并查看构建过程：

```
curl -X GET \
  --header "Accept: application/json" \
"https://circleci.com/api/v1.1/project/github/packtci/go-template-example-with-circle-ci?circle-token=$CIRCLECI_API_TOKEN_GITHUB" | jq
'.[0].build_url'
```

复制在标准输出中的 build_url 条目，将 URL 粘贴到浏览器中。该 build_url 可以打开当前构建，从这个页面通过单击链接可以很容易地导航到工作流中的特定作业，如图 14-17 所示。

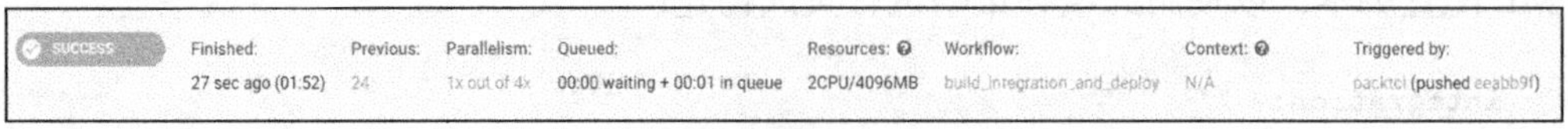

图 14-17

单击 **Workflow** 下的 build_integration_and_deploy 进入工作流。然后可以在集成构建中看到图 14-18 所示的步骤。

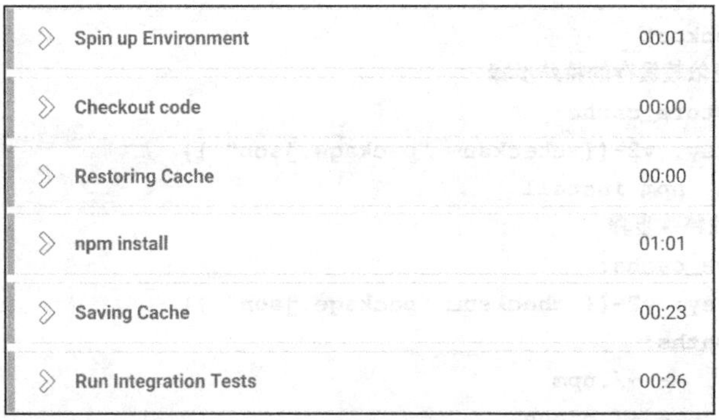

图 14-18

如果展开 **Restoring Cache** 下拉列表，可以看到图 14-19 所示的内容。

14.3 在 CircleCI 中调试慢速构建

图 14-19

> 这里没有找到缓存，这是应该预料到的，因为这是构建的首次运行，不会跳过此步骤。

展开 **Saving Cache** 下拉列表，可以看到图 14-20 所示的内容。

图 14-20

> 注意，这里创建了一个缓存存档并存储在 node_modules 路径中，该路径就是之前在 YML 配置脚本中指定的 paths 字段。

现在对 README.md 文件进行简单的文本更改，然后提交更改，并触发新的构建。然后像之前一样使用 API 查找最新的版本。现在看一下最新集成工作的日志，如图 14-21 所示。

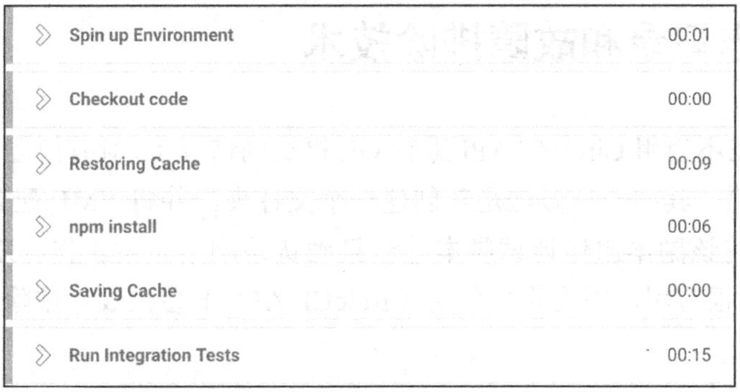

Spin up Environment	00:01
Checkout code	00:00
Restoring Cache	00:09
npm install	00:06
Saving Cache	00:00
Run Integration Tests	00:15

图 14-21

[255]

注意，构建时间从 1 分 20 秒变为了 31 秒。如果打开 **Restoring Cache** 下拉列表，则会看到图 14-22 所示的内容。

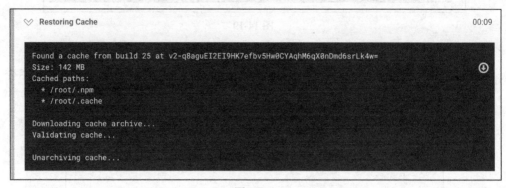

图 14-22

现在来看 **Saving Cache** 下拉列表，打开之后看到图 14-23 所示的内容。

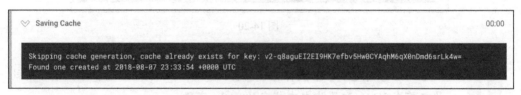

图 14-23

 注意，这里跳过了缓存生成，因为找到了在之前的构建中保存的缓存。

14.4 日志记录和故障排除技术

我们可以在不使用 CircleCI API 进行 Git 提交的情况下，对有问题的 YML 配置脚本进行故障排除。其中一种做法是新创建一个文件夹，并将 YML 配置脚本的副本放入其中，然后将该副本用作调试脚本。一旦确认该副本正常工作，就可以更新原始 YML 脚本。这很有用，因为直接使用 CircleCI API 不会让故障排除的过程干扰 Git 历史记录。

用本地 YML 配置脚本运行构建以排除故障

如果要存储构建内容，例如存储项目的代码覆盖率报告。比如正在生成一个代码覆盖率报告以供接下来查看，但在之前的构建中尚未保存该报告。这是创建单独的 YML 配置脚本以测试此新特性的好机会。现在将项目 circleci-jobs-example 中的代码覆盖率报告存储下来，同时按照 14.3 节中的方法更新测试作业，以缓存节点依赖。

在 shell 中执行以下命令，复制.circleci 目录下的内容，并创建一个新目录：

```
cp -r .circleci store_and_cache_experiment
```

现在将使用 store_and_cache_experiment 文件夹进行本地 YML 配置脚本实验。下面是对 store_and_cache_experiment 文件夹中的 YML 配置脚本进行的更改：

```yaml
test:
    docker:
        - image: circleci/node:8.11.3
    steps:
        - checkout
        # 恢复依赖缓存的特殊步骤
        - restore_cache:
            key: v2-{{ checksum "package.json" }}
        # 保存依赖缓存的特殊步骤
        - run:
            name: Install Dependencies
            command: npm install
        - save_cache:
            key: v2-{{ checksum "package.json" }}
            paths:
                - ~/.npm
                - ~/.cache
        - run:
            name: Run Tests and Run Code Coverage with NYC
            command: |
                echo "Generate Code Coverage"
                npm test
                echo "Show the coverage"
                npm run coverage
        - store_artifacts:
            path: coverage
            prefix: coverage
```

这里添加了 save_cache 和 restore_cache 声明，还添加了 store_artifacts 声明。接下来使用 circleci config validate 命令验证 YML 配置脚本仍然有效。为了测试本地配置中的这些更改同时不进行 Git 提交，可以使用 CircleCI API 并在请求的正文中提供本地 YML 配置脚本，再引用最近的 Git 提交。通过执行以下命令来获取最新的 Git 提交，如图 14-24 所示。

```
➜ circleci-jobs-example git:(master) ✗ git log --pretty=oneline | head -1 | cut -c 1-40
09a95cb11914fe8cf4058bfe70547b0eec0656bc
➜ circleci-jobs-example git:(master) ✗
```

图 14-24

现在我们有了版本代码，可用于接下来的 API 调用。下面是用来调试新的 YML 配置脚本的命令：

```
#! /bin/bash

curl --user ${CIRCLECI_API_TOKEN_GITHUB}: \
    --request POST \
    --form revision=09a95cb11914fe8cf4058bfe70547b0eec0656bc \
    --form config=@config.yml \
    --form notify=false \
https://circleci.com/api/v1.1/project/github/packtci/circleci-jobs-example/
tree/master | jq '.build_url'
```

选项--user 指定了 API 令牌，该令牌保存在环境变量中，然后:后为空，意味着后面没有密码。选项--request 指定了 POST 方法。选项--form 指定了之前获得的 Git 版本号，接下来的一个选项中指定了 config.yml 脚本。然后将 notify 值指定为 false，最后提供了 URL。这里指定了 GitHub 作为版本控制系统，然后指定了用户名 packtci，接着是项目名称，再然后是 tree，最后是分支名称。接着将其通过管道传递到 jq 实用程序中，并解析出 build_url。为了清楚起见，下面是 API 端点：

```
POST: /project/:vcs-type/:username/:project/tree/:branch
```

做了 REST 调用后，会得到一个包含构建 URL 的 JSON 响应。得到的构建 URL 是 https://circleci.com/gh/packtci/circleci-jobs-example/8。如果在 CircleCI Web UI 中查看该版本，则会看到它已经通过了，如图 14-25 所示。

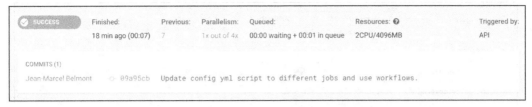

图 14-25

现在可以删除故障排除目录、YML 配置脚本和 shell 脚本了，然后将配置 YML 脚本复制到.circleci 目录中，如下所示：

```
cp store_and_cache_experiment/config.yml .circleci
rm -r store_and_cache_experiment
git add .
git commit -m 'Cache and Store artifacts.'
git push
```

现在，如果我们单击当前版本，然后转到工作流链接，将会看到 **Uploading artifacts** 步骤已添加到作业，如图 14-26 所示。

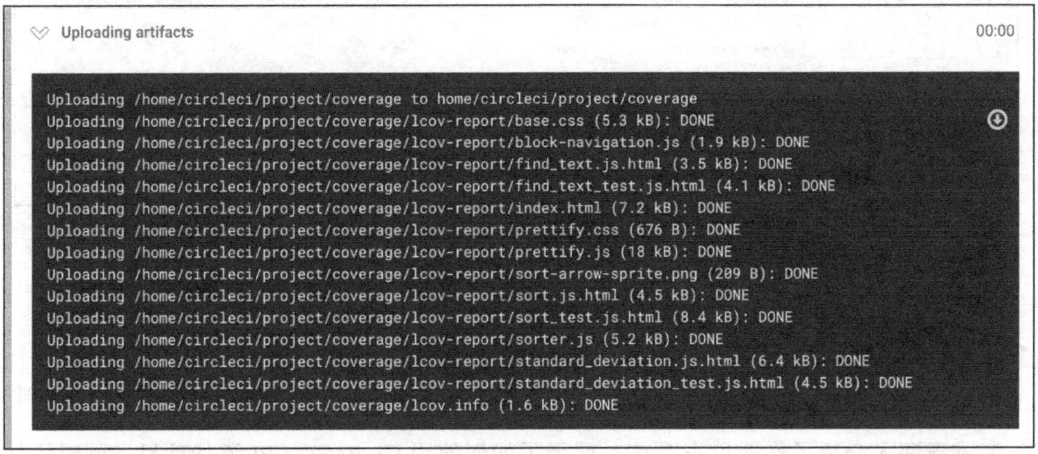

图 14-26

现在，向上滚动并单击 **Artifacts** 标签页，可以看到工件已保存在构建中，如图 14-27 所示。

如果单击 index.html，将会跳转到一个看起来不错的覆盖率报告，如图 14-28 所示。

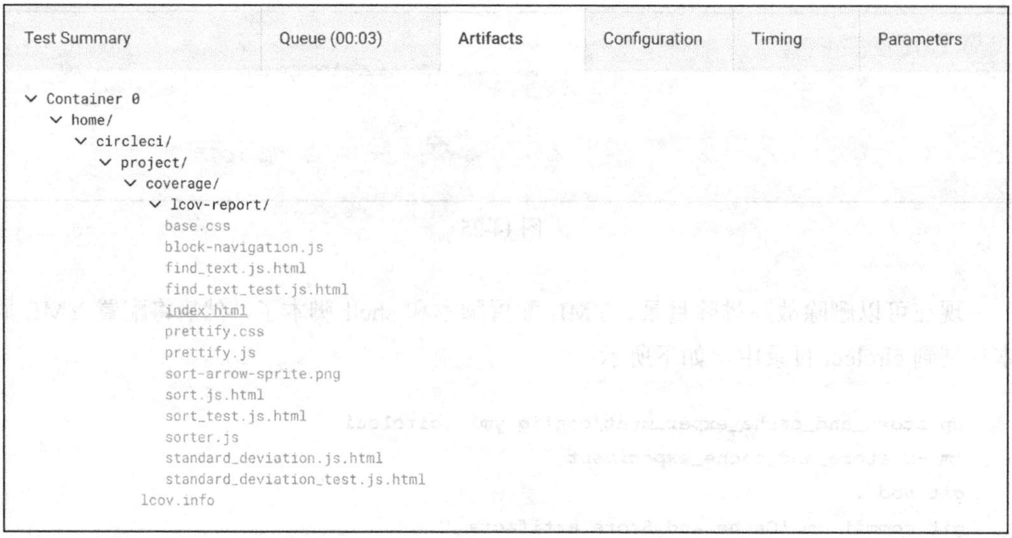

图 14-27

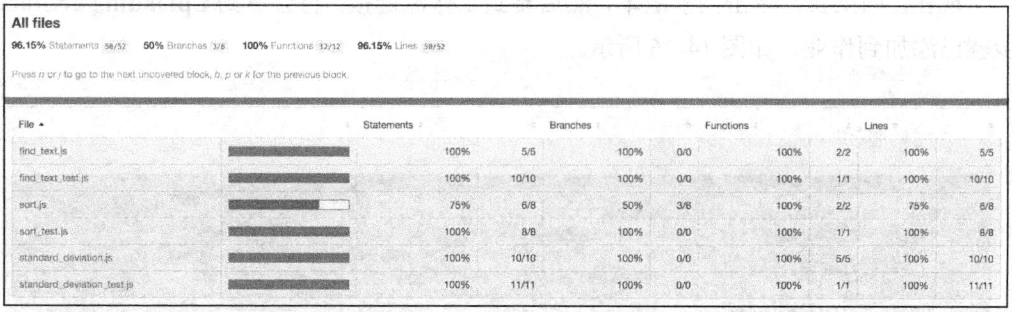

图 14-28

14.5 小结

　　本章深入介绍了作业日志系统，展示了如何使用 CircleCI API 添加项目，同时讲解了如何分析作业日志，并更详细地解释了 CircleCI 中的工作流，还研究了如何使用 CircleCI API 查找最新版本，如何在 Circle CI 中调试慢速构建，并讲解了如何使用本地 YML 配置脚本调试来对 CircleCI YML 脚本进行更改。

　　第 15 章将介绍一些有关持续集成/持续交付的最佳实践，并介绍一些配置管理模式，尤其是机密管理，然后介绍在软件公司中实施 CI/CD 时的一些部署检查清单。

14.6 问题

1. 在 CircleCI 中用于跟踪新项目的 API 端点是什么？
2. cat 程序可以用于创建新文件吗？
3. 如何在 CircleCI YML 配置脚本中执行多行命令？
4. 在 CircleCI 中，在脚本中使用 set -x 或执行跟踪时是否存在安全缺陷？
5. 用来验证 YML 配置脚本的 CLI 命令是什么？
6. 是否可以从其他 CircleCI 项目导入环境变量？
7. 在 CircleCI 中缓存依赖需要哪些声明？

第 15 章 最佳实践

第 14 章中介绍了在 CircleCI 中更为先进的调试和日志记录技术，以及使用 CircleCI API 的更多选项。本章将讨论不同类型测试中（如冒烟测试、单元测试、集成测试、系统测试和验收测试）的最佳实践，以 Vault 库为例来说明密码管理的最佳实践，最后阐释 CI/CD 部署中的最佳实践并编写自定义的 Go 脚本来创建 GitHub 版本。

本章涵盖以下内容：
- CI/CD 中不同类型测试的最佳实践；
- 密码和机密存储中的最佳实践；
- 部署中的最佳实践。

15.1 技术要求

因为本章将要在部署脚本和单元测试示例中讨论一些指定编程语言的内容，所以需要读者具有一定的基本的编程技能。如果读者熟悉 Unix 编程并了解 Bash shell 的含义，将非常有帮助。

15.2 CI/CD 中不同类型测试的最佳实践

第 3 章讨论了验收测试并简要说明了验收测试套件如何作为回归测试套件使用。本节将讨论可以进行的不同种类的软件测试并列出每种测试中的一些最佳实践。本节将讨论以下种类的测试：
- 冒烟测试；
- 单元测试；
- 集成测试；

- 系统测试；
- 验收测试。

15.2.1 冒烟测试

冒烟测试是一种用于帮助核查应用中基本特性的特殊测试。冒烟测试会假定一些基本的实现和环境设置已经完成。通常，冒烟测试会在测试循环的开始之前进行，它作为一个完整测试套件的检查部分存在。

进行冒烟测试的主要目的是在软件系统运行新特性时找到突出的问题。冒烟测试并不要求面面俱到，而是要求快速运行。例如，一家软件公司正在遵循快速软件开发实践且新特性要在两周内添加到产品中去。当新特性合并到软件主体中时，如果冒烟测试失败，这将会直接触发红色警告，提示该新特性会引起已有特性的崩坏。

在测试系统中的新特性时，可以创建符合特定环境的冒烟测试，该测试应当能部署一些基本的设定并测试系统是否能达到要求。你可以创建在集成测试完成之前运行的冒烟测试和阶段环境的部署完成之前运行的冒烟测试，这些测试应该在每一个阶段环境检查不同的条件。

冒烟测试示例

本示例将使用一个构建完成的用于在列表中展示使用者的应用。该应用名为 containerized-golang-and-vuejs，它展示了如何使用容器、Go 语言和 Vue.js 以供参考。第一步是确保应用能够使用名为 make dev 的 makefile 任务在运行。以下命令可完成该操作：

```
docker-compose up frontend backend db redis
```

总之，此命令启动了 4 个容器，并且当它启动运行时，我们应该能够访问 http://localhost:8080。在实际运行中，冒烟测试会访问一个正在运行的应用，但本示例只是冒烟测试的演示。我们可以使用名为 **Cypress** 的端对端测试库，但也可以使用其他库。

使用 JavaScript 编写以下的简单冒烟测试：

```
describe('The user list table is shown and buttons', function () {
    it('successfully loads table', function () {
        cy.visit('/')
        cy
        .get('.users-area-table')
        .find('tbody tr')
        .first()
        .screenshot()
```

```
    })
  })
```

读者可以在 **Getting Started** 文档中阅读更多有关 Cypress 的内容。此项测试实质上是在验证页面是否在加载数据。Cypress 能够获取页面截图，因此我们能直观地验证页面。

图 15-1 展示的是 Cypress 库获取的页面。

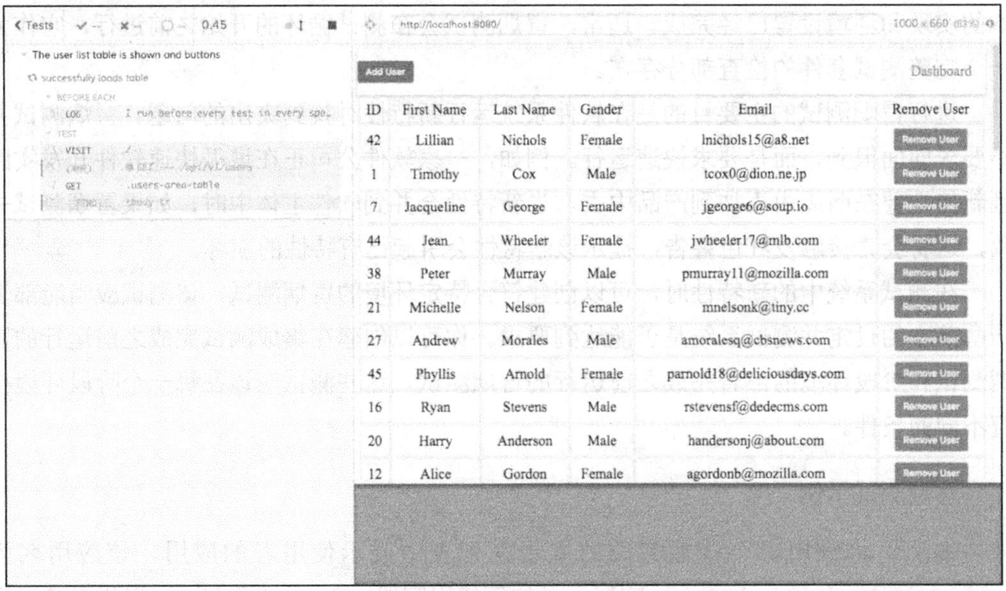

图 15-1

在这个简单的应用中，我们可以确定该应用基本在运行。但更为复杂的冒烟测试会进入登录界面并实施应用需要做的基本操作。

 Cypress 的另一个优点是它能够拍摄对应用的所有步骤进行测试的视频，这更能确认应用是否达到了基本的要求。

15.2.2 单元测试

单元测试通常被认为是软件测试的基础，这是因为单元测试会测试代码的各个代码块，例如一个函数或一个类/对象。使用单元测试，可以单独测试函数或类的功能。因此，单元测试通常会停止或移除所有的外部依赖以便专注于单独测试函数或类的功能。

单元测试对于测试系统中单个组件的正确性十分重要。这意味着它更容易将发生错误的位置隔离开。单元测试通常用于测试代码分支以及函数如何处理不同类型的输入。

15.2 CI/CD 中不同类型测试的最佳实践

通常，单元测试是开发人员在构建中运行的第一组测试，但 QA 工程师则可能会选择先运行冒烟测试再运行单元测试。

在把更改提交到 GitHub 之类的版本控制项目之前，独立开发人员会先运行单元测试。如同前面的章节所提到的，Jenkins、Travis CI 和 CircleCI 等的 CI 服务器会在运行集成测试之前运行单元测试。

单元测试示例

本示例将查看先前编写的包含单元测试的项目 circleci-jobs-example，这些单元测试是用来测试单个函数的。在存储库中，有一个名为 sort.js 的文件，其中拥有如下函数：

```
/ Takes an array of objects and sorts by First Name
function sortListOfNames(names) {
    return names.sort((a, b) => {
        if (a.firstName < b.firstName) {
            return -1;
        }
        if (a.firstName > b.firstName) {
            return 1;
        }
        if (a.firstName === b.firstName) {
            return 0;
        }
    });
}
```

此函数拥有一系列的对象，并按 firstName 属性对这些对象进行排序。在我们的单元测试中，我们只想测试 sortListOfNames 函数是否会按字母顺序进行排序。下面是在 tape.js 测试库中编写的单元测试：

```
test('Test the sort function', t => {
    t.plan(1);

    const names = [
        {
            firstName: 'Sam',
            lastName: 'Cooke'
        },
        {
            firstName: 'Barry',
            lastName: 'White'
        },
        {
```

```
            firstName: 'Jedi',
            lastName: 'Knight'
        }
    ];
    const actual = sort.sortListOfNames(names);
    const expected = [
        {
            firstName: 'Barry',
            lastName: 'White'
        },
        {
            firstName: 'Jedi',
            lastName: 'Knight'
        },
        {
            firstName: 'Sam',
            lastName: 'Cooke'
        }
    ];
    t.deepEqual(actual, expected, 'The names should be sorted by the first name.')
});
```

可以看到，单元测试会分离并只测试 sortListOfNames 函数的操作。这一点非常有用，因为一旦 sortListOfNames 函数出现错误，我们就可以迅速找到退化发生的地方。尽管这个函数非常简单和基础，但如你所见，单元测试对于在 CI 构建作业中捕获软件退化的工作非常重要。

15.2.3 集成测试

集成测试会测试成组的软件组件，因为这些组件协同工作。单元测试能单独地检验代码中代码块的功能，而集成测试则在这些代码块进行交互时对代码中的代码块进行测试。集成测试是有用的，因为它们能帮助捕获在软件组件交互时出现的不同种类的问题。

单元测试可以在开发人员的工作站进行，但集成测试通常在代码被签入源码控制后运行。CI 服务器会签出代码，运行构建的步骤，然后进行一系列的冒烟测试、单元测试以及集成测试。

由于集成测试是一种更高级别的抽象测试，并且会测试软件组件间的交互，因此它能够保证代码库的健康。当开发人员向系统引入新的功能时，集成测试能帮助确保新代码能按照预期与其他代码块共同工作。集成测试通常是在开发者的工作站之外进行的第一组测试，它能帮助显示是否有环境组件的缺失以及新代码是否能与外部库和外部服务或/和数据协调运转。

集成测试示例

示例中将查看 CircleCI 之类的公共 API，并编写集成测试。该集成测试会访问 API 端点并验证状态代码和请求的主体是否符合预期。通常该 API 端点会是一个我们正在使用并且想要验证它的行为是否正确的本地 API，但本示例中我们仅出于说明目的访问 CircleCI。我们将使用账号在 GitHub 中创建一个新的存储库并将其命名为 integration-test-example。我们会使用 supertest（Node.js 库）、baloo（访问 API 端点的 Go 语言库）以及 curl、bash 和 jq 来访问 API 端点。使用任意一个库都可以，本书中使用这些库只出于演示目的。

（1）使用 supertest Node.js 库的 API 测试示例。

在此集成测试示例中，访问 CircleCI 中的 GET /projects 端点。下面是测试此端点的代码：

```
'use strict';

const request = require('supertest');
const assert = require('assert');

const CIRCLECI_API = {
    // CircleCI 上你正在跟踪的所有项目的列表，包含按分支组织的构建信息
    getProjects: 'https://circleci.com/api/v1.1'
};

describe('Testing CircleCI API Endpoints', function() {
    it('the /projects endpoints should return 200 with a body', function()
{
        return request(CIRCLECI_API.getProjects)
            .get(`/projects?circletoken=${
process.env.CIRCLECI_API_TOKEN_GITHUB}`)
            .set('Accept', 'application/json')
            .expect(200)
            .then(response => {
                assert.ok(response.body.length > 0, "Body have
information")
                assert.equal(response.body[0].oss, true);
            });
    });
});
```

上述测试证明：端点返回了一个 200 HTTP 响应，它拥有一个主体，oss 对象数组中有一个属性。

（2）使用 baloo Go 语言库的 API 测试示例。

在此集成测试示例中，访问 Travis API 中的 GET /user 端点，下面是测试此端点的代码：

```go
package main

import (
    "errors"
    "net/http"
    "os"
    "testing"
    "gopkg.in/h2non/baloo.v3"
)

var test = baloo.New("https://api.travis-ci.com")

func assertTravisUserEndpoint(res *http.Response, req *http.Request) error {
  if res.StatusCode != http.StatusOK {
    return errors.New("This endpoint should return a 200 response code")
  }
  if res.Body == nil {
    return errors.New("The body should not be empty")
  }
  return nil
}

func TestBalooClient(t *testing.T) {
    test.Get("/user").
    SetHeader("Authorization", "token "+os.Getenv("TRAVIS_PERSONAL_TOKEN")).
    SetHeader("Travis-API-Version", "3").
    Expect(t).
    Status(200).
    Type("json").
    AssertFunc(assertTravisUserEndpoint).
    Done()
}
```

上述测试证明：响应为 200，主体有赋值。

（3）使用 curl、bash 和 jq 的 API 测试示例。

在此集成测试示例中，访问 CircleCI API 中最近构建端点 GET: /project/:vcs-type/:username/:project。下面是测试此端点的代码：

```bash
#! /bin/bash

GO_TEMPLATE_EXAMPLE_REPO=$(curl -X GET \
    --header "Accept: application/json" \
"https://circleci.com/api/v1.1/project/github/packtci/go-template-example-
```

```
with-circle-ci?circle-token=$CIRCLECI_API_TOKEN_GITHUB" | jq
'.[0].author_name' | tr -d "\n")

if [[ -n ${GO_TEMPLATE_EXAMPLE_REPO} ]]; then
    echo "The current owner was shown"
    exit 0
else
    echo "No owner own"
    exit 1
fi
```

上述测试证明，从端点接收到了 author_name 属性，这一属性本应在 JSON 净荷中返回。

15.2.4 系统测试

系统测试通常是拓展了的集成测试。系统测试会整合应用中的功能组合，相较于集成测试，它的范围更大。系统测试通常在集成测试之后运行。这是因为它测试应用中的更大的操作而且耗费的时间更长。

系统测试示例

系统测试包括以下几种。

- **可用性测试**（usability testing）：一种测试系统的易用性和整体能力的测试，其目的是达到预期的功能。
- **加载测试**（load testing）：一种在真实加载状况下测试系统操作的测试。
- **回归测试**（regression testing）：一种在新功能添加到系统中时检查系统是否正常工作的测试。

此外还有其他种类的系统测试，但在此只列举常见的几种。

15.2.5 验收测试

本书已经论述过验收测试，但需要强调的是，验收测试是对应用操作的形式验证。验收测试通常是在构建 CI/CD 流水线时运行的最后一种测试，这是因为它要运行更长的时间并且涉及面更广，它将整个验收测试的验证方面作为一个整体来运行。

由于验收测试假定应用会正常工作，因此它也可以作为一种回归测试套件来运行。有些库使用名为 Gherkin 的正式领域特定语言。这种语言会生成名为 **acceptance criteria** 的特定文件。这些文件规定了新添加的特性需要做的事。对一家软件公司来说，在最后阶段的开始，编写一个会失败的验收测试并不常见。因此，即使新特性并不能完全正确地运行，只要达到验收标准，它就会被通过。

验收测试示例

在我的存储库 cucumber-examples 中可以查看简易的验收测试的示例，该示例包含一个 Gherkin 文件，该文件会校验验收材料是否满足简单的计算程序的要求：

```
# features/simple_addition.feature
Feature: Simple Addition of Numbers
  In order to do simple math as a developer I want to add numbers

  Scenario: Easy Math Problem
    Given a list of numbers set to []
    When I add the numbers together by []
    Then I get a larger result that is the sum of the numbers
```

注意，Gherkin 语法是一种人类可读的语法，它的目的是作为一系列新特性的说明被阅读。示例中，我们声明了我们想要进行简单的数学加法操作并提供了脚本来实现这一点。下面是实现此功能的代码：

```
const { setWorldConstructor } = require('cucumber')

class Addition {
  constructor() {
    this.summation = 0
  }

  setTo(numbers) {
    this.numbers = numbers
  }

  addBy() {
    this.summation = this.numbers.reduce((prev, curr) => prev + curr, 0);
  }
}

setWorldConstructor(Addition)
```

此文件是做简单加法的 JavaScript 类。下面是另一种拥有一系列的累加数字的场景的类：

```
const { Given, When, Then } = require('cucumber')
const { expect } = require('chai')
```

```
Given('a list of numbers set to []', function () {
    this.setTo([1, 2, 3, 4, 5])
});

When('I add the numbers together by []', function () {
    this.addBy();
});

Then('I get a larger result that is the sum of the numbers', function () {
    expect(this.summation).to.eql(15)
});
```

这是一个非常简单的验收测试,其目的是说明验收测试是一种用于证明新特性按照预期运行的正式验证。

15.2.6 在 CI/CD 流水线中运行不同类型测试的最佳实践

在本书的第 3 章中已经描述过下面的阶段。

(1) CI/CD 流水线的第一个阶段通常包含一个构建和提交环节。在这个阶段要构建流水线其余阶段要运行的部分,还要运行单元测试套件。第一个阶段要求快速运行,因为开发人员需要快速的反馈,否则他们就会直接跳过这个阶段。

(2) CI/CD 流水线的第二个阶段通常运行集成测试,因为这些测试耗时更长并且可以在流水线的第一个阶段运行和通过后再运行。第二个阶段用于保证所有的新功能都能被整合为一个系统的组件。

(3) CI/CD 流水线的第三个阶段可能会由一系列的负载测试、回归测试和/或安全测试组成。第三阶段比 CI/CD 流水线的前两个阶段耗时更长。

(4) 第四阶段是运行验收测试的阶段,但据我的经验,有些公司会将验收测试与集成测试同时运行,因此他们的 CI/CD 流水线中只有 3 个阶段。本章中所列举的阶段并非铁律而是建议,因为每个应用都有其不同的特殊情况。

15.3 密码和机密存储中的最佳实践

如同在讨论 Jenkins、Travis CI 和 CircleCI 的章节中看到的,每个 CI 服务器都有一种存储安全信息(如密码、API 密钥和机密文件等)的方式。在 CI 服务器中运行某些指令是十分危险的,例如在 Bash 中使用 set -x 选项来进行执行追踪。使用 CI 服务器的自带功能来存储密码和机密（例如 CircleCI 中每个项目的环境设置）更为安全，这使这些密码和机密只能被项目所有者看见。

你也可以使用诸如 **Vault** 之类的工具来安全地存储密码，还可以通过使用 RESTful API 或类似于 **Amazon Key Management Service** 的工具来检索密码。本节将简要讨论使用 Vault 来存储本地开发环境中需要的密码并对 Vault 的 RESTful API 发起请求。

15.3.1 Vault 的安装

在 **Install Vault** 安装 Vault。Vault 下载完成后，要将单个二进制文件移动到系统能够找到的 PATH 中。下面是在本地机器中运行的样本示例：

```
echo $PATH
## This prints out the current path where binaries can be found

mv ~/Downloads /usr/local/bin
```

最后一条命令将把名为 vault 的二进制文件移动到示例路径的 /usr/local/bin 目录下，现在可以执行 vault 命令并看到图 15-2 所示的帮助菜单。

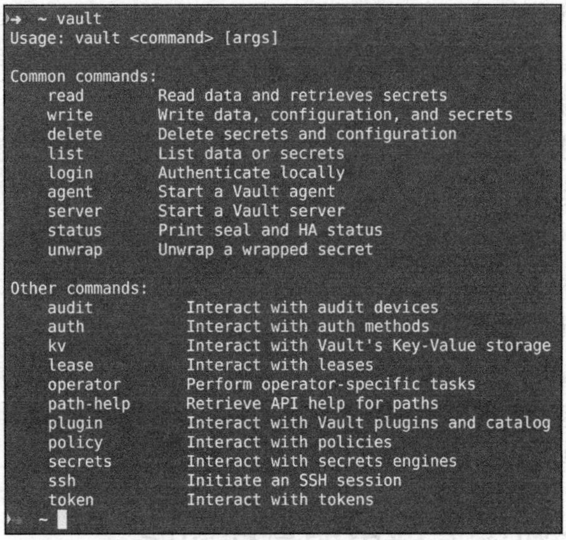

```
→ ~ vault
Usage: vault <command> [args]

Common commands:
    read        Read data and retrieves secrets
    write       Write data, configuration, and secrets
    delete      Delete secrets and configuration
    list        List data or secrets
    login       Authenticate locally
    agent       Start a Vault agent
    server      Start a Vault server
    status      Print seal and HA status
    unwrap      Unwrap a wrapped secret

Other commands:
    audit       Interact with audit devices
    auth        Interact with auth methods
    kv          Interact with Vault's Key-Value storage
    lease       Interact with leases
    operator    Perform operator-specific tasks
    path-help   Retrieve API help for paths
    plugin      Interact with Vault plugins and catalog
    policy      Interact with policies
    secrets     Interact with secrets engines
    ssh         Initiate an SSH session
    token       Interact with tokens
```

图 15-2

如图 15-2 所示，在 vault 命令下，有 Common commands 和 Other commands 可以运行。

1. 为 Vault 启用 dev 服务器

执行 vault server -dev 命令来启用开发服务器，如图 15-3 所示。

15.3 密码和机密存储中的最佳实践

图 15-3

图 15-3 所示为安装本地 dev 环境的指导清单。

 记住：此为演示所用，dev 模式并不应用于产品实例中。

2. 查看 Vault 开发服务器的状态

如图 15-4 所示，查看 Vault 开发服务器的状态。

示例中的第一步是在新的 shell 中输出 VAULT_ADDR 环境变量，因为此命令将在后面用到，第二步是查看 Vault 开发服务器的状态。

3. 在 Vault 中设置 API 机密

在图 15-5 中，我们设置了一个 API 机密并使用 Vault 对其进行检索。

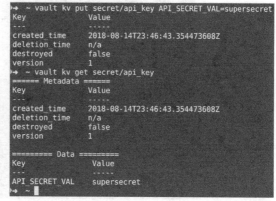

图 15-4　　　　　　　　　　　图 15-5

也可以像图 15-6 所示的这样列出 Vault 中所有的机密。

```
~ vault secrets list
Path            Type            Accessor                Description
----            ----            --------                -----------
cubbyhole/      cubbyhole       cubbyhole_432ec7ce      per-token private secret storage
identity/       identity        identity_836258ce       identity store
secret/         kv              kv_6d4daef7             key/value secret storage
sys/            system          system_267150b4         system endpoints used for control, policy and debugging
```

图 15-6

4．使用 Vault RESTful API

我们正在运行 Vault 开发服务器示例，因此我们可以在本地机器上把 curl 作为一个 Vault API 的 REST 客户端运行。执行如下的 curl 命令来查看 Vault 实例是否已被初始化：

```
curl http://127.0.0.1:8200/v1/sys/init
```

执行如下命令以创建名为 config.hcl 的文件，目的是通过以下内容绕过 Vault 的 TLS 默认文件：

```
backend "file" {
 path = "vault"
}

listener "tcp" {
 tls_disable = 1
}
```

图 15-7 展示的是启用 Vault 并登录。

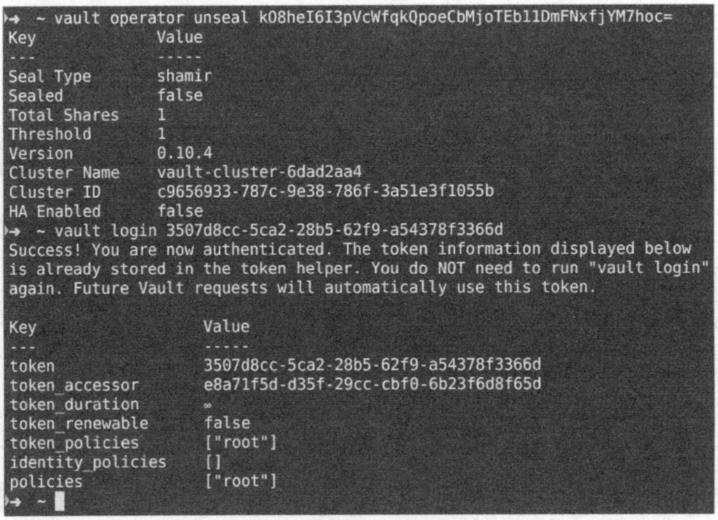

```
~ vault operator unseal kO8heI6I3pVcWfqkQpoeCbMjoTEb1lDmFNxfjYM7hoc=
Key                 Value
---                 -----
Seal Type           shamir
Sealed              false
Total Shares        1
Threshold           1
Version             0.10.4
Cluster Name        vault-cluster-6dad2aa4
Cluster ID          c9656933-787c-9e38-786f-3a51e3f1055b
HA Enabled          false
~ vault login 3507d8cc-5ca2-28b5-62f9-a54378f3366d
Success! You are now authenticated. The token information displayed below
is already stored in the token helper. You do NOT need to run "vault login"
again. Future Vault requests will automatically use this token.

Key                 Value
---                 -----
token               3507d8cc-5ca2-28b5-62f9-a54378f3366d
token_accessor      e8a71f5d-d35f-29cc-cbf0-6b23f6d8f65d
token_duration      ∞
token_renewable     false
token_policies      ["root"]
identity_policies   []
policies            ["root"]
~
```

图 15-7

图 15-7 中我们得到了令牌，此令牌将在使用 HTTP 头向 RESTful API 提出请求时使用：

```
X-Vault-Token 3507d8cc-5ca2-28b5-62f9-a54378f3366d.
```

Vault RESTful API 端点 GET /v1/sys/raw/logical

图 15-8 所示为向端点发出的 curl GET 请求的示例。

```
~ curl -X GET \
--request LIST \
--header "X-Vault-Token: 3507d8cc-5ca2-28b5-62f9-a54378f3366d" \
http://127.0.0.1:8200/v1/sys/raw/logical | jq
  % Total    % Received % Xferd  Average Speed   Time    Time     Time  Current
                                 Dload  Upload   Total   Spent    Left  Speed
100   208  100   208    0     0    185k      0 --:--:-- --:--:-- --:--:--  203k
{
  "request_id": "c466b833-7f33-7524-0f6e-20d2f42d825d",
  "lease_id": "",
  "renewable": false,
  "lease_duration": 0,
  "data": {
    "keys": [
      "8384b95a-56c0-7939-6e6b-0c23a69f6689/"
    ]
  },
  "wrap_info": null,
  "warnings": null,
  "auth": null
}
~
```

图 15-8

图 15-8 中，执行 Vault 登录命令 ROOT_KEY 后，使用了从标准输出打印的令牌。这个端点返回了给定路径的密钥列表，该路径在示例中为/sys/raw/logical。

15.3.2 机密管理的最佳实践概述

如同本书强调的，提交原始密码和机密到源码控制并不是良好的实践。在运行 CI/CD 流水线时，需要有一个安全的方法来检索密码。可以使用 CI 服务器本身来存储密码和机密，然后使用环境变量进行检索，也可以使用 Vault 之类的服务来安全地存储密码。记住：在 CI 环境的 shell 脚本中使用执行追踪是不安全的，因此在调试构建和在 Bash 中使用 set -x 的时候要特别小心。

15.4 部署中的最佳实践

在本书的第 3 章中讨论了部署和流水线部署的定义、流水线部署中的测试门、部署脚本以及部署生态系统。

本节将着重强调部署时的其他优质策略：
- 创建部署检查清单；
- 自动化发布。

15.4.1 创建部署检查清单

每家公司都有各自不同的要求，因此创建一个适用于每家公司要求的部署检查清单是不可能的。但总体上，有一些普适于所有部署的指导原则。

开发团队与运营团队之间的协作

开发团队与运营团队之间应当交流，以便协调部署。这一点很重要，因为错误传达时有发生，所以需要在部署中进行密切交流，以避免服务断供和数据丢失。

15.4.2 自动化发布

手动流程容易出错，因此要使用自动化部署以尽可能避免人为失误。随着部署的日益复杂化，手动流程变得难以重复和持续，这就需要自动化脚本来避免人为失误的弊端。

15.4.3 部署脚本示例

可以把软件自动化部署在许多不同的位置。因此，基于项目是开源、私人还是企业的，部署脚本会有很大的区别。对于每一个新发布，许多开源的项目只简单地创建 GitHub 发布并使用 **Bash** 脚本将整个过程自动化。有些公司使用 **Heroku** 作为其供应商，也有一些公司使用 **CodeDeploy**，但最终，需要自动化部署过程，这样就能以标准化和自动化的方式来部署软件。使用能够核对版本控制提交并在每个软件发布中显示新特性和错误调试的部署脚本，是很不错的。

自动化 GitHub 发布示例

使用 GitHub API 中 POST /repos/:owner/:repo/releases 端点来自动化发布策略。本书示例中将在创建新的 GitHub 发布的 GitHub 存储库 multiple-languages 中创建一个 Go 语言脚本。

Go 语言脚本示例

示例中使用 Go 语言来发起 HTTP 请求并赋予 Go 语言脚本一些命令行参数。这些将用来规范类似如下格式的 request 主体部分：

```json
{
    "tag_name": "v1.0.0",
    "target_commitish": "master",
    "name": "v1.0.0",
    "body": "Description of the release",
    "draft": false,
    "prerelease": false
}
```

图 15-9 所示为部署脚本的第一个部分。在脚本的这一部分，提交了 main 包并得到了用于发出 HTTP 请求的命令行参数，定义了 checkArgs 函数，用于解析这些参数并检查它们是否设置完成。

```go
package main
import (
    "bytes"
    "encoding/json"
    "flag"
    "log"
    "net/http"
    "os"
)
var (
    tagName          = flag.String("tagName", "", "Please provide a tag name for the release")
    targetCommitish  = flag.String("targetCommitish", "", "Please provide a targetCommitish value namely master")
    name             = flag.String("name", "", "A name for the Github Release")
    body             = flag.String("body", "", "Provide a description of the release")
)
func checkArgs() {
    if *tagName == "" {
        flag.PrintDefaults()
        os.Exit(2)
    }
    if *targetCommitish == "" {
        flag.PrintDefaults()
        os.Exit(2)
    }
    if *name == "" {
        flag.PrintDefaults()
        os.Exit(2)
    }
    if *body == "" {
        flag.PrintDefaults()
        os.Exit(2)
    }
}
```

图 15-9

图 15-10 所示为部署脚本的第二部分，我们在 main 函数中解析了命令行参数并调用了 checkArgs 函数。接着如图 15-11 所示，创建一个用于创建 request 主体的匿名结构体，

设置 HTTP 请求和 HTTP 头。在脚本的最后，提出请求并输出发布链接。

```go
func main() {
    flag.Parse()
    checkArgs()
    body := struct {
        TagName         string `json:"tag_name"`
        TargetCommitish string `json:"target_commitish"`
        Name            string `json:"name"`
        Body            string `json:"body"`
        Draft           bool   `json:"draft"`
        Prerelease      bool   `json:"prerelease"`
    }{
        *tagName,
        *targetCommitish,
        *name,
        *body,
        false,
        false,
    }
    postBody, err := json.Marshal(body)
    if err != nil {
        log.Fatalln("An issue occurred marshalling this data ", err)
    }
    client := http.Client{}     You, 16 minutes ago • Add deployment script to rep
    req, err := http.NewRequest(
        "POST",
        "https://api.github.com/repos/packtci/multiple-languages/releases",
        bytes.NewBuffer(postBody),
    )
    req.Header.Set("Content-Type", "application/json")
    req.Header.Set("Authorization", "token "+os.Getenv("PACKTCI_PERSONAL_TOKEN"))
```

图 15-10

```go
    if err != nil {
        log.Fatalln(err)
    }

    resp, err := client.Do(req)
    if err != nil {
        log.Fatalln(err)
    }
    if resp.StatusCode != http.StatusCreated {
        log.Fatalln("Should receive a status code of 201 created")
    }

    var result map[string]interface{}

    json.NewDecoder(resp.Body).Decode(&result)

    log.Println(result)
    log.Println(result["url"])
}
```

图 15-11

图 15-12 中展示的是部署脚本在终端会话中的一次运行。

15.4 部署中的最佳实践

图 15-12

我们在 go run deploy.go 之后提供了 4 个命令行参数，脚本在最后输出了一个发布链接。

前往 multiple-languages 存储库的 **Releases** 标签并单击我们的新发布，如图 15-13 所示。

图 15-13

15.4.4　部署脚本的最佳实践

为客户发布新的软件时，自动化部署是最好的选择。与我们自己编写的脚本相比，市面上有可用的更为稳固和多功能的库，因此我们并不需要像本书中所写的那样编写自定义的部署脚本。例如，我们可以使用能很好效力于 Go 项目的 **GoReleaser** 自动发布脚本。在 CI 服务提供商中有很多指定语言的库和选项可用，例如 Travis CI 会将软件自动部署给服务提供商，如 Google App Engine。

15.5 小结

本章讨论了 CI/CD 流水线中不同类型测试的最佳实践——这些测试包括冒烟测试、单元测试、集成测试、系统测试和验收测试，提供了代码示例并展示了使用 Node.js、Go 语言和 shell 脚本来测试 API 端点的不同方式，展示了密码管理中的最佳实践，并展示了如何使用 Vault 库来安全地管理机密以及如何使用 Vault API，最后阐释了部署中的最佳实践，讨论了部署检查清单和发布自动化，并用 Go 语言编写了自定义的发布脚本来创建一个 GitHub 发布。

这是本书的最后一章，我希望读者已经学到了许多关于 CI/CD、测试和自动化以及使用 Jenkins CI、Travis CI 和 CircleCI 的知识。

15.6 问题

1. 为什么把集成测试和单元测试分开很重要？
2. 提交阶段是什么？
3. 说出一种系统测试的名称。
4. 本书中使用的密码管理工具的名字是什么？
5. 为什么在 shell 脚本中要谨慎使用执行追踪？
6. 说出一个在部署检查清单中提到的项目。
7. 本书中提到的用于 Go 语言的部署工具的名字是什么？